资助项目：
山西省高等学校服务产业创新学科群建设计划项目“五台山生态与文化旅游学科群”（晋教研函〔2018〕14 号）
山西省高校哲学社会科学研究一般项目（201803096）
忻州师范学院专题研究项目（ZT201405）
忻州市科技计划项目（20180106）（20190704－1）
忻州师范学院学术带头人资助计划
忻州师范学院五台山文化研究协同创新中心资助计划

忻州市资源与生态承载力和生态安全预警研究

赵鹏宇 著

黄河水利出版社
·郑州·

内容提要

本书以忻州市为研究对象，在山西省和忻州市层面上梳理了农田、草地、森林、水体、湿地和生物生态资源规模与结构，在对相对资源承载力模型和生态承载力模型改进修正基础上，分析了全市相对资源的时空动态演变与结构差异，探讨了全市生态足迹与生态承载力时空动态。在分析国内外生态安全预警理论与模型基础上，构建了生态安全预警指标体系，分析了全市生态安全格局的演变，给出了生态安全调控模式与区域策略，服务于区域生态保护和高质量发展。

本书可供从事地理学、生态经济学、环境科学、空间规划和区域经济学的专业研究人员，从事区域政策研究的政府工作人员，高校相关专业学生参考。

图书在版编目(CIP)数据

忻州市资源与生态承载力和生态安全预警研究/赵鹏宇著.—郑州：黄河水利出版社，2019.11

ISBN 978-7-5509-0942-7

Ⅰ.①忻…　Ⅱ.①赵…　Ⅲ.①城市环境-生态环境-环境承载力-研究-忻州　②城市环境-生态安全-预警系统-研究-忻州　Ⅳ.①X321.225.3

中国版本图书馆CIP数据核字(2019)第275817号

出 版 社：黄河水利出版社　　网址：www.yrcp.com

地址：河南省郑州市顺河路黄委会综合楼14层　邮政编码：450003

发行单位：黄河水利出版社

发行部电话：0371-66026940、66020550、66028024、66022620(传真)

E-mail：hhslcbs@126.com

承印单位：河南瑞之光印刷股份有限公司

开本：890 mm×1 240 mm　1/16

印张：11.5

字数：280千字　　印数：1—1 000

版次：2019年11月第1版　　印次：2019年11月第1次印刷

定价：56.00元

前　言

绿水青山就是金山银山，阐述了经济发展和生态环境保护的关系，揭示了保护生态环境就是保护生产力、改善生态环境就是发展生产力的道理，指明了实现发展和保护协同共生的新路径。生态环境保护和经济发展不是矛盾对立的关系，而是辩证统一的关系，良好生态本身蕴含着无穷的经济价值，能够源源不断地创造综合效益，实现经济社会可持续发展。生态环境保护的成败归根到底取决于经济结构和经济发展方式。经济发展不应是对资源和生态环境的竭泽而渔，生态环境保护也不应是舍弃经济发展的缘木求鱼，而是要坚持在发展中保护，在保护中发展，在此背景下，黄河流域生态保护和高质量发展成为重大国家战略。

2017 年，国务院出台《关于建立资源环境承载能力监测预警长效机制的若干意见》，建立资源环境承载能力监测预警长效机制，要坚定不移地实施主体功能区制度，坚持定期评估和实时监测相结合、设施建设和制度建设相结合、从严管制和有效激励相结合、政府监管和社会监督相结合，系统开展资源环境承载能力评价，有效规范空间开发秩序，合理控制空间开发强度，促进人口、经济、资源环境的空间均衡，将各类开发活动限制在资源环境承载能力之内。

在《忻州市“十三五”规划纲要》中推进生态文明的目标为：建设天蓝水碧、绿满家园的美丽忻州。最严格的环境保护制度深入推进黄河、汾河、滹沱河等流域内河流得到较好的保护、开发和利用。主体功能区布局和生态安全屏障基本形成，能源和水资源消耗、建设用地、碳排放总量得到有效控制，主要污染物减排已完成国家下达任务，水污染治理取得明显成效，大气污染、土壤污染治理基本达标。生态环境持续改善，森林、草地覆盖率进一步提高。人民群众生产方式和生活方式绿色低碳化水平显著提高，争创文明城市、文明市民成为全社会的自觉行动。

忻州市为典型的旱作农业、生态脆弱、矿产开发复合区，本书以忻州市为研究对象，梳理了山西省和忻州市生态资源规模与结构，在对相对资源承载力模型和生态承载力模型改进修正基础上，分析了全市相对资源的时空动态演变与结构差异，探讨了全市生态足迹与生态承载力时空动态。在分析国内外生态安全预警理论与模型基础上，从人口、资源、经济和环境 4 个方面构建了生态安全预警指标体系，分析了全市生态安全格局的演变，同时设置了 4 种生态安全调控情景，分析警情演变趋势，最后得出生态安全调控模式与区域策略。

承蒙山西省高等学校服务产业创新学科群建设计划项目“五台山生态与文化旅游学科群”、忻州师范学院专题研究项目“忻州市资源与生态承载力和生态安全评价研究”等项目的资助。书中部分内容已发表在相关学术期刊，本书在整理和编写过程中，忻州师范学院五台山文化研究中心赵新平主任、郑庆荣教授给予了支持与指导，地理系薛慧敏老师参与生态安全预警部分的研究，刘俊老师指导了部分插图绘制工作，旅游管理系崔嫱老师参与了校对工作，王雪琳、杜鹏睿、赵月敏等同学参与了部分文字整理工作。另外，中国科学院西北生态环境资源研究院王卫国博士、忻州市水资源管理委员会办公室副主任刘晓东教授级高级工程师、忻州市规划和自然资源局崔志峰、忻州市统计局张丽等提供了部分基础数据，在此一并表示衷心感谢。

由于时间较紧和水平有限，再加上本领域面临的矛盾与问题的复杂性，系统研究较少，许多现实难题、管控管理机制创新仍在深入探讨之中，书中疏漏之处在所难免，望广大读者批评指正，以使本书不断丰富和完善。

赵鹏宇

2019 年 11 月于忻州师范学院崇学楼

目 录

第 1 章　忻州市生态资源规模与结构

忻州市位于山西省北中部，介于东经 110°56′～113°58′，北纬 38°09′～39°40′，东西长约 250 km，南北宽约 100 km。北以内长城与大同、朔州为界，西隔黄河与陕西、内蒙古相望，东邻太行山与河北省接壤，南与吕梁、太原、阳泉毗连，总面积 25 143 km^2，见图 1-1。

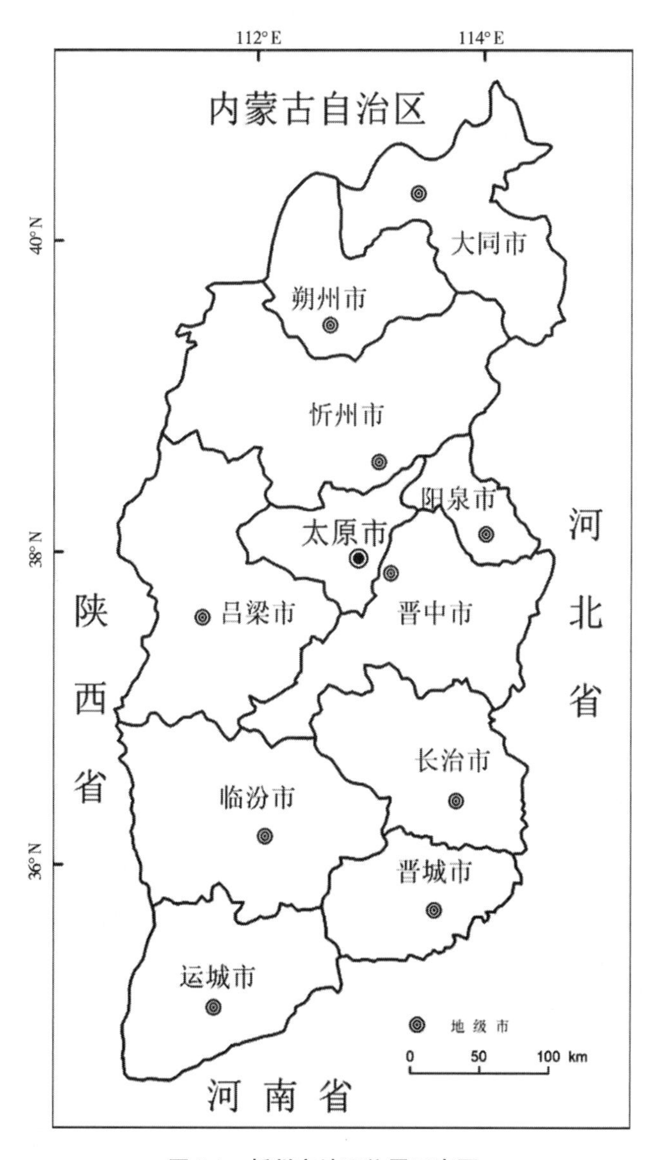

图 1-1　忻州市地理位置示意图

综观全市，境内地形崎岖，山多川少，地质条件和地貌类型错综复杂。东部自北向南分布有恒山、五台山、太行山和系舟山，中部有管涔山、芦芽山及云中山。黄河自北向南穿行于秦晋峡谷之中，形成忻州市与陕西省的天然屏障。黄河东岸呈向西倾斜的高原地形，地表为厚层黄土覆盖。大致以偏关、河曲和保德的中部往东至三岔、岢岚一线以丘陵地貌为主，即黄土丘陵沟壑区。盆地面积较大的有忻定盆地和五寨盆地，前者为中部五台、系舟、云中三山所包围，后者位于芦芽山西北部。山区高原面积约占全市面积的87%，川地占13%。山脉标高多在2 000 m以上，五台山北台——叶斗峰海拔3 058 m，被誉为“华北屋脊”；定襄县岭子底海拔560 m，为全市最低点，相对高差约2 500 m。

全市气候属大陆性季风性气候，兼具山地性气候的特征。表现为春季少雨干旱多风沙，夏季高温多暴雨，东南风带来的暖湿气流是形成全市降水的主要水汽来源，秋季温和晴朗，冬季漫长干寒，西北风盛行，降水少。随着山地海拔升高，气候垂直变化十分显著。全市多年(1956～2000年)平均年降水量为475.4 mm，多年(1980～2000年)平均水面蒸发量为700～1 200 mm，干旱指数为1.9～3.2。

全市平均气温大致由北向南递增，年平均气温为-4.0～8.8 ℃。五台山年平均气温最低，为-4.0 ℃；原平最高，为8.8 ℃。1月气温最低，五台山极端最低气温达-44.8 ℃，7月气温最高，原平极端最高气温达40.4 ℃。相对湿度西北部小，东南部大；春季小，夏季大。年平均相对湿度为48%～68%。五台山最大年平均相对湿度为68%。无霜期自南向北递减，南部为140～194 d，北部为115～186 d，高寒山区不足100 d，南北差异较大。热量条件造成作物种类和一年内栽植次数在地区上存在差异。

全市辖繁峙、代县、原平、忻府、定襄、五台、河曲、保德、偏关、神池、五寨、岢岚、宁武和静乐共14个县(区、市)，185个乡(镇)，5个办事处，4 900个行政村。据2016年人口抽样调查，年末全市常住人口315.5万，其中城镇人口151.1万，农村人口164.4万，人口密度为125人/ km^2。人口出生率11.1‰，死亡率6.7‰，自然增长率4.4‰。

2016年全市GDP 716.1亿元。其中，第一产业增加值63.3亿元，占生产总值的比例为8.8%；第二产业增加值315.9亿元，占生产总值的比例为44.1%；第三产业增加值336.9亿元，占生产总值的比例为47.1%。人均地区生产总值22 747元，按2016年平均汇率计算为3 426美元。境内矿产资源比较丰富，已探明的矿种有煤、铝土矿、铁矿、金矿、锰矿、耐火黏土、建筑用灰岩、硫黄矿、钼矿、钛矿等。尤其是煤、铝土、铁、金储量比较丰富。

2016年全市农作物种植面积46.66万 hm^2。其中，粮食种植面积42.35万 hm^2，蔬菜种植面积1.12万 hm^2，油料种植面积2.41万 hm^2；在粮食种植面积中，玉米种植面积23.36万 hm^2，果园面积1.78万 hm^2。粮食产量176.7万t，猪肉、牛肉、羊肉总产量11.4万t，水产品产量0.3万t，农业机械总动力175.5万kW。

1.1 农田资源

1.1.1 山西省农田

农田是农业生产发展的重要基础，是人类所需食物的主要源泉，为人类提供了超过80%的热量、超过75%的蛋白质及其他生活必需品。农田的分布一般受水分、湿度、土壤、地形等因素，特别是水分的制约。山西省土地总面积156 806.05 km^2，根据山西省第二次土地调查结果，其中耕地面积为406.84万 hm^2，占全省土地总面积的30.6%。耕地中，基本农田 341.23 万 hm^2，旱地面积比重大；旱地中，坡耕地面积比重大，利用科学手段，增加平地、水地面积，仍有较大潜力。

1.1.1.1　耕地分布与质量状况

1. 耕地分布

全省耕地按地区划分：晋北地区耕地 140.71 万 hm^2（2 110.6 万亩[1]），占 34.59%；晋中地区耕地 108.24 万 hm^2（1 623.6 万亩），占 26.61%；晋东南地区耕地 56.59 万 hm^2（848.9 万亩），占 13.91%；晋南地区耕地 101.3 万 hm^2（1 519.5 万亩），占 24.90%。

2. 耕地质量

全省耕地按坡度划分：2°以下耕地 90.74 万 hm^2（1 361.1 万亩），占 22.30%；2°～6°耕地 136.51 万 hm^2（2 047.6 万亩），占 33.55%；6°～15°耕地 104.19 万 hm^2（1 562.9 万亩），占 25.61%；15°～25°耕地 40.75 万 hm^2（611.2 万亩），占 10.02%；25°以上耕地（含陡坡耕地和梯田）34.65 万 hm^2（519.8 万亩），占 8.52%。全省耕地中，有灌溉设施的耕地 107.95 万 hm^2（1 619.2 万亩），占全省耕地面积的比例为 26.53%；无灌溉设施的耕地 298.89 万 hm^2（4 483.4 万亩），占全省耕地面积的比例为 73.47%。山西省耕地保护形势仍十分严峻，人均耕地少、耕地质量总体不高的基本省情没有改变。

1.1.1.2　耕地数量动态变化规律

1. 耕地总量动态变化

从图 1-2 中可以看出，中华人民共和国成立以来，山西省耕地总量处于先增后减，总体趋减的动态变化中。在此期间，全省耕地总量由 1949 年的 415.69 万 hm^2 下降到 2013 年的 389.3 万 hm^2，其变化过程大致可以分为以下 4 个阶段：

（1）显著增加阶段（1949～1954 年）。中华人民共和国成立初期，土地改革和土地所有制的社会主义改造政策和措施激发了农民群众的积极性，使耕地数量由 1949 年的415.69万 hm^2 增加到 1954 年的 468.79 万 hm^2，5 年耕地净增 53.10 万 hm^2，平均每年净增 10.62 万 hm^2，达到中华人民共和国成立以来的顶峰。

（2）急剧减少阶段（1955～1959 年）。由于“大跃进”期间的“共产风”，耕地数量由 1955 年的 464.86 万 hm^2 减少到 1959 年的 411.06 万 hm^2，4 年内耕地净减少 53.8 万 hm^2，平均每年减少 13.45 万 hm^2。

（3）平稳减少阶段（1960～1979 年）。耕地由 1960 年的 413.15 万 hm^2 减少到 1979 年的 392.37 万 hm^2，19 年净减少了 20.78 万 hm^2，平均每年减少 1.10 万 hm^2。从图 1-2 可以清楚地看出，在此期间，耕地有两次小的波动，使耕地略有回升，但总的趋势是一直处于下降的状态。

（4）持续减少阶段（1980～2013 年）。由于山西省人口不断膨胀，国民经济迅速发展，国家基本建设规模扩大，乡（镇）企业占地失控，耕地总量处于持续下降阶段。

2. 人均耕地动态变化

60 多年来，山西省人均耕地面积由 1949 年的 0.32 hm^2 下降到 2013 年的 0.107 hm^2，总体上呈现明显的下降趋势（见图 1-2），这一时期可分为以下 3 个阶段：

（1）平稳变化阶段（1949～1951 年）。人均耕地变化不明显，平均年递减 0.17%，其原

[1] 1 亩 = 1/15 hm^2，全书同。

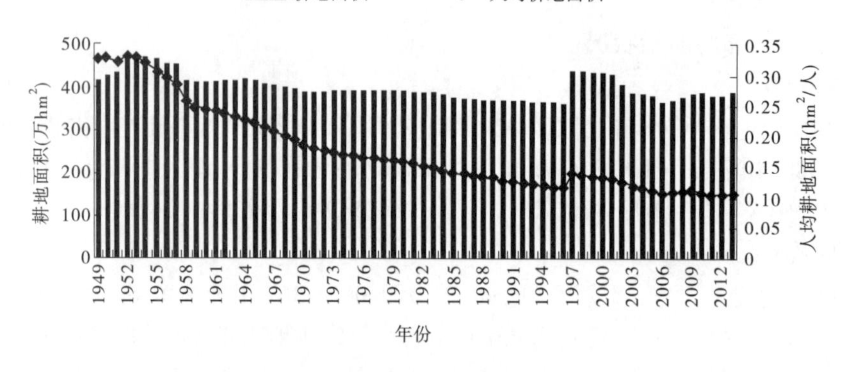

图 1-2　山西省耕地面积和人均耕地面积动态变化

因在于此期间耕地数量处于增加阶段,而人口数量也有显著的增加。

(2)快速递减阶段(1952 ~ 1980 年)。人均耕地面积明显减少,由 1952 年的 0.33 hm^2 减少到 1979 年的 0.16 hm^2,减少了 0.17 hm^2,平均逐年下降 0.62%,这是由于对人口增长未加以控制,导致人口规模迅速扩大。

(3)缓慢递减阶段(1980 年至今)。人均耕地面积依然为下降趋势,但减少的速度较以前平缓,这是由于国家实行了计划生育,严格、有效地控制了人口增长,而与此同时,耕地面积也持续减少。

1.1.1.3　种植结构

2016 全省农作物种植面积 372.08 万 hm^2。其中,粮食种植面积 324.14 万 hm^2,蔬菜种植面积 25.70 万 hm^2,油料种植面积 11.47 万 hm^2。在粮食种植面积中,玉米种植面积 162.48万 hm^2,小麦种植面积 67.29 万 hm^2。果园面积 35.58 万 hm^2。粮经作物比例为 86.7 ∶13.3。分作物品种来看,内部结构呈现“四增两减”的调优态势,即粮食、蔬菜、药材、瓜果类面积将比上年增加,油料、棉花面积将比上年减少,见图 1-3。

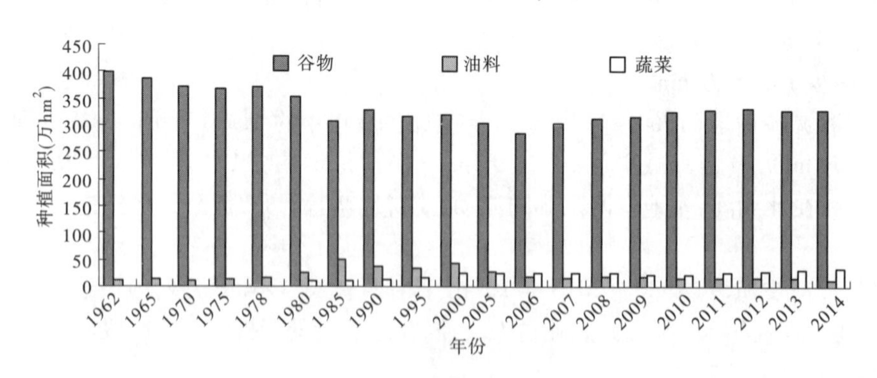

图 1-3　山西省种植结构变化

1.1.2　忻州市农田

1.1.2.1　耕地规模与利用特征

2013 年忻州市耕地面积 633 179.08 hm^2,占土地总面积的 25.1%。其中,水田 571.41

hm^2、水浇地 132 165.70 hm^2，主要分布在滹沱河两岸的繁峙县、代县、原平市、忻府区的一些地区，少部分分布于黄河流域周边的地区；旱地 500 441.97 hm^2，主要集中在黄河流域和滹沱河流域两岸。忻州市耕地规模与结构见表 1-1。15°以上的耕地主要分布在宁武县、岢岚县、静乐县、神池县、保德县；15°以下耕地则集中分布在定襄县、河曲县、五台县、五寨县、忻府区、原平市。

表 1-1　忻州市耕地规模与结构　　（单位：hm^2）

年份	合计	耕地		
		水田	水浇地	旱地
2009	633 105.86	571.41	132 865.09	499 669.36
2010	632 866.91	571.41	132 704.51	499 590.99
2011	633 019.34	571.41	132 616.27	499 831.66
2012	633 240.60	571.41	132 472.17	500 197.02
2013	633 179.08	571.41	132 165.70	500 441.97

注：数据来源于忻州市国土资源局。

坡耕地面积大，中低产田较多。全市 15°以上坡地和梯田面积占耕地的比例较大，整体而言，整理改造投入较平坦地区的农用地相对较高，同时新增耕地潜力较低。中低产田约占耕地总面积的 2/3，这些耕地肥力和有机质含量低，改造增产的潜力较大。

1.1.2.2　耕地数量动态变化规律

从图 1-4 中可以看出，与全省耕地变化不同，中华人民共和国成立以来，忻州市耕地总量处于先减后增、总体稳定的动态变化中。在此期间，全省耕地总量 1949 年为 62.4 万 hm^2，到 2013 年为 63.3 万 hm^2。而人均耕地面积呈先减后稳定状态，可分为三个阶段：1949～1970年为快速减少阶段，1971～2003 年为缓慢减少阶段，2003 年至今人均耕地基本保持稳定。2013 年忻州市人均耕地面积为 0.2 hm^2，与全省平均水平相比高出近一倍（2013 年山西省为 0.1 072 hm^2）。虽高于全国人均耕地 0.101 hm^2 的水平，但耕地质量和复种指数明显低于全国水平。由于人口分布的区域差异，黄河流域 8 县人均耕地面积普遍高于海河流域 6 县（区、市），见表 1-2。

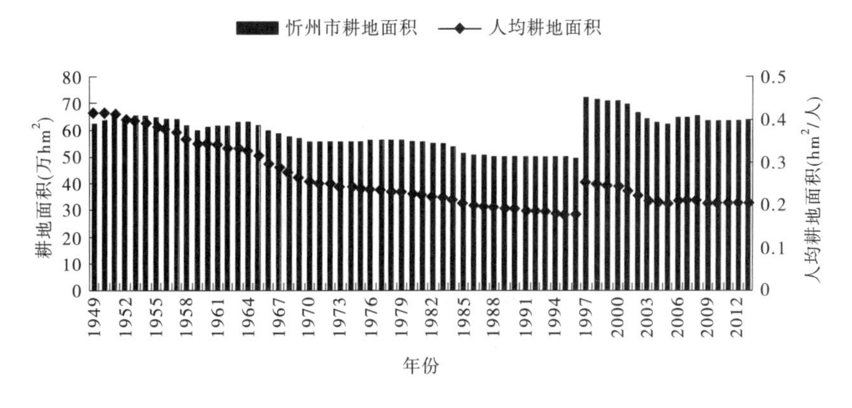

图 1-4　忻州市耕地面积和人均耕地动态变化

表 1-2　忻州市各县(区、市)人均耕地动态变化　（单位：hm^2/人）

县(区、市)	1980 年	1985 年	1990 年	1995 年	2000 年	2005 年	2010 年	2013 年
忻府区	0.154 6	0.141 0	0.127 1	0.116 7	0.106 0	0.099 7	0.098 7	0.095 9
定襄县	0.143 2	0.137 0	0.130 2	0.127 8	0.122 0	0.112 7	0.122 4	0.125 3
五台县	0.129 7	0.124 3	0.111 3	0.105 3	0.099 4	0.083 4	0.090 7	0.091 9
代县	0.183 8	0.163 9	0.154 9	0.142 3	0.131 8	0.126 6	0.119 1	0.115 4
繁峙县	—	—	—	0.168 9	0.157 0	0.131 3	0.146 6	0.141 8
宁武县	—	—	—	0.174 5	0.163 5	0.128 7	0.118 6	0.122 6
静乐县	—	—	—	0.212 7	0.212 9	0.169 3	0.169 2	0.181 1
神池县	—	—	—	0.433 8	0.421 5	0.388 8	0.451 4	0.442 3
五寨县	—	—	—	0.384 5	0.375 6	0.330 9	0.316 5	0.343 1
岢岚县	—	—	—	0.340 0	0.327 2	0.319 6	0.358 1	0.351 2
河曲县	—	—	—	0.213 2	0.210 0	0.178 2	0.188 3	0.187 3
保德县	—	—	—	0.151 0	0.154 2	0.137 8	0.142 2	0.142 5
偏关县	—	—	—	0.288 7	0.278 5	0.209 9	0.243 9	0.251 9
原平市	—	—	—	0.131 9	0.124 7	0.113 5	0.118	0.117 8
忻州市	0.228 8	0.201 6	0.187 7	0.176 8	0.241 9	0.205 1	0.204 3	0.203 3
山西省	0.158 3	0.140 7	0.127 4	0.118 5	0.137 2	0.122 9	0.108 6	0.107 2

1.2　草地资源

1.2.1　山西省草地

山西省是我国北方农区草地面积较大的省份之一。据 20 世纪 80 年代草地资源普查统计,全省天然草地总面积为 6 828 万亩,占全省面积的 29%,是耕地面积的 1.2 倍、林地面积的 1.1 倍。其中,面积在 300 亩以上大片天然草地面积 5 566 万亩,占草地总面积的 81.5%;面积在 300 亩以下的零星草地 1 262 万亩,占草地总面积的 18.5%。目前,山西省有天然草地 6 大类,32 个亚类,110 个类型,见表 1-3。其中,暖性草丛类草地 2 384 万亩,暖性灌草丛类草地 1 913 万亩,温性草原类草地 657 万亩,山地草甸类草地 556 万亩,低地草甸类草地 52 万亩,沼泽类 3 万亩。2012 年,全省温性草原类草地、暖性灌草丛类草地、暖性草丛类草地、温性草原类草地植被长势较好。山地草甸类草地部分植被退化严重,其鲜草产量为 7 111.3 万 t,减少了 4.5%。

表 1-3　山西省草地资源

水土保持区划名称	县(区、市)数量	面积合计(hm^2)	草地面积(hm^2)		
			天然牧草地	人工牧草地	其他草地
太行山西北部山地丘陵防沙水源涵养区	22	1 207 255.9	178 839.2	32 051.0	996 365.9
太行山西南部山地丘陵保土水源涵养区	22	849 030.2	15 287.0	1 561.3	832 181.9
晋西北黄土丘陵沟壑拦沙保土区	21	901 019.9	4 075.0	14 838.2	882 106.7
汾河中游丘陵沟壑保土蓄水区	23	423 666.0	3 883.5	2 210.5	417 572.0
晋南丘陵阶地保土蓄水区	22	307 177.7	1 967.3	2 758.8	302 451.6
晋陕甘高塬沟壑保土蓄水区	6	224 140.9	597.31	1 381.2	222 162.4

注:数据来源于山西水土保持局网站 http://www.sxsbw.org/。

生态状况:退化沙化日趋严重。监测数据显示,2012 年山西省草原退化面积占天然草原面积的比例较大,沙化、盐渍化在部分地区日趋严重。18 个县(区、市)草原退化面积总计 409 717 hm^2,占天然草原面积的 9%;沙化面积总计 32 885 hm^2,占天然草原面积的 0.7%;盐渍化面积总计 5 140 hm^2,占天然草原面积的 0.1%。其中,草原退化较为严重的县(区)为:大同市灵丘县草原退化 124 607 hm^2,忻州市五台县草原退化 104 350 hm^2,朔州市右玉县草原退化 22 267 hm^2,吕梁市离石区草原退化 43 000 hm^2,临汾市尧都区草原退化 13 329 hm^2 等。发生草原沙化的有 4 个县(区),分别是太原市阳曲县,沙化面积为 3 000 hm^2;大同市灵丘县,沙化面积为 12 687 hm^2;长治市沁源县,沙化面积为 10 hm^2;朔州市朔城区,沙化面积为 17 188 hm^2。发生盐渍化的县(区)有 2 个,分别为朔州市朔城区 3 640 hm^2,忻州市繁峙县1 500 hm^2。

1.2.2　忻州市草地

1.2.2.1　草地资源规模与质量

忻州市草地资源为山西省之首,是山西省草地总面积的 1/5。根据 20 世纪 80 年代初草地普查:全市有天然草地面积 1 226 万亩(其中 300 亩以上连片草地 1 048 万亩,“四边”零星草地 178 万亩),占全市总土地面积的 32%。全市天然草地常见植物有蕨类植物、裸子植物、被子植物等共 100 余科 800 余种。仅五台山草地就有高等植物共 99 科 354 属 595 种。其中,品质优良、“适口性好”、营养价值高的有 100 多种,这是发展草地牧业的宝贵资源。

草地的类型有:喜暖灌木草丛类草地、山地灌丛类草地、山地草原类草地、山地草甸类草地、低湿草甸类草地、疏林草地类草地。忻州市连片草地共分五等、八级。优质高产的山地草甸类草地占全区草地总面积的 28.67%,占山西省同类草地的 54.07%。全市草地二等二级以上草地占全市草地总面积的 9.77%,占全省同类草地的 46.77%,基本上占了全省的一半,见表 1-4、表 1-5。这说明忻州市草地的高产优质性,是全省草地的首位,具有良好的发展草地畜牧业的条件。

表 1-4　忻州市草地规模与结构　（单位：hm^2）

年份	合计	草地面积		
		天然牧草地	人工牧草地	其他草地
2009	966 708.90	3 472	2 868.73	960 368.17
2010	966 265.60	3 472	2 868.73	959 924.87
2011	965 508.62	3 472	2 865.27	959 171.35
2012	964 190.79	3 472	2 854.02	957 864.77
2013	962 627.61	3 471.82	2 822.55	956 333.24

注：数据来源于忻州市国土资源局。

表 1-5　2013 年忻州市各县（区、市）草地规模　（单位：hm^2）

县（区、市）	合计	天然牧草地	人工牧草地	其他草地	县（区、市）	合计	天然牧草地	人工牧草地	其他草地
忻府区	70 577.18	1.61	144.53	70 431.04	神池县	48 027.95	0	13.47	48 014.48
定襄县	21 699.48	0	0	21 699.48	五寨县	29 551.00	485.21	6.76	29 059.03
五台县	139 106.80	2 875.91	20.85	136 210.04	岢岚县	82 807.92	0	3.54	82 804.38
代县	85 346.95	0.36	1 718.04	83 628.55	河曲县	53 591.29	7.46	140.53	53 443.3
繁峙县	94 603.26	0	801.59	93 801.67	保德县	31 975.28	0	4.71	31 970.57
宁武县	64 306.59	97.75	0	64 208.84	偏关县	59 957.82	0	0	59 957.82
静乐县	80 553.98	3.44	0	80 550.54	原平市	102 085.29	0.26	0	102 085.03

注：数据来源于忻州市国土资源局。

1.2.2.2　存在的问题

1. 草地退化日趋严重

据统计，全市退化草地面积 993 万亩，退化草地已占到可利用草地的 81%。其中，轻度退化 350 万亩，中度退化 533 万亩，重度退化 110 万亩，分别占退化草地的 35%、55% 和 10%，并以每年 1% ~2% 的速度增加。退化原因：一是草地严重超载过牧；二是私挖乱采人为破坏了天然草场；三是鼠害、虫害、毒害草等生物灾害的影响。草地退化加剧了忻州市水土流失。

2. 天然草地面积减少

开荒种粮、毁草造林、开矿修路占用草地，采沙采石破坏草地，致使忻州市天然草地面积逐年减少。20 世纪 80 年代初进行草地资源普查至今已 30 多年，一直没有再进行全面系统的草地资源普查工作，天然草地资源状况不明，面积减少情况不清。2000 年对山地草甸类草地进行了一次核查工作，全市原有山地草甸类草地 3 006 659 亩，核查面积为 2 902 170 亩，比原来山地草甸类草地面积减少了 104 489 亩，2008 ~2012 年植被监测情况见表 1-6。

表 1-6　忻州市山地草原类草地历年监测数据

年度	植被覆盖率（%）	草群高度（cm）	总产草量（kg/hm^2）		可食产草量（kg/hm^2）	
			鲜重	风干度	鲜度	风干度
2008 年	43.8	25.3	4 238.6	1 246.3	4 189.2	1 229.7
2009 年	43.5	26.5	4 188.6	1 159.5	4 162.3	1 120.8
2010 年	42.6	23.8	4 175.5	1 235.5	4 112.3	1 204.6
2011 年	33.2	21.8	3 796.2	1 132.3	3 732.2	1 010.7
2012 年	38.3	22.0	4 048.8	1 156.3	4 028.6	1 102.8

注：资料来源参考文献[40]。

3. 草地保护建设滞后

长期以来，草地资源被掠夺式经营，重利用、轻保护，重索取、少投入，导致草地保护建设严重滞后。近年来，国家对草地生态环境建设投资有所增加，但由于草原面积大，历史欠账多，投资仍显严重不足。由于忻州市是贫困地区，经济落后，地方财政和当地农民拿不出钱来搞草地建设，草地长期处于超负荷的严重“透支”状态。草地生态环境仍然是局部改善，总体恶化，难以抑制草地急速退化的趋势。

4. 对天然草地资源认识不足

各级领导干部和群众对天然草地资源认识不足，社会对草地的认识不高，政策落实不到位，法制不健全，管理、投资力度不够，草原监理体系不完善，致使全市草地基本处于多行业无计划利用状态，对草地的利用只利用不管理、不投资、不改良，没有保护措施，更谈不上建设。

1.3　森林资源

1.3.1　山西省森林

1.3.1.1　森林资源规模与质量

中华人民共和国成立后的 70 多年里，山西省森林资源一直保持着增长的势头。据资料统计，1949～1962 年，天然林年均增长 25 646 hm^2；1962～1975 年，天然林年均增长 25 710 hm^2；1975～1984 年，天然林年均增长 626 hm^2。据第八次全国森林资源普查，山西省森林总面积 282.41 万 hm^2，其中有林地 219.33 万 hm^2，森林覆盖率 18.03%；活立木蓄积11 039.38 万 m^3；森林蓄积 9 739.12 万 m^3，见表 1-7。近年来，随着全省林业工程的全面实施，保护森林资源的理念得到加强，可持续发展森林资源的战略得到进一步确立，天然商品林有节制、有计划地开采，使全省森林资源整体呈现增长率逐年增加、质量稳步提高的良好态势。

1.3.1.2　存在的问题

总体来看，作为一个少林的省份，全省森林资源还存在着数量不足、质量不高、结构不良、分布不均等问题，一些地方人工林经营强度低，适地栽种、抚育间伐、地力维护和选用良种等培育措施落实得还不够。

表 1-7 山西省历次森林资源连续清查数据

清查时间	森林面积（万 hm^2）	活立木蓄积量（万 m^3）	森林蓄积量（万 m^3）	森林覆盖率（%）
第八次（2010 年）	282.41	11 039.38	9 739.12	18.03
第七次（2005 年）	221.11	8 846.96	7 643.67	14.12
第六次（2000 年）	208.19	7 309.34	6 199.93	13.29
第五次（1995 年）	183.58	8 009.04	5 643.97	11.72
第四次（1990 年）	127.00	—	4 481.88	8.11
第三次（1984 年）	99.34	4 482.61	3 791.10	6.34
第二次（1978 年）	81.00	5 338.20	3 333.99	5.20
第一次	109.00	—	3 634.00	—

注：数据来源国家林业和草原局政府网 http://aww.forestry.gov.cn/，第一、二、三、四次是有林地面积，第五、六、七、八次是森林面积。森林面积包括有林地面积和国家特别规定的灌木林地面积。

1. 发展水平较低

全省森林覆盖率低于全国平均水平，活立木蓄积量和森林蓄积量的排名都处于全国较低的位置，部分土地荒漠化、沙化导致森林质量较差。

2. 发展速度缓慢

从中华人民共和国成立至今已 70 余年，全省森林覆盖率增加了还不到 16%，相当于年均增长 2.0‰左右，这在全国来讲发展是比较缓慢的。

3. 差距明显

与周边省份相比，无论森林的总量、质量都存在一定的差距，甚至还低于全国平均水平，与林业发达的省份差距更明显。同时，保护森林资源的方法和可持续发展林业的理念也存在不足。

1.3.2 忻州市森林

中华人民共和国成立前，由于近一个世纪的连续战争，忻州市森林资源遭到严重的破坏，到 1949 年全市森林覆被率仅有 2%。中华人民共和国成立后，在各级政府和林业系统干部职工的不懈努力下，通过国家、省、市、县各项林业生态工程的实施，山上治本，身边增绿，忻州市林业建设成果显著，根据全省数字生态调查统计，全市活立木蓄积量 1 966.02 万 m^3，森林覆被率达到 14.8%。在“退耕还林”“天保工程”“三北防护林工程”“京津风沙源治理工程”“自然保护区建设及野生动植物保护工程”以及通道绿化和林业外资项目等方面都取得了显著的成绩。

全市林业用地面积 144.5 万 hm^2，其中有林地面积 35 万 hm^2，灌木林地 24.7 万 hm^2，疏林地 3.9 万 hm^2，未成林地 27.2 万 hm^2，宜林荒山荒地 50.7 万 hm^2。全市公益林面积达到 963.38 万亩，占有林地的 62.4%，国家公益林 416.96 万亩，占有林地的 43.28%。

全市植物群落受管涔山、五台山两大山体的影响，水平带植被分布：东南地区为暖温带落叶阔叶森林—草原型生物带；西北地区为暖温带落叶阔叶森林草原—温带灌丛草原型生物带。垂直带植被分布：夏绿阔叶林—草原型生物带。全市主要植被分为 10 大类、57 个亚类。其中，森林 14 个，灌丛及灌草丛 19 个，草本群落 19 个，栽培群落 5 个，主要自然植被有落叶松、云杉、油松、桧柏、侧柏、杨树、柳树、刺槐、柠条、柽柳、山桃、山杏、核桃、花椒、沙棘、虎榛子、胡枝子、绣线菊等植物种类。

1.4 水体资源

1.4.1 山西省水体

山西省第二次水资源评价成果表明，全省1956～2000年系列多年平均降水量为795亿m^3（折合508 mm），水资源总量为123.8亿m^3，其中河川径流量为86.8亿m^3，地下水资源量为84亿m^3，二者重复量为47亿m^3。与第一次水资源评价结果（1956～1979年系列）比较，降水量减少了25.2 mm，减幅为4.7%；水资源总量减少了18.2亿m^3，减幅为12.8%，其中河川径流量减幅为23.9%，地下水资源减幅为9.7%。从人均占有水资源量和耕地面积占有水资源量来看，山西省分别为381 m^3/人和2 700 m^3/hm^2（按2000年人口数和耕地面积计算），大大低于全国平均水平的2 200 m^3/人和25 500 m^3/hm^2。根据中国科学院2000年可持续发展研究报告，山西省在全国31个省（自治区、直辖市）水资源指数（依据人均和单位面积平均水资源量）排序中列第29位，是严重的缺水省份。

由于水资源空间分布不均匀，在一些经济发达、人口密集的地区或城市，其人均水资源量更少，如太原市为266 m^3/人，大同市为133 m^3/人；运城粮棉基地所在的涑水河区为317 m^3/人、1 815 m^3/hm^2。随着国民经济和社会发展，人口增加和工业化、城镇化进程的加快，特别是工业用水、城市生活用水和生态建设用水将会大幅度增加，山西省水资源供需矛盾将会进一步加剧。

1.4.1.1 降水量

山西省水资源的主要补给来源为当地降水。1956～2000年全省平均降水量为795亿m^3，折合雨深为508.8 mm。1980～2000年全省平均降水总量为755亿m^3，折合雨深为483.2 mm。该时段较1956～1979年系列平均值减少了48.0 mm，减幅为9.04%。从时序变化分析，20世纪五六十年代是全省降水量的丰水期，自70年代开始，全省大部分地区降水量偏枯。

1.4.1.2 河川径流量

由于人类活动对下垫面条件的不断改变，全省大部分地区地表水资源量呈逐渐减少的态势。1956～2000年山西省河川径流水资源量为86.8亿m^3。根据2000年全省人口及耕地面积计算，人均拥有河川径流水资源量为267 m^3，亩均为126 m^3。

山西省1980～2000年河川径流量多年平均值为72.89亿m^3，较1956～2000年系列平均值减少了13.91亿m^3，减幅为16.0%；较1956～1979年系列平均值减少了41.51亿m^3，减幅为36.35%。

受下垫面因素的影响，全省河川径流的地区分布极不平衡。阳泉、晋城两市较为丰富，而太原、朔州、大同等市则相对较少，多年平均径流深相差3～4倍。此外，由于省境内碳酸盐岩分布广泛，岩溶水补给区河川径流大量漏失，枯季径流极少，甚至完全干涸，更加剧了河川径流在地区间的差异。

河川径流年际间丰枯悬殊。分析时段内，全省河川径流极值比为3.90，除大同市和朔州市外，都在4倍以上，其中太原市高达22.8倍。流域分区中，龙门—潼关区亦达21倍之多。同时,在全省范围内持续时间较长的丰枯现象同步出现,极不利于河川径流的开发利用和地区间的水量调节,2013 年水资源情况见表 1-8。

表 1-8　2013 年山西省行政分区水资源总量水量

行政分区	计算面积（km^2）	年降水量（mm）	地表水资源量（亿 m^3）	地下水资源量（亿 m^3）	重复计算量（亿 m^3）	水资源总量（亿 m^3）
山西省	156 271	919.31	81.05	96.87	51.37	126.55
太原市	6 878	36.67	1.61	4.46	1.41	4.66
大同市	14 097	71.41	4.24	7.06	2.73	8.57
阳泉市	4 517	26.82	4.08	3.72	4.28	4.25
长治市	13 863	91.23	12.91	10.28	6.18	17.01
晋城市	9 349	53.83	8.20	8.19	5.06	11.33
朔州市	10 656	55.68	1.83	6.39	1.65	6.58
晋中市	16 347	102.14	10.31	10.85	5.94	15.22
运城市	14 233	70.76	3.74	9.50	2.23	11.01
忻州市	25 143	143.77	11.26	15.54	7.91	18.89
临汾市	20 200	131.39	12.17	10.19	6.44	15.92
吕梁市	20 988	135.62	9.98	10.69	6.54	14.13

资料来源:山西省水利厅政府网站 http://www.sxwater.gov.cn。

1.4.2　忻州市水体

1.4.2.1　水系

忻州市河流分属海河流域的子牙河、大清河、永定河以及黄河流域的汾河、黄河五大水系。全市集水面积大于 1 000 km^2的河流有 8 条。其中,海河流域 3 条:滹沱河及其支流清水河和牧马河;黄河流域 5 条:汾河、偏关河、县川河、朱家川和岚漪河。

滹沱河是海河流域子牙河水系的主要支流,为全市第一大河,发源于繁峙县东北泰戏山麓的桥儿沟村一带,流经繁峙、代县、原平、忻府、定襄、五台六个县(市、区),在定襄县岭子底村出境。区内集水面积11 936 km^2,干流河长250.7 km,平均纵坡2.17‰。沿途主要支流有沿口河、羊眼河、峨河、峪口河、中解河、阳武河、云中河、牧马河、同河、小银河、清水河等。

清水河发源于五台山东台沟,为滹沱河最大支流,纵贯五台县全境,在坪上村汇入滹沱河,流域面积 2 405 km^2,干流河长 113.2 km,平均纵坡 8.31‰。

牧马河为滹沱河一级支流,发源于阳曲县白马山,于定襄县蒋村汇入滹沱河,区内集水面积 1 498 km^2,干流长 118.3 km,平均纵坡 3.06‰。

汾河为全市第二大河,属黄河流域汾河水系,发源于宁武县管涔山麓的雷鸣寺,流经宁武、静乐两县。沿途接纳中马坊河、东碾河等支流后,向南流向省会太原市。区内集水面积2 975 km^2,干流河长 95.2 km,平均纵坡 6.02‰。流域内水量较为丰富,但因流经山区,耕地少,径流利用率较低。

偏关河属黄河流域黄河水系,发源于朔州市平鲁区利民沟,流经偏关县全境。区内集水面积 2 040 km^2，干流河长 124.9 km，平均纵坡 6.52‰。流域内植被稀疏，沟壑纵横，地貌剥蚀严重，是造成河流高含沙量的直接原因。

县川河发源于神池县马坊乡管涔山西麓，流经神池、五寨、偏关、河曲四县后，于河曲禹庙汇入黄河。区内集水面积 1 610 km^2，干流河长 109 km，平均纵坡 6.53‰。主要支流有尚峪沟等。枯季河流几近干涸，只有在发生暴雨时才产生洪水径流，并伴有大量泥沙。

朱家川发源于管涔山西麓的神池县小寨乡金土梁村一带，流经神池、五寨、岢岚、河曲、保德等县，于保德县杨家湾镇花园村附近汇入黄河。区内集水面积 2 915 km^2，干流河长 167.6 km，平均纵坡 5.02‰。主要支流有二道河等。因流经灰岩地层，非汛期径流很小，暴雨洪水时，黄土峁塬侵蚀严重，水流挟带大量泥沙。

岚漪河发源于岚县鹿径岭西之饮马池山，由东川河、北川河、南川河汇合后始称岚漪河，流经岚县、岢岚县，于岢岚县境西部温泉乡党家涯村附近出境进入吕梁市。区内集水面积 2 159 km^2，干流河长 94.5 km，平均纵坡 7.1‰。忻州市主要河流特征值统计见表 1-9。

表 1-9　忻州市主要河流特征值统计

流域	水系	河名	流域面积（km^2）	河长（km）	流域平均宽度（km）	总落差（m）	河道纵坡（‰）	说明
海河	子牙河	洪水河	95.9	20.9	4.59	778	18.5	
		沿口河	160	28.5	5.61	1 042	19.2	
		羊眼河	184	31.3	5.88	2 006	32.9	
		中解河	128	29.3	4.37	1 316	24.7	
		马峪河	56.9	21.7	2.63	1 357	36.9	
		胡峪沟	35.6	17.7	2.01	952	30.8	
		峨河	415	47.2	7.01	2 166	23.8	
		峪口河	354	39.7	8.92	1 105	18.7	
		七里河	51	20.9	2.39	899	24.6	
		北桥沟	54.7	17.1	3.20	427	13.7	
		阳武河	972	72.6	13.40	1 450	11.8	
		北云中河	458	49.6	9.23	1 130	9.56	
		牧马河	1498	118.3	12.70	967	3.06	
		同河	276	37.1	7.45	740	6.39	
		小银河	230	32.5	7.08	1 378	13.6	
		清水河	2 405	113.2	21.20	1 793	8.31	
		滹沱河	11 936	250.7	46.3	933	2.17	至南庄
	永定河	恢河	318	33.1	9.61	1 300	14.0	
	大清河	青羊河	435	30.3	14.4	1 630	26.2	

续表 1-9

流域	水系	河名	流域面积 (km^2)	河长 (km)	流域平均宽度 (km)	总落差 (m)	河道纵坡 (‰)	说明
黄河	汾河	大石洞沟	93.2	15.5	6.01	610	25.7	
		大庙沟	116	16.1	7.19	853	33.1	
		冯营沟	17.6	8.0	2.2	799	57.7	
		圪嵺沟	536	43.4	12.3	788	10.1	
		西马坊河	156	25.2	6.19	1 210	22.0	
		鸣水河	289	25.8	11.2	550	9.0	
		永安河	45	15.1	2.98	778	28.2	
		东碾河	520	56.2	9.25	726	8.92	
		西碾河	92.5	27.0	3.43	620	13.0	
		润子沟	39.1	17.9	2.18	810	25.5	
		汾河	2 975	95.2	31.3	1 250	6.02	至丰润
	黄河	偏关河	2 040	124.9	16.3	910	6.52	
		县川河	1 610	109	14.8	903	6.53	
		新窑河	41.6	16.1	2.58	590	18.5	
		腰庄河	64	20.0	3.2	538	18.7	
		朱家川	2 915	167.6	17.3	87.5	5.02	
		石塘河	78.8	26.9	2.93	600	15.9	
		小河沟河	165	42.2	3.91	925	13.9	
		岚漪河	2 159	94.5	22.8	1 473	7.1	
		张家坪河	258	33.8	7.64	540	11.4	

注:来源于2014年忻州市水资源保护规划报告。

1.4.2.2 水资源数量

忻州市第一次水资源评价资料系列为1956～1984年。根据该次评价结果,全市多年平均降水量483.0 mm,多年平均河川径流量14.6亿 m^3,多年平均地下水资源量14.2亿 m^3,扣除河川径流量与地下水之间的重复计算量7.34亿 m^3,全市多年平均水资源总量为21.46亿 m^3,水资源变化趋势见图1-5。

2004年第二次水资源评价分两个评价阶段,结果为:

(1)全市1980～2000年多年平均降水量458.0 mm,平均河川径流量10.60亿 m^3,平均地下水补给资源量13.71亿 m^3,平均水资源总量17.91亿 m^3。

(2)全市1956～2000年多年平均降水量475.4 mm,平均河川径流量12.46亿 m^3,平均地下水补给资源量14.36亿 m^3,平均水资源总量19.87亿 m^3。

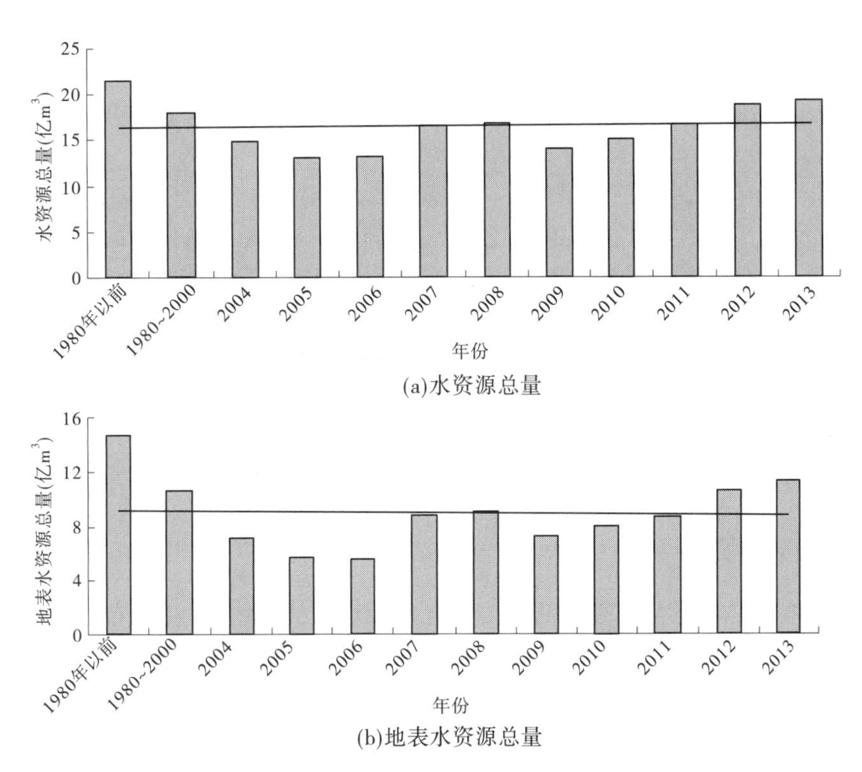

(a)水资源总量

(b)地表水资源总量

图 1-5 忻州市水资源总量及地表水资源总量的变化趋势

全市水资源可利用量为 11.30 亿 m^3,其中地表水可利用量为 6.08 亿 m^3,地下水可开采量为 7.60 亿 m^3,重复量 2.38 亿 m^3。

1.4.2.3 水资源特点

1. 水资源总量少,人均资源量偏低,局部地区供需矛盾突出

忻州市人口总数占全省人口的 8.8%,耕地面积占全省的 16.1%,水资源总量占全省的 16.0%,全市多年平均产水模数为 7.88 万 m^3/km^2,人口密度为 116 人/km^2,耕地率为 28.0%,人均占有水资源量为 682 m^3/人,亩均占有水资源量为 187 m^3/亩。从上述数据分析本市人口密度低于全省水平,耕地率与全省平均值持平,多年平均产水模数小于全省平均值,亩均占有水资源量略高于全省平均值(180 m^3/亩),人均占有量高于全省水平(381 m^3/人)。与全省各项均值比较,看似乐观的数据却与全国水平相差甚远,并且存在着用水需求大的地方无水资源,水资源富足地域无工程措施,造成局部区域供需矛盾较大的局面。

2. 水资源地区分布不匀,富水区开发利用难度大

因降水及下垫面条件的差异,全市河川径流地区分布差别较大,年内年际变化显著,给开发利用带来了很大的困难。从流域分区角度来看各分区的径流深均未达 100 mm,其中济胜桥以下分区和青羊河区最大,分别为 98.4 mm、97.7 mm;其次为汾河上中游区,为 77.5 mm。从这几个相对富水区来看,青羊河区位于忻州市东北部山区,区内需水较少,可以规划水能开发,剩余水资源还可以考虑以工程措施调入滹沱河上游缺水区;汾河上中游区周边工业稀疏,城市人口较少,需水量也不大,也可以考虑规划水能开发,以工程措施调入滹沱河缺水区;最富的滹沱河山区济胜桥以下,岩溶泉水丰富,水质较好,最理想的水源地是规划中的

坪上水库调水区,同时地形、水力条件也有利于水能开发;晋西北的偏关河、朱家川、县川河、岚漪河等分区,水源零散,量小源浅,泥沙较大,可根据本地条件,继续搞好雨水资源利用,使有限而宝贵的水资源发挥最大的经济社会效益。

3. 降水与作物生长需水不吻合,影响农业生产

处于半干旱半湿润地区的忻州市干旱频率甚高,且年内分配极不均匀,60% ~70% 的降水集中在 6 ~9 月。春季 4 月、5 月缺水比较严重,墒情不好,无灌溉措施的地区,难于下种,农作物难保全苗,严重影响农业生产,所以按作物生长期需水适量灌溉成为农业获得丰收的重要保证。而主汛期 7 月、8 月常因暴雨频繁,造成水土流失,亦给农业生产带来了负面影响。因此,降水与作物生长需水的不吻合,对忻州市的农业稳产高产起着制约作用。

1.5 湿地资源

1.5.1 山西省湿地

湿地是地球上独特的生态系统和重要的自然景观,在全世界广泛分布。目前广泛接受的是 Ramsar 国际公约(《关于特别是作为水禽栖息地的国际重要湿地公约》)对湿地的定义:“湿地是指,不同其天然或人工、长久或暂时的沼泽、湿原、泥炭地或水域地带,带有或静止水或流动水、或为淡水、半咸水体者,包括低潮时水深不超过 6 m 的水域”。按照这个定义,湿地应包括河流、湖泊、沼泽、浅海、潮间带、河漫滩等天然类型,也包括水库、水田等人工类型。

山西省地处内陆腹地,是湿地资源较贫乏的省份之一。山西省国土资源厅 2004 年调查结果显示,全省湿地总面积为 365 968. 88 hm^2,仅占全省面积的 2. 335% 。湿地面积最大的是河岸滩涂,面积约占全省湿地总面积的 50%;其次是河流湿地水面。

1.5.1.1 湿地类型与分布

山西省湿地类型比较单一,根据梁新阳(2009)研究结果:全省湿地类型共有 3 类 11 型。3 类为:河流湿地、湖泊(水库)湿地、沼泽和沼泽化草甸湿地。河流湿地类有 3 型:永久性河流、季节性河流与间歇性河流、河心沙洲与河流交汇处湿地;湖泊(水库)湿地类有 3 型:永久性淡水湖、季节性咸水湖、水库;沼泽和沼泽化草甸湿地类有 5 型:草本沼泽湿地、灌木沼泽湿地、森林沼泽湿地、内陆盐沼、淡水泉。

1. 河流湿地

1)永久性河流

山西省境内永久性河流(流域面积大于 4 000 km^2)主要有 9 条:汾河、三川河、昕水河、涑水河、沁河、桑干河、滹沱河、浊漳河、清漳河。这些河流水量受季节性影响十分明显,干旱的年份会出现中下游断流现象,见表 1-10。

2)季节性河流与间歇性河流

山西省河流具有数量多、水量少的特点。这类河流分布比较广,流域面积在 100 km^2 以上的河流有 450 余条,小的河流、山洪沟则数以万计。这些河流多为山地型河流,河流流程较短,坡度较陡,径流量少并集中在汛期,急涨暴落是这类河流湿地的主要特征。

表 1-10　山西省主要河流湿地基本特征

流域	河流名称	山西省内面积(km^2)	山西省内河长(km)	平均纵坡(%)
黄河流域	汾河	39 471	716	1.12
	三川河	4 161	175	5.1
	昕水河	4 326	102	1.0
	涑水河	5 774	196	1.5
	沁河	13 532	485	3.8
海河流域	桑干河	16 748	260	3.3
	滹沱河	18 856	319	3.2
	浊漳河	11 741	205	3.5
	清漳河	5 339	146	—

资料来源:梁新阳,山西湿地生态退化特征与保护对策,2009。

3)河心沙洲与河流交汇处湿地

由汾河与黄河交汇处形成的河津市南的连伯滩是山西最大的洪泛平原湿地,面积近4 700 hm^2。

2.湖泊(水库)湿地

1)永久性淡水湖

山西省永久性淡水湖主要有两种,一是高地淡水湖,位于宁武县管涔山的马营海天然湖群,该天然湖泊群共由7处天然湖泊组成,湖泊的水源主要来自湖底泉;二是盆地淡水湖,主要有太原的晋阳湖、永济的伍姓湖、芮城陌南镇黄河岸边的圣天湖。

2)季节性咸水湖

季节性咸水湖分布于运城东南部,是山西省重要的盐、硝生产基地。运城盐湖包括盐池、硝池、鸭子池及相邻的北门滩、汤里滩等。该湖夏季产盐、冬季产硝,湖水从黄河提水补给。山西省主要湖泊概况见表1-11。

表 1-11　山西省主要湖泊概况

湖泊类型	湖泊名称	面积(hm^2)	地理位置	海拔(m)
高地淡水湖	马营海天然湖群	200	宁武县管涔山	1900 ~ 1960
盆地淡水湖	晋阳湖	510	太原市	1 000 以下
	伍姓湖	100	永济市	1 000 以下
	圣天湖	320	芮城县	1 000 以下
季节性咸水湖	运城盐湖	4 800	运城市	322

资料来源:梁新阳,山西湿地生态退化特征与保护对策,2009。

3)水库湿地

山西省大中型水库有63座,控制流域面积55 701 km^2。水库湿地是人工湿地的主体,在农业灌溉、水力发电、渔业生产和防汛调洪等方面都起着十分重要的作用,也是水鸟迁徙的重要“驿站”。

3. 沼泽和淡水泉湿地

1) 沼泽湿地

沼泽湿地主要有草木、灌木、森林和内陆盐沼泽湿地,分布在河流沿岸和水库、湖泊的边缘,以芦苇沼泽、香蒲沼泽、沙棘灌丛和人工种植的杨柳林等为主。

2) 淡水泉湿地

山西省是我国北方岩溶分布面积最广的省份,岩溶区分布有丰富的地下水资源,并形成了众多以岩溶泉水为主要排泄形式的岩溶水泉域湿地。据统计,全省岩溶水资源量占全省地下水资源总量的40%左右,是山西的“生命资源”。

1.5.1.2 湿地生物多样性

山西省湿地面积占全省国土地面积的3.17%。赵惠玲(2005)研究表明:湿地生物多样性丰富,已查明的物种有1 700多种。维管植物686种,隶属308属,83科;藻类530种;湿地植被群落类型有70多个;水鸟105种;兽类27种;两栖类13种;爬行类28种;鱼类70种;底栖动物150种。

过度开垦导致湿地面积萎缩和动物资源数量的下降。1990~2004年的10多年间,湿地面积平均每年减少约8 600 hm^2。如1988年滹沱河两岸原有7 560 hm^2的河岸滩涂湿地,到1996年几乎90%的滩涂已开发成农田。黄河沿岸的滩涂湿地至少一半被开垦种植玉米、芦笋等作物。过去河津市的连伯滩是我国最大的灰鹤越冬地之一,每年冬季都有2 000多只灰鹤在此栖息。20世纪80年代后,湿地面积锐减,破坏了灰鹤栖息、觅食和活动的空间,导致灰鹤数量急剧减少,1996年冬季调查仅有750多只灰鹤在该地越冬。

1.5.2 忻州市湿地

按照Ramsar国际公约关于湿地的分类系统,可将忻州市湿地划分为以下几种类型。

1.5.2.1 河口湿地

河口湿地主要分布在滹沱河各支流入滹沱河河口处,由各支流挟带的大量泥沙沉积而成,其中定襄境内的牧马河三角洲湿地、原平境内的阳武河三角洲湿地面积较大。此外,滹沱河崞阳至定襄济胜桥段,河槽宽阔,主流摇摆,比降小而流速慢,导致大量泥沙在河床中沉积,形成许多大小不等的边滩(沙洲),较大的约有30个。湿地植物群落形成且长势繁茂,为冬候鸟越冬提供了良好的栖息场所。

1.5.2.2 河流湿地

1. 永久性河流与溪流

除黄河、汾河、滹沱河外,较大的河流有清水河、牧马河、岚漪河、朱家川、县川河等,流域面积大于1 000 km^2的河流有8条。原平市轩岗镇马圈村以岩溶水天然排泄点马圈泉为主的大小泉眼无数,在山间形成无数溪流汇入阳武河;坪上泉出露于五台县城南部约30 km处的滹沱河、清水河汇合口上、下游河谷中,以散泉形式出流,出露高程640~703 m。从五台县滹沱河甲子湾以南、清水河胡家庄以西到定襄县滹沱河戎家庄以东的河道范围内,有大小泉点221个,构成4个泉组,即甲子湾、水泉湾、段家庄、李家庄(含胡家庄、耿家会、李家庄、坪上散泉群),再加上位于西南部孤立出流的大湾泉,共同组成了坪上泉,在此区间形成了众多的溪流；五台山植被覆盖较好，植被、土壤中储水量较高，在茂密在山涧丛林中形成无数溪流。

2. 季节性与间歇性河流和溪流

季节性与间歇性河流和溪流多分布在滹沱河两岸低山丘陵区，枯水季节长，洪水季节集中，河道短促，纵比降大，对土壤侵蚀强烈，导致大量水土流失，是滹沱河泥沙的主要来源之一。

1.5.2.3 水库湿地

1. 库区永久性积水湿地

库区永久性积水湿地在滹沱河区 7 座中型水库米家寨、双乳山、观上、神山、唐家湾、下茹越、孤山均有分布。繁峙孤山水库，海拔 1 175 m，主要湿地植被群丛为：蒿草 + 海乳草 + 黄花蒿群丛。原平市观上水库，海拔 820 m，水莎草的盖度为 50%，株高 10 cm，群丛外貌鲜艳、整齐，浅绿色，伴生种有车前、柳叶菜、稗草、苍耳、旋覆花等。繁峙县下茹越乡水库海拔 900 m，稗草群丛，稗草的盖度为 60% ~100%，株高 20 ~50 cm，一般生长在地下水位较高，或有永久性或季节性浅水层，伴生种有苍耳、风花菜、反枝苋、旋覆花、灰绿蓼、水莎草等。五台县唐家湾水库，海拔 800 ~1 170 m，莎草 + 泽泻 + 浮叶眼子菜群丛。忻州市奇村双乳山水库，海拔 830 m，莎草 + 泽泻 + 浮叶眼子菜群丛。

2. 库区可变性积水湿地

根据忻州市 2009 年农田水利统计，滹沱河区共有 48 座中小型水库，全区各中小型水库可变性积水湿地均有分布。在枯水期，水库进水处的库底暴露，形成草本沼泽地，而丰水期则完全淹没。如孤山水库枯水期，库区边缘约有 1/3 区域形成以香蒲草、水莎草、灯芯草和泽泻等为建群种的植物群落。

1.5.2.4 沼泽和草甸湿地

1. 沼泽

(1)草本沼泽。分布在河流沿岸和水库、湖泊的边缘，以芦苇沼泽、香蒲沼泽为主，并有少量泽泻沼泽、水葱沼泽以及假苇拂子茅沼泽等。

(2)灌木沼泽。主要分布在滹沱河上游沿岸、清水河和阳武河两岸，以柽柳沼泽、沙棘、沼泽等较为常见。

(3)乔木沼泽。多分布在河岸两侧，地表积水多见于雨季，以人工种植的杨林、柳林为主。

(4)盐沼。主要分布在忻定盆地及沿河两岸的盐渍土环境中，以盐角草、碱蓬、猪毛蒿为建群种组成的群落，在滹沱河及其支流云中河、牧马河两岸的一级阶地和低洼地带最为常见。

2. 草甸湿地

(1)河岸湿草甸。分布在各河流两岸地下水位较高，有季节性积水的地段，以分布于代县阳明堡等地较为常见。

(2)河漫滩草甸。分布在各河流的两岸，如代县枣林镇二十铺滹沱河南岸的河漫滩，一些地段为撂荒稻田，泛洪期常被水淹没。

(3)山地湿草甸。分布在五台山海拔 2 400 m 以上的亚高山地段，组成群落建群种有苔草、羽衣草、珠芽蓼、蒲公英、蒿草等。

(4)淡水泉。全区流量大于0.5 m^3/s 的岩溶大泉共有2处,分别是五台坪上泉和原平马圈泉。坪上泉年径流量1.5亿 m^3,流量为4.94 m^3/s;马圈泉年径流量0.2亿 m^3,流量为0.6 m^3/s。

1.5.2.5 湖泊(坑塘)湿地

忻州市天然湖泊主要有宁武县马营海天然湖群和神池县西海子。马营海天然湖群前已介绍,神池县西海子湿地海拔1 620 m,总面积2 775亩,其中水域面积394亩。此外,还有少量人工塘坝,根据忻州市2009年农田水利统计,滹沱河区共有215座塘坝,仅存少量湿地植被。

1.6 生物资源

1.6.1 山西省生物资源

在中国植物区系的分区中,山西省隶属于泛北极植物区的中国-日本森林植物亚区,华北地区的黄土高原亚地区和欧亚草原植物区、蒙古草原地区的东蒙古亚地区。因此,山西省植物种类的分布型或地理成分表现出多样性和复杂性。山西省植物区系在中国北方,尤其是华北植物区系中占重要地位。全省共有维管植物2 667种,隶属170科892属,其中蕨类植物21科35属90种,裸子植物7科13属25种,被子植物142科844属2 552种。

根据吴征镒先生划分的在中国植物属的15个分布类型和31个变型中,山西省植物区系占15个分布类型和16个变型。

按照王荷生等关于华北地区种子植物种的区系地理成分的划分方法,山西种子植物分为15个分布区类型,以温带分布区类型占绝对优势。在山西省分布的国家级珍稀濒危保护植物中,有3个分布区类型9个变型,主要为中国特有分布,其次为东亚分布、温带亚洲分布。山西省分布有国家二级重点保护植物3种:连香树、山白树、翅果油树;国家三级重点保护植物13种:大果青禾、核桃楸、青檀、领春木、矮牡丹、膜荚黄芪、内蒙古黄芪、野大豆、刺五加、水曲柳、猬实、无喙兰、天麻;国家二批珍稀濒危保护植物9种:山西杨、脱皮榆、木通马兜铃、全叶延胡索、岩生报春、蒙古莸、太行菊、蜈蚣兰、孔雀兰。山西省一级重点保护植物有连香树、山白树、翅果油树等25种;二级重点保护植物有臭冷杉、南方红豆杉、匙叶衫、暖木等54种;三级重点保护植物有山茱萸、流苏树、太行白前等47种。

1.6.2 忻州市生物资源

1.6.2.1 植物资源

忻州市野生植物种类能在自然环境条件下正常生长的有1 261种,其中乔木108种,灌木184种,其余为草本植物,涉及121科,519属,既有喜欢温暖环境的核桃、花椒、柿子等,也有生长在海拔2 000 m以上的柠条、落叶松、云杉、冷杉等。主要树种有华北落叶松、油松、侧柏、小叶杨、青杨、旱柳、馒头柳、垂柳、白桦、红桦、白榆、苹果、梨、海红、枣、山楂等。常见草本植物有早熟禾、星星草、鹅观草、冰草、披碱草、赖草、拂子茅、剪股颖、芨芨草、唐松草、蚊子草等。

1.6.2.2 动物资源

1998～1999年，忻州市野生动物资源普查结果表明，全市主要有陆栖野生动物约264种，其中鸟类216种，兽类37种，两栖爬行类11种。这些动物中包括国家一级重点保护野生动物褐马鸡、豹、黑鹳（夏候鸟）、金雕、玉带海雕（旅鸟）、胡秃鹫、大鸨（旅鸟）7种；国家二级重点保护野生动物石貂、黄羊、青羊、黄嘴白鹭（冬候鸟）、大天鹅（冬候鸟）、鸳鸯（旅鸟）、大鵟、普通鵟、乌雕、秃鹫、雕鸮、纵纹腹小鸮、长耳鸮（冬候鸟）、短耳鸮、白头鹞、游隼（夏候鸟或旅鸟）、灰背隼、红隼、灰鹤（旅鸟）、青鼬、原麝（夏候鸟）、四声杜鹃、复齿鼯鼠、金眶鸻（夏候鸟）、普通夜鹰（夏候鸟）、星头啄木鸟、牛头伯劳、长尾灰伯劳（夏候鸟）、北椋鸟（夏候鸟）、蓝翡翠（夏候鸟）、褐河乌、白顶溪鸲（夏候鸟）、红翅旋壁雀、刺猬等15种。《中日候鸟保护协定》中在忻州市分布的保护对象有草鹭、大白鹭、绿翅鸭、绿头鸭、董鸡、家燕、燕雀、寒鸦、小太平鸟等60余种。此外，还有常见的如黄鼬、艾虎、狗獾、猪獾、狍、野猪、狼、草兔（野兔）、石鸡、环颈雉（野鸡）、喜鹊、灰喜鹊、树麻雀、中华大蟾蜍、蝎子等230余种。

1.7 本章小节

本章从山西省和忻州市两个尺度探讨了农田、草地、森林、水体、湿地、生物等生态资源规模与结构，分析了生态资源面临的问题，摸清了忻州市生态资源家底，梳理了生态演变规律，为全市生态文明建设提供参考。

参考文献

[1] 游江南，王满，贾尚升. 对山西省耕地后备资源潜力的分析及研究[J]. 华北国土资源，2014(6)：97-101.

[2] 梁俊花，马春燕. 耕地数量变化规律与驱动力研究——以山西为例[J]. 经济问题，2008(1)：50-52.

[3] 景广学. 历史时期山西地区森林植被之概观[J]. 山西大学学报，1983(3)：93-96.

[4] 贾眉中. 浅谈影响忻州市粮食发展的主要因素与建议[J]. 食品工程，2013(4)：11-13.

[5] 张晓敏. 山西草原退化严重修复草地生态迫在眉睫[N]. 中国畜牧兽医报，2013-7-14(2).

[6] 赵鹏宇，徐学选，张丽，等. 基于灰色理论的忻州市适宜退耕还林面积的预测[J]. 水土保持研究，2013，20(2)：114-119.

[7] 王静，冯永忠，杨改河，等. 山西农田生态系统碳源/汇时空差异分析[J]. 西北农林科技大学(自然科学版)，2010，38(1)：196-200.

[8] 张先平，程新生，王小岗，等. 山西森林景观空间格局分析[J]. 山西大学学报(自然科学版)，2015，38(4)：1303-1310.

[9] 矫丽会，屈学书. 山西森林旅游资源分布特征及开发研究[J]. 中南林业科技大学(社会科学版)，2014，8(4)：15-20.

[10] 贺永利. 山西森林资源保护与可持续发展初探[J]. 山西林业，2014(2)：6-7.

[11] 邱扬，马正岩，张金屯. 山西森林资源的动态变化分析[J]. 山西大学学报(自然科学版)，1999，22(4)：387-392.

[12] 张兰生，张凤亭. 山西森林资源动态分析与发展预测[J]. 山西林业，2000(5)：27-28.

[13] 杨俊媛. 山西森林资源经营工作存在的问题及对策[J]. 山西林业，2015(4)：6-14.

[14] 吴玉生. 山西森林资源可持续发展研究[J]. 山西煤炭管理干部学院学报，2008(4)：211-212.

[15] 张富明,刘瑞祥,程过富. 山西生态资源状况及存在的主要问题[J]. 前进,2007(6):41-43.
[16] 李粉婵. 山西省农业种植结构调整及产量趋势分析[J]. 山西农业科学. 2005,33(1):3-6.
[17] 樊艳丽,聂华. 山西省水资源产业贡献度及生态用水效益分析[J]. 中国水土保持科学,2014,12(2):100-104.
[18] 王兴,刘欣. 山西省水资源承载力及可持续发展对策研究[J]. 资源开发与市场,2014,30(3):308-338.
[19] 郭汉清,张治国,董晓辉,等. 山西省水资源生态足迹动态分析[J]. 山西农业大学学报(自然科学版),2015,35(3):306-310.
[20] 梁新阳. 山西湿地生态退化特征与保护对策[J]. 中国水利,2009(3):37-38.
[21] 赵惠玲,王青,张龙胜. 山西湿地生物多样性及保护对策研究[J]. 山西林业科技,2005(2):16-18.
[22] 张峰,上官铁梁. 山西湿地资源及可持续利用研究[J]. 地理研究,1999,18(4):421-427.
[23] 王晓宇. 山西湿地资源利用与保护[J]. 水资源与水工程学报,2006,17(3):56-61.
[24] 刘兴旺. 山西湿地资源调查遥感判读区划的探讨[J]. 安徽农学通报,2014,20(23):133-134.
[25] 张建国,赵云. 山西水资源可持续利用对策研究[J]. 南水北调与水利科技,2009,7(2):33-49.
[26] 郭刚. 忻州市草地畜牧业发展现状及对策[J]. 现代农业,2013(1):87-88.
[27] 李昆昆. 忻州市农业土地利用及水土流失治理措施[J]. 水土保持,2010(5):20-21.
[28] 武锋平,赵宇琼,郭刚. 忻州市山地草原类草地多年监测及管理对策[J]. 中国畜禽种业,2013,9(6):22-24.
[29] 任国英. 忻州市水资源特点及可持续发展对策[J]. 山西水利科技,2006(3):73-75.
[30] 杨丙寅. 忻州市水资源特点及可持续利用研究[J]. 山西水利,2007(4):20-21.
[31] 张才万. 忻州市水资源质量评价及可持续利用对策[J]. 中国水利,2008(17):22-23.
[32] 陈文生,王琪. 忻州市天然草地利用现状与保护对策[J]. 现代农业,2010(6):85-86.
[33] 冀永华. 忻州市羊产业发展现状与展望[J]. 中国畜牧兽医文摘,2013,29(12):38-39.
[34] 赵鹏宇. 忻州市滹沱河区生态保护研究[M]. 太原:山西人民出版社,2015.
[35] 赵鹏宇,崔嫱,冯文勇,等. 滹沱河山区县域农业生态系统健康评价[J]. 水土保持研究,2015,22(3):315-319.
[36] 赵鹏宇,步秀芹,崔嫱,等. 滹沱河忻州段水质时空变化及影响因子评价与分析[J]. 中国环境监测,2015,31(3):52-57.
[37] 崔嫱,赵鹏宇,冯文勇,等. 山西滹沱河山区湿地生态系统健康评价[J]. 湿地科学与管理,2015,11(3):16-19.
[38] 崔嫱,赵鹏宇,步秀芹,等. 基于信息熵的忻州市用水结构演变及其驱动力的因子分析[J]. 节水灌溉,2015(6):58-61.
[39] 韩如意,赵鹏宇,付广军. 滹沱河山区气候和生态环境演变研究进展[J]. 忻州师范学院学报,2014,30(5):62-68.
[40] 武锋平,赵宇琼,郭刚. 忻州市山地草原类草地多年监测及管理对策[J]. 中国畜禽种业,2013,9(6):22-24.

第2章　相对资源与生态承载力模型改进研究进展

2.1　相对资源承载力模型改进

2.1.1　传统相对资源承载力模型

2000年，国内学者黄宁生等提出了相对资源承载力模型，即“以比具体研究区更大的一个或数个区域（参照区）作为对比标准，根据参照区的人均资源拥有量或消费量、研究区的资源存量，计算出研究区域的各类相对资源承载力”，具体如下：

相对自然资源（土地资源）人口承载力：

$$C_{pl} = \frac{P_0}{Q_{l0}} \times Q_l \tag{2-1}$$

相对经济资源人口承载力：

$$C_{pec} = \frac{P_0}{Q_{ec0}} \times Q_{ec} \tag{2-2}$$

相对资源综合人口承载力：

$$C_{sp} = W_l C_{pl} + W_{ec} C_{pec} \tag{2-3}$$

式中：P_0 为参照区人口数量；Q_{l0} 为参照区土地资源总面积；Q_l 为研究区土地资源总面积；Q_{ec0} 为参照区国内生产总值；Q_{ec} 为研究区国内生产总值；W_l、W_{ec} 分别为相对土地资源和经济资源承载力的权重，且 $W_l = W_{ec} = 0.5$ 。

承载状态标准：①超载，指实际人口数 P 大于可承载人口数量 C_{sp} ，即 $P - C_{sp} > 0$ ；②富余，指实际人口数 P 小于可承载人口数量 C_{sp} ，即 $P - C_{sp} < 0$ ；③临界，指实际人口数 P 等于可承载人口数量 C_{sp} ，即 $P - C_{sp} = 0$ 。

上述相对资源承载力理论在实证方面得到了广泛的应用并取得了许多成果。根据CNKI文献检索，2000～2014年主题为“相对资源承载力”的文献共有309篇，其中核心期刊发表的有292篇。检索篇名为“相对资源承载力”的核心论文期刊发表的共有98篇。相对资源承载力理论被广泛借鉴用来对区域可持续发展情况进行实证分析，成为评价区域可持续发展的重要标准。大多数的研究从可持续发展的角度，采用时间序列分析相对资源承载力的动态变化，也有研究利用截面数据分析相对资源承载力的区域差异。

相对资源承载力模型与传统单一资源承载力模型相比具有以下几方面进步：

（1）相对于周边地区，研究区是一个开放的、动态的地域系统，区内外存在着资源的流通和交换。相对资源承载力突出了自然资源与经济社会资源之间的互补性。

（2）在评价计算中突破了因中国人口总量大、资源总量有限，在利用传统的绝对资源承载力方法并以国际标准衡量资源可承载人口数时，几乎总得到实际人口超载或严重超载结论。

(3)测算出的区域相对资源人口和经济承载力值与相应区域实际人口规模和经济规模进行对比,可以清楚地看出该地区相对于上级区域的资源承载状态,能为合理调控区域人口和经济规模以及确定其未来开发策略提供指导性认识;通过区域内部各地区相对资源承载状况的具体分析,在一定程度上可以为协调地区间人口与经济活动的空间分布和流向提供参考。

与此同时,传统相对资源承载力模型也有不足之处,主要表现在以下几方面:

(1)对于特定的研究区域,自然资源中除了土地外影响人口承载力,可能还有水、能源等;除了自然资源与经济资源,还可能有社会资源。

(2)计算综合承载力时,给定各因子权重,取值主观随意。

(3)计算综合承载力时,使用简单的线性加权,未考虑到各类资源间的相互匹配、均衡发展等问题。

(4)承载状态标准的划分过于粗糙。如甲、乙 2 个地区同样是人口超载,但是 2 个地区间人口超载程度上是否有区别,上述模型解决不了。

(5)静态分析时,以参照区为标准,直接套用上述模型计算地区的单个相对资源承载力,忽视了各地区自然资源的利用效率存在差异以及生活成本不同的事实,使得实证分析结论的准确性存在质疑。

(6)动态分析时,大多数应用都把全国作为参照区,以全国的平均水平为准,由于研究区是参照区的一个子集,故这种选择参照区的做法将会对地区相对资源承载力增长率的动态变化趋势造成影响。

2.1.2 传统相对资源承载力模型的改进

基于传统相对资源承载力模型的不足,许多学者对上述模型进行了改进实证分析并取得了许多成果。根据 CNKI 文献检索,2000 ~ 2014 年主题为"相对资源承载力模型改进"的核心期刊文献共有 35 篇,检索篇名为"相对资源承载力模型改进"的核心期刊文献共有 28 篇。这些文献从承载力对象、模型改进计算、权重的确定等方面做了丰富的研究,现对具体模型改进进行梳理评述。

2.1.2.1 承载力受力对象的扩展

承载力概念的核心问题是极限,根据不同的施力者,受力者产生了不同的承载力。例如,根据受力者不同,有生态承载力、人口承载力、经济承载力、文化承载力和社会承载力等;根据施力者不同,有土地承载力、水资源承载力等。

在对区域相对资源承载力研究中,考虑到一些区域发展越来越受到人口、资源、环境的约束,产生了一系列的自然、经济、社会问题,影响区域的社会经济发展,由此人口与经济流向问题的研究显得越发重要。于是一些学者在研究中对承载力受力对象的扩展,从单一相对资源人口承载力研究,转向人口与经济双重考量的相对资源综合承载力研究,综合考察相对资源人口承载力和相对资源经济承载力。在实证方面如李泽红(2008)、王菲等(2013)、王长建等(2015)分别采用这种方法对湖北省、天山北坡和塔里木河流域进行了相对资源人口承载力和相对资源经济承载力分析。具体做法就是将参照区人口数量替换成参照区 GDP,得到相对土地资源、水资源等自然资源的经济承载力,承载力受力对象的扩展在一定程度上协调了区域内人口与经济的空间分布和流向,使社会经济系统与自然生态系统在时空上趋于耦合,为确定未来开发策略提供指导性建议。

2.1.2.2 传统相对资源承载力模型的改进

针对传统相对资源承载力模型不足之处,许多学者从模型资源因素、权重确定以及其他方面对模型进行了改进。

1. 模型中资源因素的扩展

1) 自然资源范围的扩展

在原模型以相对土地资源承载力代表自然资源承载力的基础上,改进模型中加入相对水资源承载力、相对能源承载力、相对天然湿地资源承载力和相对林木资源承载力等。在实证应用中根据研究区域的大小、自然资源的特点来确定自然资源的范围,如早期在模型改进中将自然资源扩展到土地资源与水资源;黄常锋多次对模型进行了改进,将自然资源扩展到土地资源、水资源、能源;瞿秀华在研究新疆各市(州)相对资源承载力时扩展到上述5种自然资源。

在考虑区域大小尺度的基础上,为消除评价区域在地形地貌方面的差异,在选取自然资源指标时也进行了不断改进,土地资源由耕地面积改进为农作物播种面积,水资源由水资源总量改进为供水总量,天然湿地资源和林木资源以其总面积来表示,能源以其资源储存总量来表示,具体计算中将石油、天然气总量分别换算成标准煤。有的研究中考虑到生态足迹中的生产性土地资源(包括可耕地、牧草地、森林、水域、化石能源地和建成地六大类)是自然资源中与人类关系最密切的资源,选择生态足迹中的生产性土地资源面积,代表自然资源面积。总体来说,在模型的改进过程中,各自然资源指标的选取更具代表性,更为精准,易于获取,易于横纵向比较。

2) 资源范围扩展到社会资源

除自然资源与经济资源外,有些学者进一步对资源范围进行了扩展,加入了社会资源。社会资源主要包括劳动力、文化教育水平、社会保障等,通常将社会消费品零售总额(代表人口生活水平)作为相对社会资源承载力的计算指标,从而使研究又得到了进一步完善。与单独土地资源承载力研究相比,相对资源承载力方法拓展了资源的范围,指出自然资源和社会资源存在着互补性,更全面地体现了研究区的可持续发展状况。

3) 引入资源修正指数

由于不同地区资源利用效率的差异,同等数量的资源放在资源利用效率高的地区能承载的人口数量要多于资源利用效率低的地区。同时,不同地区生活成本也是有差异的,一般经济不发达地区生活成本要低于经济发达地区的生活成本,所以同等数量的货币能够承载的人口数量在经济欠发达地区要多于经济发达地区。鉴于此,对原模型做以下改进:在计算相对自然资源承载力和经济资源承载力时,分别引进自然资源修正指数和经济资源修正指数,修正指数实质为研究区和参照区资源的利用效率的比值。

2. 权重的确定与取舍

1) 采用科学方法确定权重,避免主观随意性

传统模型中权重的确定通常采用赋值法,归纳为3种类型:第一种为二分法,即自然资源与经济资源权重各取0.5,黄宁生首次提出的相对资源承载力模型中以二分法确定权,其后得到了广泛应用,在自然资源扩展为土地资源与水资源后,同样对自然资源也进行了二分,即土地资源与水资源权重各取0.5。第二种为三分法,随着资源范围的扩展,资源类型扩展到社会资源后,自然资源、经济资源和社会资源权重各取0.3。第三种为不等赋值,即在权重确定时考虑了资源的不平衡性,权重偏重于某一资源,常见的有四六分、三七分。总

体而言，赋值权重确定方法主观性、随意性较大，影响综合资源承载力计算结果的可靠性。而后在模型的改进中出现了基于优势资源牵引效应和劣势资源束缚效应确定权重的方法，另外熵值法也有所应用。

基于优势资源牵引效应和劣势资源束缚效应确定权重。这种确定权重方法的核心思想是：具有 n 个影响因素的基于优势资源牵引效应和劣势资源束缚效应原则下的综合承载力模型，即优势资源牵引效应主要是突出优势资源承载力对综合承载力的提升作用，即它所占权重较大。同理，劣势资源束缚效应也是突出劣势资源承载力对综合承载力的束缚作用，即它所占权重较大，对此黄常锋、王长建等从理论与应用方面开展了相关探讨。

熵是系统无序程度的度量，可以用于度量已知数据所包含的有效信息量和确定权重，在模糊评价中，通过对“熵”的计算确定权重，当各评价对象的某项指标值的相差较大时，熵值较小，说明该指标提供的有效信息量较大，其权重也应较大；反之，若某项指标值相关较小，熵值较大，说明该指标提供的信息量较小，其权重也应较小。当某项指标完全相同时，熵值达到最大，这意味着该指标无有用信息，可以从评价指标体系中去除。

2）避免权重的应用，同时综合考虑资源的匹配性

传统模型在计算相对综合承载力时，使用简单的线性加权，没有考虑到各类资源之间的相互匹配、均衡发展问题，即资源之间的承载力替代关系可能是非线性的。黄常锋等研究者对此做了改进，在原模型基础上，加入相对耕地资源承载力和相对经济资源承载力的几何平均项来克服该不足；李泽红、舒克盛构建了几何相对资源承载力模型，并以湖北省为例进行了实证研究，验证了该模型适用于对资源匹配较好地区的评价。相比加权线性和模型，几何相对资源承载力模型避免了权重的应用和选择，同时在一定程度上考虑了不同资源之间的相对匹配关系。顾学明采用突变级数法的基本原理对非标准化数据采用无量纲化处理方法，按互补原则求平均值，对北京市相对资源承载力进行了综合评价，这种方法减少了权重赋值的主观性，且计算量要小得多。

3. 承载状态进一步细化，提出承载状态度

传统模型在承载状态标准的划分中只有超载、富余和临界三种状态。这种划分标准较为粗略，例如甲、乙两个地区同样是人口富余或超载，但是两个地区之间人口富余或超载程度上是否又有区别呢？这显然是传统相对资源承载力模型没有解决的问题。对此，基于优势资源牵引效应和劣势资源束缚效应确定权重改进下，提出新的承载状态划分标准，即严重超载、超载、临界、富余和非常富余五种状态。划分标准以实际人口数量与按优势资源牵引效应和按劣势资源束缚效应原则计算得到的相对综合可承载人口数的关系来确定，进一步提出各状态下承载状态度的计算标准。

2.1.3 从时间和空间维度探讨承载力的变化规律

2.1.3.1 对比参照面的选择

黄宁生提出参考面的标准“以具体研究区更大的一个或数个区域（参照区）作为对比标准”，当时他分别以全国、东部沿海经济发达省市、世界低收入国家、中等收入国家和世界平均收入水平作为参考面研究了广东省的相对资源承载力。随后，许多学者在实证研究中均采用这种思想，归纳起来主要包括3类：一是以全国作为参照面，研究对象为一个市、一个省，或一个更大的区域均以全国作为参照面；二是以同类地区作为参照面，例如研究山西省相对承载力

时，以华北地区作为参照面，研究湖北省时，以长江流域作为参照面，研究上海市时，以4个直辖市作为参照面；三是以省作为参照面，这类研究对象主要以内部的地级市或县域为主。

上述参照面的选择，由于研究区是参照区的一个子集，故这种选择参照区的做法将会对地区相对资源承载力增长率的动态变化趋势造成影响。例如我国沿海的一些经济发达省份，不仅经济的发展速度快，而且地区经济总量在全国经济总量中所占的比例也很高。如果运用传统的相对资源承载力模型来动态研究这些地区的单个经济资源承载力时，就可能会得出经济的快速发展不能带来相应经济资源对人口承载力的快速发展的悖论（此处主要就单个资源的增长率而非综合资源承载力的增长率来讨论）。所以在动态分析中，选取参照区时，如果参照区包括研究区作为其子集，就会存在自相关项，这样就会出现研究区某资源相对承载力的增长率将会被缩小。对此，黄常锋进行了改进，在运用相对资源承载力模型进行动态分析时，选取的参照区不能包括研究区，即研究区不能是参照区的子集。

2.1.3.2 时间和空间维度探讨

早期研究中主要以时间维度进行研究，后来扩展到空间维度分析，同时借助GIS做可视化的输出，使研究结果更加直观，如李旭东研究贵州乌蒙山区资源相对承载力的时空动态变化，王长建研究塔里木河流域相对资源承载力时均采用这种方法。

整体上看，相对资源承载力方法的缺陷体现在两个方面：第一，它需要找到一个理想的对照区域，但却没有明确界定理想区域的标准。实践中，选择全国水平作为参照标准，但全国总体水平并不一定是可持续的，这样得出的结论是否科学值得商榷。第二，该方法只能用于研究当前的资源相对承载力，无法对未来相对资源潜力进行有效预测。

2.2 生态承载力模型修正

2.2.1 生态承载力分析模型

生态承载力常常被称为资源环境承载力、生态环境承载力、生态系统承载力。自然生态学视角下的生态承载力通常是指在某一特定环境条件下（主要指生存空间、营养物质、阳光等生态因子的组合），某种生物种群存在数量的最高极限。人类生态学视角下的生态承载力是指“生态系统的自我维持、自我调节的能力，资源与环境子系统的供容能力，以及其可维育的社会经济活动强度和具有一定生活水平的人口数量。”

2.2.2 生态足迹模型的基础与性能

生态足迹法是一种以生物生产性空间为媒介，综合度量生态系统人口承载力的分析方法，该方法从生产端和消费端核算人类在一定社会经济发展条件下的生态承载力供给与需求程度，进而反映区域的生态承载力供需平衡关系（见图2-1）。生态承载力的需求用生态足迹指标表达，生态足迹是指生产一定人口消费的资源及吸收其产生的废弃物所需要的生产性陆地和水域生态系统的面积，且无论其在地球的位置如何。生态足迹法的设计思路是：人类的生活与生产活动必须依赖生物圈的生产性能和生命支持功能，经济生产的“源”与“汇”都无法也不可能脱离自然资源与生态环境的持续支持与制衡。不论社会经济如何发展与发达，人类要维持生存与实现发展，必须消费各种自然产品、资源和服务，人类的每一项最终消费的量都可以折算为提供生产该消费所需的原始物质和能量的生物生产性土地的面积。所以,人类社会-经济系统的所有消费,理论上都可以折算成相应的生物生产性土地的面积,以及生态足迹模型核算结果通常采用标准化单位“全球公顷”(globaihectare,ghm²)来表达。每一“全球公顷”土地的生产力水平等于全球各类生物生产性土地的平均水平(面积加权平均值)。

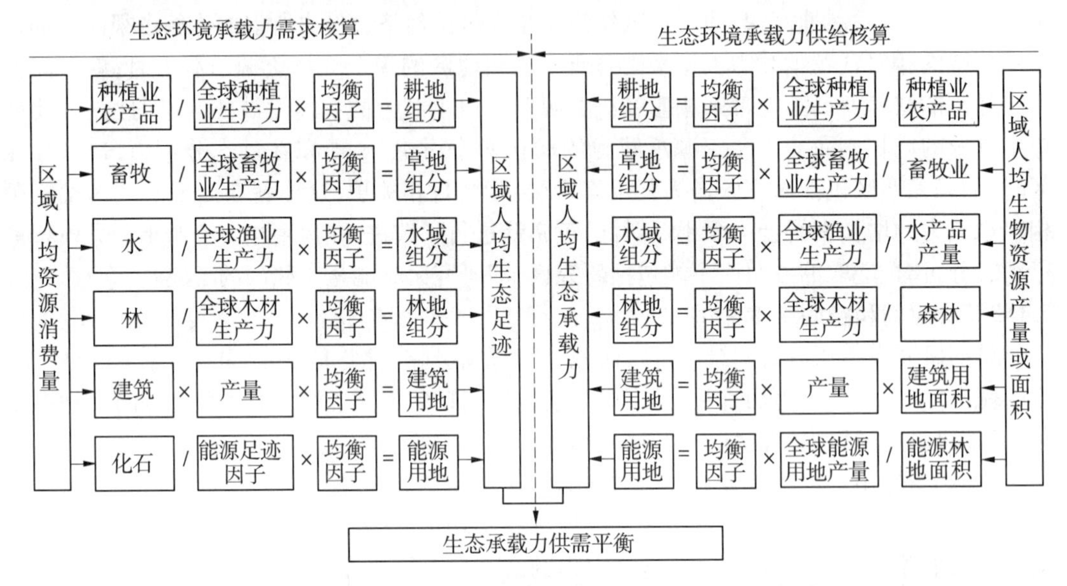

图 2-1　生态承载力供需核算框架(图片来源:参考文献[39])

截至目前,主要有两类生态足迹模型:一类是 Wackernagel 和 Rees(1995)提出的生态足迹基本模型;另一类是基于投入产出、生命周期分析技术或物质流分析技术的生态足迹模型,尤以基于投入产出技术的模型为主。基于投入产出的生态足迹模型最早由 Bicknell 于 1998 年提出,后经 Ferng(2001)改进,并为 Hubacek 和 Giljum(2003)与 McDonald 和 Patterson(2004)等所应用。尽管这种模型拥有独特的优点与视角,但本质上仍属于 Wackernagel 和 Rees 提出的基本模型的扩展。在区域尺度上,生态足迹基本模型应用较为便利,因而使用广泛,也是本书第 4 章所采用的分析方法。

应用生态模型核算支持人口膳食消费所需的生物生产性空间时,所需要遵循如下假设与事实:①消费的绝大多数资源是可以追踪、获知的;②能够将这些资源量转换为相应的生态生产性空间;③各类生态生产性空间按其生产力进行比例转换后,均可采用相同、可比的单位(全球公顷)来表达;④各类土地利用相互排斥,且均采用标准化单位(公顷)表达,因而各类土地利用可以加和、汇总,其和即为人口活动所需的生态空间;⑤地球上的生物生产性空间也可采用类似的方法度量。因而,支持人口活动所需的各种生态空间之和与自然供给的生态服务(生态承载力)具有对比意义。

生态足迹模型在政策实用性、用户有效性、方法可靠性及可测度性等方面均存在一定的缺陷,主要表现为两点:第一是核算的足迹是不准确和不完整的。全球物质循环对人为物质流的缓冲能力是有限的,可持续性要求人为发生的物质流不应改变全球物质循环的质量和数量,否则可能会影响生态系统健康,甚至造成不可恢复或不能完全恢复的生态影响。现有科学对资源流和废弃物流与生产性土地之间的关系知之有限,它们之间的很多对应关系仍是不确定的,这弱化了足迹核算的准确性。生态足迹基本模型没有考虑海洋和包括地下水在内的地下资源，并暗含着不可再生资源与可再生资源不可相互替代性的假设，这是造成足迹核算不完整的原因之一。中国21世纪议程管理中心可持续发展战略研究组指出，生态承载力计算没有考虑不可再生资源是生态赤字发生的重要原因之一。第二是缺乏前瞻性，而且不能正确揭示区域可持续的状态。生态足迹基本模型只是对已经发生的固定年份的人类活动进行自然资本核算，属于确定条件下的回顾性分析，由此得到的结论是瞬时性的，无法反映出社会经济代谢与自然生态系统代谢之间生态供需联系的趋势。这弱化了生态足迹作为生态承载力度量指标的能力。由于贸易的作用，当生态足迹结果为生态盈余时，并不一定表示区域的生态系统管理是可持续的，结果为生态赤字，也不一定说明区域就处于生态不可持续情形。结果，生态"超载"（overshoot）仅在全球尺度上有现实意义，而不能真实揭示区域生态资本的供需关系。尽管存在缺陷，生态足迹法以土地利用作为限制性因子，向我们提供人类对自然界依赖程度的信息。由于具有概念内涵丰富，方法简单、综合、可比，结果表达形象、生动，易被人理解与接受等优点，依然不失为核算生态承载力的良好方法。

2.2.3 生态足迹的模型修正述评

生态足迹概念提出后，由于其概念清晰，计算方便，分析结果直观且具有可比性，很快受到了各研究机构、国际组织、政府部门乃至社会公众的广泛关注，成为当今可持续发展研究中的热门领域。本节简单分析基本模型存在的主要缺陷和争论，通过文献重点解析模型的改进和方法的修正方面研究进展，对后面的实证研究起到一定启示作用。

生态足迹的基本模型包括三个方面：首先是生态足迹的计算；其次是生态承载力的计算；最后是生态足迹与生态承载力的比较。就全球尺度而言，当生态足迹大于生态承载力时，意味着人类对自然资源的过度利用，产生了生态透支，是一种不可持续的资源消费；反之，则表明对自然资源的利用程度没有超出其更新速率，处于生态盈余中。生态足迹基本模型将人类对各种自然资源的需求量及自然界相应的供应能力，通过引入均衡因子和产量因子，统一量化为"全球公顷"为单位的"生物生产性土地"，提供了全球可比的、简单有用的资源可持续利用评价手段。但是在研究和应用过程中，发现基本模型存在一些缺陷或者具有争议的地方，如假设各类土地在空间上是互斥的，忽略土地功能的多样性和一定程度上的功能替代性；账户涵盖不全面，没有把自然系统提供资源、消纳废弃物的功能描述完全；将各区域产量调整为世界平均产量掩盖了不同区域的特殊性；过于强调土地的生产性及其数量，缺乏对土地生态功能与质量的关注；归一化的单个指标不能全面度量和评价复杂的社会－经济－环境－生态系统。

2.2.3.1 均衡因子

均衡因子的含义是基于生产力的一种比例因子，用来将某种土地类型（如耕地、草地）转换为全球（全国）统一生物生产力水平的面积，即全球（全国）公顷面积。对于某类生产力水平高于全球生物生产力平均水平的土地（如耕地）和水域，均衡因子大于1。在上述基本模型中，均衡因子基于联合国粮农组织开发的AEZ模型中采用的适宜性指数。该指数代表不同土地类型在现有社会经济条件下的进行农业生产的适应能力，在此基础上的均衡因子着眼于土地的潜在农业生产力而非现实产量，忽视其多功能性，特别是未能体现林地、草地等的生态重要性。Venetoulis等所提出的基于NPP的均衡因子在一定程度上解决了上述问题，反映了不同生态系统在自然或人为干扰条件下的现实生物量，更体现了它们在满足食物生产和原料供给之外的生态价值，如气候调节、水土涵养、生物多样性保护、养分循环、废物吸收等。国际上,40 多年来生态足迹提出者 Wackernagel、世界自然基金会(WWF)、伦敦动物协会、世界足迹网(GFN)等各个组织、协会发布了全球均衡因子,总数达到十几组。生态足迹模型本身就是一个与空间尺度密切相关的模型,以全球公顷为标准进行生态足迹核算适于国家层面的分析和比较,但在进行国家级以下不同省、市生态足迹比较和结果分析时,由于采用全球统一的均衡因子无法精确反映各省、市的实际生产力状况和区域发展特征。在具体区域实证研究中又对均衡因子进行了修正,出现了省公顷、区域公顷下的均衡因子,同时提出随时间变化的动态均衡因子,在具体操作中增加了计算的复杂程度,如郭晓娜、李泽红对陕西省生态足迹的动态评估。

2.2.3.2 产量因子

产量因子主要通过比较同类生物生产性土地的本地平均产量与全球平均产量而得到。这种方法以当前实际产量来计算产量因子,忽略了不同耕种方式对环境影响的差异,比如精细农业相对于粗放农业,可能在某段时期内获得更高的产量,但这需要投入更多的化肥、农药、除草剂等损害耕地未来生产力的物质。因此,Mózner 等建议在计算产量因子时排除因化肥等带来的边际生产力,以可持续产量作为农业开发强度的指导,减少对生态环境系统的不利影响。另外,采用世界平均产量的产量因子虽然便于国际间比较,却无法反映区域生态承载力的真实情况和变化。有学者主张用国家公顷、省公顷、本地公顷代替全球公顷,通过产量因子本地化来更好地反映国家、省内不同区域生态环境压力现状。还有学者提出"实际土地需求",不再利用均衡因子和产量因子转为全球公顷,而是直接计算区域内各类土地的实际需求和供应情况。

此外,在时序生态足迹研究中,由于本地单位产量和全球单位产量均存在年度波动,很难厘清这两种变动对产量因子的具体贡献,可能导致某些"生态足迹幻觉",如因世界平均产量下降而相对地增加本地生态承载力,难以正确评价生态足迹和生态承载力的趋势。Ewing等在计算国家生态足迹时提出时际产量因子的概念,以多年平均产量得到固定的产量因子,从而更清楚地解释了生态足迹和生态承载力的时序变化,反映了其长期发展状况。

以生物资源的产量来推导产量因子还存在计算项目繁多,作物品种选择缺乏规范的问题,影响了计算结果的科学性。同时,这种方法不太适合林地、草地、水域这些土地类型,例如某些地区限制林木开采,这时根据原木产量所得到产量因子,难以反映自然生长情况,也导致计算出的林地生态承载力偏小。Ewing 等建议采用 NPP 方法来计算草地、水域产量因子。刘某承等则基于 NPP 法计算了中国各类土地的产量因子,修正后的产量因子使生态足迹的计算结果更真实地反映人类消费对生态系统供给能力的占用。

2.2.3.3 能源生态足迹项目

目前,化石能源用地计算主要采用吸碳法,该方法依据 CO_2 等温室气体导致的全球变暖已成为人类面临的最大环境威胁,以化石能源燃烧排放的 CO_2 除以全球森林的平均吸碳速率得到化石能源足迹。传统的吸碳法来计算化石能源足迹还存在如下不足:

(1)不同研究得到的吸碳速率有很大的差异,降低了吸碳法的可靠性。根据联合国政府间气候变化专门委员会(IPCC)的数据,全球森林单位面积的碳吸收量为 1.42 tC/(hm^2 · a)。而谢鸿宇等基于陆地生态系统碳循环,计算出全球森林平均吸碳速率为 3.80 tC/(hm^2 · a)。

(2)除了森林对 CO_2 的吸收,其他的土地类型如草地、水体等也具有一定的吸碳能力,如果以各类生物生产性土地的平均吸碳速率计算生态足迹，应该更符合实际情况。一些学者已经注意了此问题，如谢鸿宇对化石能源地定义的修正，将化石能源地定义为：用于吸收化石能源燃烧排放的温室气体的森林和牧草地；安宝晟(2014)在计算西藏生态足迹与承载力时，同时考虑了森林和牧草地。

(3)不同成长阶段不同气候条件下的生态系统，其吸碳能力有很大差异。CO_2的排放也不仅仅来自化石燃料燃烧。研究发现，土地利用变化所产生的CO_2约等于30%的化石燃料排放，反刍类牲畜排放的废气也是CO_2的重要来源，占全球温室气体总排放量的18%。显然，将全球生物圈的碳吸收量全部分配给化石能源燃烧是不合适的。

(4)吸碳法所计算的生态足迹实际上是吸收废气所需土地面积，这与其他生态足迹项目计算资源消耗所需生产性土地的逻辑是不一致的。对于温室气体，吸碳法只计算了CO_2，其他如CH_4、N_2O、HFCs等则没有考虑。

在新的国家生态足迹框架中，一些吸碳法的改进已采纳，例如：在全球生态足迹中加入了全球土地覆盖变化所产生的CO_2；调整海洋吸收CO_2的速率，更改后的速率更为稳定；将油气逸出、水泥生产、森林火灾、生物燃料等更多的CO_2来源纳入足迹账户中，这些改进在一定程度上改善了吸碳法的不足。

2.2.3.4 非化石能源生态足迹

最初的生态足迹账户并不包括核能，Wackernagel等后来在完善国家生态足迹框架时将其作为可选项纳入进来，采用替代法思路，计算同等能值的化石燃料排放CO_2所需的土地面积作为核能足迹。也有不同观点的学者认为，替代法不能反映真实的土地需求，主张以成分法研究核能足迹。另外，可更新能源生态足迹的研究也取得了一定进展。通常将水电的生态足迹归于水电站蓄水发电所淹没的土地面积，其他可更新能源如风电、光电等也采用类似方法，以电站基础设施占用的土地面积来计算生态足迹。

2.2.3.5 其他生态足迹项目

(1)耕地足迹研究主要问题是如何衡量耕地的生态透支。Haberl等主张将现代农业生产中的能源消耗(如农业机械燃料、化肥、农药等)加入耕地足迹；还有学者提出当耕地生产造成养分流失、水质污染、土壤退化等环境影响时，即可认为是生态透支。但农耕不一定是这些环境变化的唯一因素，如何量化这些影响、扩展耕地足迹等仍待研究。

(2)通常以渔产品产量来计算水域足迹。渔业生产有两种方式：养殖和捕获。表面上看，养殖渔业属于密集型生产，单位产量的水域面积远小于捕获方式，但如果将养殖消耗的饲料、能源等足迹并入，总足迹可能有很大的提高。

(3)基本模型假设所有的建筑用地都是占用的耕地，计算时直接乘以农作物产量因子和耕地的均衡因子。然而，很多地方的建筑用地是由森林、草地乃至生产力很低的滩涂、荒漠等转化而来的，如果把它们都作为生产力最高的耕地，明显会高估该地的生态承载力。改进的办法是利用遥感影像数据监测土地利用变化，明确建筑用地的具体来源，或者是计算各建筑用地转化前后的净初级生产力，以此确定它的实际足迹和承载力。还有学者主张将建筑用地从生态足迹账户中取消，理由是耕地转为建设用地后，基本已不再具备生产能力，但总的生态承载力却依然保持不变，这是不合理的。事实上，基本模型中，建筑用地的生态足迹总是等于其生态承载力，因为本质上两者都同指建筑设施已实际占用的生物生产性土地。因此，建筑用地足迹的增加必然使相应的承载力也随之增加，而这会挤压耕地生态承载力，从而增大(缩小)总的生态赤字(盈余)。从这个角度看,建筑用地应当保留在足迹项目中。

2.2.3.6 项目扩展

生态足迹是足迹家族最早的成员,尽管争论与质疑一直存在,但生态足迹仍是最受学界、政府和公众推崇的环境指标之一,其联合创始人 Rees 和 Wackernagel 也在 2012 年共同获得了环境保护领域的殊荣——蓝色星球奖。足迹类指标一般按环境影响类型进行划分,包括生态足迹、碳足迹、水足迹、能源足迹、污染足迹、化学足迹、氮足迹和生物多样性足迹等;但也可按研究尺度划分,如产品足迹、个人足迹、家庭足迹、部门足迹、区域足迹、国家足迹、全球足迹等;还有少数按研究方法或模型划分,如能值足迹、放射能足迹、三维足迹等。

2.3 本章小节

相对资源承载力模型和生态承载力模型是评价区域可持续发展的重要标准。围绕相对资源承载力模型,分析了传统模型存在的主要缺陷和争论,重点解析了近年来模型在承载对象、资源类型、权重、承载状态的改进及模型的应用情况。围绕生态承载力模型的基础与性能开展了分析,探讨了模型的参数均衡因子、产量因子的修正,梳理了生态足迹项目的类型与演进。整体上总结了上述两个模型的研究进展。

参考文献

[1]黄宁生,匡耀求.广东相对资源承载力与可持续发展问题[J].经济地理,2000,20(2):52-56.

[2]李泽红,董锁成,汤尚颖.相对资源承载力模型的改进及其实证分析[J].资源科学,2008,30(9):1336-1342.

[3]汪菲,杨德刚,王长建,等.基于改进相对资源承载力模型的天山北坡可持续发展研究[J].干旱区研究,2013,30(6):1073-1080.

[4]王长建,杜宏茹,张小雷,等.塔里木流域相对资源承载力研究[J].生态学报,2015,35(9):1-19.

[5]黄常锋,何伦志.相对资源承载力模型的改进及其实证分析[J].资源科学,2011,33(1):41-49.

[6]黄常锋,何伦志.相对资源承载力模型的改进及其应用[J].中国环境科学,2012,32(1):366-372.

[7]黄常锋,何伦志,刘凌.基于相对资源承载力模型的研究[J].经济地理,2010,30(10):1612-1618.

[8]黄常锋.相对资源承载力模型的改进及其实证研究[D].乌鲁木齐:新疆大学,2012.

[9]瞿秀华,熊黑钢,闫人华,等.新疆各地州(市)相对资源承载力时空差异分析[J].中国农学通报,2014,30(2):190-198.

[10]顾学明,王世鹏.基于突变级数法的北京市相对资源承载力评价研究[J].资源与产业,2011,13(3):61-65.

[11]李旭东.贵州乌蒙山区资源相对承载力的时空动态变化[J].地理研究,2013,32(2):233-244.

[12]陈英姿.我国相对资源承载力区域差异分析[J].吉林大学社会科学学报,2006,46(4):111-117.

[13]孙慧.基于相对资源承载力新疆可持续发展研究[J].中国人口资源与环境,2009,19(5):53-57.

[14]孙慧.刘媛媛.相对资源承载力模型的扩展与实证[J].中国人口资源与环境,2014,24(11):126-135.

[15]李泽红,郭文杰,董锁成.人口与经济协调发展的相对资源承载力实证分析[J].地域研究与开发,2008,27(3):83-87.

[16]张约翰,张平宇.吉林中部粮食主产区相对资源承载力分析[J].农业现代化研究,2011,32(1):87-90.

[17]王宗明,张柏,何艳芬,等.吉林省相对资源承载力动态分析[J].干旱区资源与环境,2004,18(2):

5-10.
[18]何敏,刘友兆. 江苏省相对资源承载力与可持续发展问题研究[J]. 中国人口资源与环境,2003,13(3):81-85.
[19]刘兆德,马传栋. 基于相对资源承载力的山东省区域可持续发展研究[J]. 中国人口资源与环境,2006,16(5):52-56.
[20]谢红霞,任志远,莫宏伟. 区域相对资源承载力时空动态研究——以陕西省为例[J]. 干旱区资源与环境,2005,18(6):76-80.
[21]谢红霞,任志远,莫宏伟. 陕西省 20a 相对资源承载力时空动态分析[J]. 干旱区研究,2005,22(1):130-134.
[22]胡青江,秦放鸣. 河南省相对资源承载力与可持续发展研究[J]. 资源与产业,2013,15(3):126-131.
[23]焦士兴,李勇,李静. 河南省相对资源承载力区域差异分析[J]. 华东经济管理,2009,22(12):39-41.
[24]李丽娟,张勃. 甘肃省各地区相对资源承载力及可持续发展研究[J]. 冰川冻土,2011,33(5):1169-1175.
[25]郑德祥,吴桂英,廖晓丽,等. 福建省相对资源承载力动态分析[J]. 安全与环境学报,2009(6):84-87.
[26]阚先学,韩秀兰,罗剑朝. 山西省相对资源承载力与可持续发展研究[J]. 西北农林科技大学学报(社会科学版),2007,7(6):102-107.
[27]岳晓燕,汪一鸣,赵亚峰. 宁夏相对资源承载力与可持续发展研究[J]. 干旱区资源与环境,2007,21(3):55-59.
[28]刘兆德,虞孝感. 长江流域相对资源承载力与可持续发展研究[J]. 长江流域资源与环境,2002,11(1):10-15.
[29]张正栋. 珠江流域相对资源承载力与可持续发展研究[J]. 经济地理,2005,24(6):758-763.
[30]景跃军. 东北地区相对资源承载力动态分析[J]. 吉林大学学报(社会科学版),2006,46(4):104-110.
[31]刘春艳,衣保中. 东北地区相对资源承载力演化过程分析[J]. 中国林业经济,2011(1):11-14.
[32]陶晓燕. 基于相对资源承载力的华东地区可持续发展研究[J]. 安徽农业科学,2007,35(36):1202-1202.
[33]陆亚琴. 基于相对资源承载力的西部地区可持续发展研究[J]. 云南社会科学,2014,30(4):89-92.
[34]朱明明,赵明华. 基于相对资源承载力的山东省主体功能区划分[J]. 水土保持通报,2012,32(4):237-241.
[35]傅鼎,宋世杰. 基于相对资源承载力的青岛市主体功能区区划[J]. 中国人口资源与环境,2011,21(4):148-152.
[36]翟腾腾,郭杰,欧名豪. 基于相对资源承载力的江苏省建设用地管制分区研究[J]. 中国人口资源与环境,2014,24(2):69-75.
[37]尤利平. 基于相对资源承载力的河南省经济发展研究[J]. 现代商业,2014(21):162-163.
[38]马随随,朱传耿,仇方道. 基于相对资源承载力模型的苏北五市发展条件评价[J]. 现代城市研究,2012,27(6):32-37.
[39]谢高地,曹淑艳,鲁春霞,等. 中国生态资源承载力研究[M]. 北京:科学出版社,2011.
[40]方恺,Heijungs Reinout. 自然资本核算的生态足迹三维模型研究进展[J]. 地理科学进展,2012,31(12):1700-1707.
[41]陈成忠,林振山. 生态足迹模型的争论与发展[J]. 生态学报,2008,28(12):6252-6263.
[42]周涛,王云鹏,龚健周,等. 生态足迹的模型修正与方法改进[J]. 生态学报,2015,35(14):4592-4603.

第3章　忻州市相对资源承载力时空动态变化

根据国家与山西省主体功能区划,忻州市大部分区域为国家级或省级重点生态功能区。区域水资源本底条件较差且煤炭资源储量相对丰富,同时水资源与煤炭资源空间分布并不匹配,即富煤区水少,富水区煤少。近年来,能源开采的增长、产业的发展和城镇化进程的推进加速了区域资源供需矛盾。忻州市相对于山西省来说,经济发展仍然相对落后。以忻州市为研究对象,从时间与空间两个维度出发,利用改进的相对资源承载力模型,综合考察该区域相对资源人口承载力和相对资源经济承载力。为合理确定区域人口与经济活动的空间分布和流向提供指导,同时为重点生态功能区空间开发提供参考。

3.1　研究方法与数据来源

3.1.1　相对资源承载力模型改进

3.1.1.1　人口承载力模型

1. 模型改进

在原模型计算相对土地资源承载力和相对经济资源承载力的基础上,新模型加入了相对水资源承载力和相对能源承载力,改进后的模型具体如下:

相对耕地资源人口承载力:

$$C_{pl} = \frac{P_0}{Q_{l0}} \times Q_l \tag{3-1}$$

相对水资源人口承载力:

$$C_{pw} = \frac{P_0}{Q_{w0}} \times Q_w \tag{3-2}$$

相对能源人口承载力:

$$C_{pen} = \frac{P_0}{Q_{en0}} \times Q_{en} \tag{3-3}$$

相对经济资源人口承载力:

$$C_{pg} = \frac{P_0}{Q_{g0}} \times Q_g \tag{3-4}$$

相对资源综合人口承载力:

$$C_{sp} = \sqrt{C_{sp}^1 C_{sp}^2} \tag{3-5}$$

式中: P_0 为参照区人口数量; Q_{l0} 为参照区土地资源总面积; Q_l 为研究区土地资源总面积; Q_{w0} 为参照区水资源总量; Q_w 为研究区水资源总量; Q_{en0} 为参照区能源资源总量; Q_{en} 为研究区能源资源总量; C_{pg} 为参照区国内生产总值; Q_g 为研究区国内生产总值; C_{sp} 为相对资源综合人口承载力。

迄今为止,相对资源承载力测算方法还不成熟,目前普遍采用的是加权线性和法,其最大缺陷是权重选择的主观性和随意性,影响了模型的科学性。为了克服原模型中权重的主观任意取值,运用优势资源牵引效应及劣势资源束缚效应原则计算相对资源人口承载力。黄常锋对此在理论上的拓展,提出具有 n 个影响因素的基于优势资源牵引效应和劣势资源束缚效应原则(优势资源牵引效应主要是突出优势资源承载力对综合承载力的提升作用,即它所占比例较大;同理,劣势资源束缚效应也是突出劣势资源承载力对综合承载力的束缚作用,即它所占权重较大)下的综合承载力模型,具体如下:

(1)基于优势资源牵引效应原则下的综合人口承载力模型:

$$\text{Max } C_{sp}^{1} = w_1\sum_{i=1}^{n} C_{ri} + w_2\sum_{\substack{i,l=1\\ l\neq 1}}^{n}\sqrt[2]{C_{ri}C_{rl}} + w_3\sum_{\substack{i,l,k=1\\ i\neq l\neq k}}^{n}\sqrt[3]{C_{ri}C_{rl}C_{rk}} + \cdots + w_n\sqrt[n]{C_{r1}C_{r2}\cdots C_{rn}} \tag{3-6}$$

(2)基于劣势资源牵引效应原则下的综合人口承载力模型:

$$\text{Min } C_{sp}^{2} = w_1\sum_{i=1}^{n} C_{ri} + w_2\sum_{\substack{i,l=1\\ l\neq 1}}^{n}\sqrt[2]{C_{ri}C_{rl}} + w_3\sum_{\substack{i,l,k=1\\ i\neq l\neq k}}^{n}\sqrt[3]{C_{ri}C_{rl}C_{rk}} + \cdots + w_n\sqrt[n]{C_{r1}C_{r2}\cdots C_{rn}} \tag{3-7}$$

式(3-6)、式(3-7)的约束条件如下:$\alpha \leqslant |w_i - w_l| \leqslant \beta$;$\delta < w_i, w_l < 1$,$(i, l = 1, 2, \cdots, n$ 且 $i \neq l)$;$\sum_{i}^{4} w_i = 1$。其中,n 为影响研究区的人口承载的因素个数;δ 为各因子权重的下限;α、β 分别为各因子之间权重差异的上、下限。一般认为 w_i 之间的差异最大不超过0.3,最小不低于0.05,并且 w_i 不小于0.1。

2.评价结果判定

依据改进后的模型,对人口承载状态划分为5种,即严重超载、超载、临界、富余和非常富余。并给出承载状态度的计算,有助于比较属于同一种承载状态内部的富余程度或超载程度的大小,P 为研究人口实际数量,具体见表3-1。

表3-1 承载状态的划分标准及承载状态度的计算公式

承载状态的划分	承载状态的划分标准	承载状态度的计算公式
严重超载	$P - C_{sp}^{1} > 0$	$\eta_{sp}^{1} = (P - C_{sp}^{1})/C_{sp}^{1}$
超载	$P - \sqrt{C_{sp}^{1}C_{sp}^{2}} > 0$	$\eta_{sp}^{12} = (P - \sqrt{C_{sp}^{1}C_{sp}^{2}})/\sqrt{C_{sp}^{1}C_{sp}^{2}}$
临界	$P - \sqrt{C_{sp}^{1}C_{sp}^{2}} = 0$	$\varepsilon_{sp}^{12} = 0$
富余	$P - \sqrt{C_{sp}^{1}C_{sp}^{2}} < 0$	$\psi_{sp}^{12} = (\sqrt{C_{sp}^{1}C_{sp}^{2}} - P)/\sqrt{C_{sp}^{1}C_{sp}^{2}}$
非常富余	$P - C_{sp}^{2} < 0$	$\psi_{sp}^{1} = (C_{sp}^{2} - P)/C_{sp}^{2}$

3.1.1.2　经济承载力模型

1. 模型改进

与相对资源人口承载力模型相类似,将人口替换为经济指标,相对资源经济承载力模型包括土地资源经济承载力、水资源经济承载力和能源资源经济承载力,改进后的模型具体如下:

相对土地资源经济承载力:

$$C_{gl} = \frac{G_0}{Q_{l0}} \times Q_l \tag{3-8}$$

相对水资源经济承载力:

$$C_{gw} = \frac{G_0}{Q_{w0}} \times Q_w \tag{3-9}$$

相对能源经济承载力:

$$C_{gen} = \frac{G_0}{Q_{en0}} \times Q_{en} \tag{3-10}$$

相对资源综合经济承载力:

$$C_{sg} = \sqrt{C_{sg}^1 C_{sg}^2} \tag{3-11}$$

式中:G_0 为参照区经济总量;Q_{l0} 为参照区土地资源总面积;Q_l 为研究区土地资源总面积;Q_{w0} 为参照区水资源总量;Q_w 为研究区水资源总量;Q_{en0} 为参照区能源资源总量;Q_{en} 为研究区能源资源总量;C_{sg}为相对资源综合人口承载力。

与前述类似,运用优势资源牵引效应及劣势资源束缚效应原则计算相对资源经济承载力,具体如下:

(1)基于优势资源牵引效应原则下的综合经济承载力模型:

$$\mathrm{Max}C_{sg}^1 = w_1 \sum_{i=1}^{n} C_{ri} + w_2 \sum_{\substack{i,l=1 \\ i \neq 1}}^{n} \sqrt[2]{C_{ri}C_{rl}} + w_3 \sum_{\substack{i,l,k=1 \\ i \neq l \neq k}}^{n} \sqrt[3]{C_{ri}C_{rl}C_{rk}} \tag{3-12}$$

(2)基于劣势资源牵引效应原则下的综合经济承载力模型:

$$\mathrm{Min}\ C_{sg}^2 = w_1 \sum_{i=1}^{n} C_{ri} + w_2 \sum_{\substack{i,l=1 \\ i \neq 1}}^{n} \sqrt[2]{C_{ri}C_{rl}} + w_3 \sum_{\substack{i,l,k=1 \\ i \neq l \neq k}}^{n} \sqrt[3]{C_{ri}C_{rl}C_{rk}} \tag{3-13}$$

式(3-12)、式(3-13)的约束条件如下:$\alpha \leqslant |w_i - w_l| \leqslant \beta$;$\delta < w_i, w_l < 1(i,l = 1,2,\cdots,n$ 且 $i \neq l)$;$\sum_{i}^{3} w_i = 1$。其中,n 为影响研究区的人口承载的因素个数;δ 为各因子权重的下限;α、β 分别为各因子之间权重差异的上、下限。一般认为 w_i 之间的差异最大不超过 0.3,最小不低于 0.05,且 w_i 不小于 0.1。

2. 评价结果判定

依据改进后的模型,对经济承载状态划分为 5 种,即严重超载、超载、临界、富余和非常富余。并给出承载状态度的计算,有助于比较属于同一种承载状态内部的富余程度超载程度的大小,G 为研究经济总量,具体见表 3-2。

表 3-2　承载状态的划分标准及承载状态度的计算公式

承载状态的划分	承载状态的划分标准	承载状态度的计算公式
严重超载	$G - C_{sg}^{1} > 0$	$\eta_{sg}^{1} = (G - C_{sg}^{1})/C_{sg}^{1}$
超载	$G - \sqrt{C_{sp}^{1}C_{sg}^{2}} > 0$	$\eta_{sg}^{12} = (G - \sqrt{C_{sg}^{1}C_{sg}^{2}})/\sqrt{C_{sg}^{1}C_{sg}^{2}}$
临界	$G - \sqrt{C_{sp}^{1}C_{sg}^{2}} = 0$	$\varepsilon_{sg}^{12} = 0$
富余	$G - \sqrt{C_{sp}^{1}C_{sg}^{2}} < 0$	$\psi_{sg}^{12} = (\sqrt{C_{sg}^{1}C_{sg}^{2}} - G)/\sqrt{C_{sg}^{1}C_{sg}^{2}}$
非常富余	$G - C_{sg}^{2} < 0$	$\psi_{sg}^{1} = (C_{sg}^{2} - G)/C_{sg}^{2}$

3.1.2　数据整理及说明

分别以全国和山西省作为参照区,选择人口数量和经济规模作为资源的承载对象来研究忻州市可持续发展情况,反映经济资源的指标选择国内生产总值(GDP),选取耕地面积代表土地资源总量指标,水资源量代表水资源总量指标,能源生产总量代表能源资源,具体换算公式为:能源生产总量(亿 t 标准煤) = 石油总量(万 t) ×1.428 6(kg 标准煤/kg 原油) ÷10 000 + 天然气总量(亿 m^3) ×1.330 0(kg 标准煤/m^3天然气) ÷1 000 + 煤炭(亿 t)。

按照评价模型,必要的数据包括:全国、山西省和忻州市及其 14 县(市)人口数量、GDP、耕地面积和水资源总量的时序列表。所有数据来源于 1996 ~ 2014 年《全国统计年鉴》《山西省统计年鉴》《忻州市统计年鉴》《走向富裕文明的忻州——忻州 60 年发展回顾》《忻州市水资源公报》及《国民经济和社会发展统计公报》,具体见表 3-3。

3.2　忻州市相对资源承载力研究

分别以全国和山西省作为参照区,探讨忻州市的土地资源、水资源、能源资源和经济资源在全国和山西省所处的相对优势或劣势地位。根据数据的获取情况,对数据的初步分析,认为近 20 年忻州市各种资源变化较为显著,引起承载力变化较为明显,因此本书以 1995 ~ 2013 年为研究时段,通过计算忻州市对应年份的各种相对资源承载力,从纵向上分析忻州市相对资源人口承载力和相对资源经济承载力的变化规律。

3.2.1　相对资源人口、经济承载水平变化分析

3.2.1.1　相对资源人口承载力水平变化

1. 相对于全国承载力水平变化

根据上述公式计算得到相对土地资源、水资源、能源资源、经济资源的人口承载力(见表 3-4、图 3-1)。从忻州市的各种资源承载力的横向比较来看:与全国相比,忻州市人口承载力最大的是能源资源,其次是土地资源,表明能源资源是忻州相比于全国的可持续发展优势资源;人口承载力最小的是水资源,其次是经济资源,因此水资源则是制约忻州市人口发展的劣势资源。

表 3-3　1995 ~ 2013 年全国、山西省和忻州市的统计数据

年份	全国					山西省					忻州市				
	人口（万人）	耕地面积（万 hm^2）	水资源总量（亿 m^3）	能源生产总量（万 t）	国内生产总值（亿元）	人口（万人）	耕地面积（万 hm^2）	水资源总量（亿 m^3）	能源生产总量（万 t）	国内生产总值（亿元）	人口（万人）	耕地面积（万 hm^2）	水资源总量（亿 m^3）	能源生产总量（万 t）	国内生产总值（亿元）
1995	121 121.00	9 497.09	28 124.00	129 034.00	60 793.73	3 077.28	364.51	112.35	15 900.00	1 076.03	280.62	49.62	24.84	1 081.45	55.81
1996	122 389.00	9 493.03	26 526.00	133 032.00	71 176.59	3 109.26	362.40	132.00	18 200.00	1 308.02	281.95	49.45	32.83	1 191.45	72.67
1997	123 626.00	9 488.90	28 254.00	133 460.00	78 973.03	3 140.89	439.76	152.40	19 200.00	1 480.13	282.56	71.78	29.59	1 176.45	76.75
1998	124 761.00	9 490.60	28 124.00	129 834.00	84 402.28	3 172.20	437.17	97.11	26 500.00	1 486.08	284.19	71.41	20.81	794.30	81.67
1999	125 786.00	9 480.85	24 129.00	131 935.00	89 677.05	3 213.30	435.71	69.00	21 200.00	1667.10	286.61	71.07	12.04	574.30	83.37
2000	126 743.00	9 476.79	27 700.80	135 048.00	99 214.55	3 247.80	434.19	81.49	21 400.00	1 845.72	293.83	71.07	12.25	533.58	86.25
2001	127 627.00	12 708.20	26 867.80	143 875.00	109 655.17	3 271.63	429.01	69.51	23 600.00	2 029.53	296.03	69.79	10.27	327.86	87.03
2002	128 453.00	13 003.92	28 261.30	150 656.00	120 332.69	3 293.71	406.30	65.02	31 500.00	2 324.80	298.05	66.31	11.98	440.72	98.98
2003	129 227.00	13 003.92	27 460.20	171 906.00	135 822.76	3 314.29	389.39	134.88	38 500.00	2 852.20	299.97	63.97	13.70	813.59	117.57
2004	129 988.00	13 003.92	24 129.60	196 648.00	159 878.34	3 335.10	383.38	92.50	43 000.00	3 571.40	301.90	63.05	14.79	1 417.89	145.48
2005	130 756.00	13 003.92	28 053.10	216 219.00	183 217.40	3 355.21	379.32	84.12	47 200.00	4 230.53	303.87	62.31	13.12	1 403.60	167.17
2006	131 448.00	13 003.92	25 330.10	232 167.00	211 923.50	3 374.55	367.13	88.50	50 000.00	4 878.61	305.67	64.87	13.12	1 765.75	194.45
2007	132 129.00	12 173.25	25 255.20	247 279.00	257 305.60	3 392.58	371.03	103.36	54 000.00	6 024.45	307.26	64.87	16.62	2 071.94	257.28
2008	132 802.00	12 171.59	27 434.00	260 552.00	300 670.00	3 410.64	375.32	87.38	55 900.00	7 315.40	309.03	64.96	16.69	2 167.85	311.25
2009	133 450.00	12 198.49	24 180.20	274 619.00	343 464.69	3 427.36	385.70	85.76	52 500.00	7 358.31	309.03	64.87	14.13	1 191.50	346.50
2010	134 091.00	13 003.92	30 906.41	296 916.00	403 259.96	3 574.11	388.40	91.50	63 000.00	9 200.86	309.67	64.99	15.07	2 408.30	435.40
2011	134 735.00	12 171.60	24 022.00	317 987.00	472 881.00	3 593.28	379.70	89.00	75 000.00	11 237.55	308.55	65.05	16.81	3 442.90	554.50
2012	135 404.00	13 515.85	29 528.80	333 300.00	519 322.00	3 610.83	379.60	106.00	78 000.00	12 112.81	310.03	64.99	18.71	4 122.60	620.90
2013	136 072.00	13 538.50	27 860.00	340 000.00	568 845.00	3 629.80	389.30	97.50	82 000.00	12 602.20	311.44	64.54	18.70	4 773.90	654.70

表 3-4　1995 ~ 2013 年忻州市相对于全国资源人口承载力水平

年份	$\frac{P_0}{Q_{l0}}$ (人/hm²)	$\frac{P_0}{Q_{w0}}$ (人/万 m³)	$\frac{P_0}{Q_{en0}}$ (人/t)	$\frac{P_0}{Q_{g0}}$ (人/万元)	C_{pl} (万人)	C_{pw} (万人)	C_{pen} (万人)	C_{pg} (万人)
1995	12.75	4.31	0.94	1.99	632.83	106.98	1 015.13	111.20
1996	12.89	4.61	0.92	1.72	637.53	151.48	1 096.13	124.96
1997	13.03	4.38	0.93	1.57	935.18	129.46	1 089.77	120.15
1998	13.15	4.44	0.96	1.48	938.74	96.11	763.27	120.72
1999	13.27	5.21	0.95	1.40	942.91	62.77	547.53	116.94
2000	13.37	4.58	0.94	1.28	950.49	56.05	500.77	110.18
2001	10.04	4.75	0.89	1.16	700.89	48.78	290.84	101.29
2002	9.88	4.55	0.85	1.07	655.01	56.02	375.77	105.66
2003	9.94	4.71	0.75	0.95	635.70	64.47	611.60	111.86
2004	10.00	5.39	0.66	0.81	630.25	79.66	937.25	118.28
2005	10.06	4.66	0.60	0.71	626.53	61.17	848.81	119.31
2006	10.11	5.19	0.57	0.62	655.73	68.10	999.73	120.61
2007	10.85	5.23	0.53	0.51	704.10	86.93	1 107.10	132.12
2008	10.91	4.84	0.51	0.44	708.77	80.81	1 104.94	137.47
2009	10.94	5.52	0.49	0.39	709.67	78.00	579.00	134.63
2010	10.31	4.34	0.45	0.33	670.15	65.36	1 087.62	144.78
2011	11.07	5.61	0.42	0.28	720.08	94.29	1 458.80	157.99
2012	10.02	4.59	0.41	0.26	651.08	85.78	1 674.82	161.89
2013	10.05	4.88	0.40	0.24	648.68	91.33	1 910.57	156.61

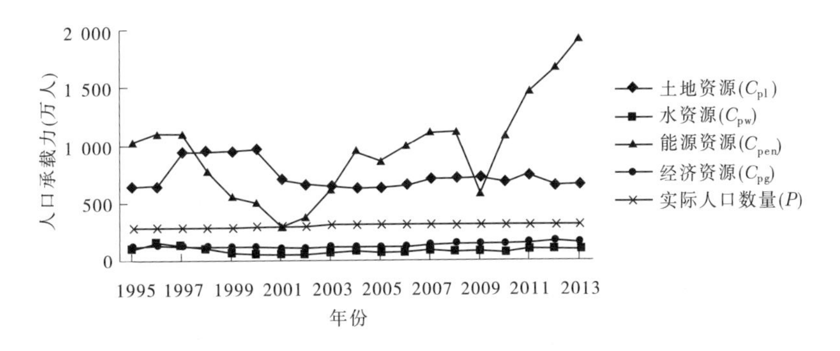

图 3-1　1995 ~ 2013 年忻州市相对于全国各种资源人口承载力变化

从 1995 ~ 2013 年忻州市的各种资源承载力的纵向比较来看：土地资源承载人口能力 1997 ~ 2000 呈小幅增长，2000 年以后基本保持平衡下降趋势，且近年来下降趋势较明显；水资源的可承载人口数量呈现出增长缓慢和波动下降的复杂变化趋势，总体上呈现出下降趋势;能源的可承载人口数量在 1995 ~ 2009 呈现出先降后升趋势,2009 年后迅速上升,2013 年达到 1 910.57 万人;经济资源承载人口能力,与能源类似,1995 ~ 2013 年呈现出先降后升趋势,且变化极为平缓。

2. 相对于山西省承载力水平变化

根据上述公式计算得到相对土地资源、水资源、能源资源、经济资源的人口承载力(见表 3-5、图 3-2)。从忻州市的各种资源承载力的横向比较来看:与山西省相比,忻州市人口承载力最大的是土地资源,其次是水资源,表明这 2 类资源是忻州市相比于山西省的可持续发展优势资源;人口承载力最小的是能源资源,其次是经济资源,因此这 2 类资源是制约忻州市人口发展的劣势资源。

表 3-5　1995 ~ 2013 年忻州市相对于山西省资源人口承载力水平

年份	$\frac{P_0}{Q_{l0}}$ (人/hm²)	$\frac{P_0}{Q_{w0}}$ (人/万 m³)	$\frac{P_0}{Q_{en0}}$ (人/t)	$\frac{P_0}{Q_{g0}}$ (人/万元)	C_{pl} (万人)	C_{pw} (万人)	C_{pen} (万人)	C_{pg} (万人)
1995	8.44	27.39	0.19	2.86	418.90	680.37	209.30	159.61
1996	8.58	23.56	0.17	2.38	424.26	773.31	203.55	172.74
1997	7.14	20.61	0.16	2.12	512.67	609.77	192.45	162.87
1998	7.26	32.67	0.12	2.13	518.17	669.65	95.08	174.33
1999	7.37	46.57	0.15	1.93	524.13	560.70	87.05	160.69
2000	7.48	39.86	0.15	1.76	531.61	488.23	80.98	151.77
2001	7.63	47.07	0.14	1.61	532.22	483.38	45.45	140.29
2002	8.11	50.56	0.10	1.42	537.54	587.62	46.08	140.23
2003	8.51	24.57	0.09	1.16	544.48	336.64	70.04	136.62
2004	8.70	36.06	0.08	0.93	548.49	533.13	109.97	135.86
2005	8.85	39.89	0.07	0.79	551.15	523.48	99.77	132.58
2006	9.19	38.13	0.07	0.69	596.27	500.41	119.17	134.51
2007	9.14	32.82	0.06	0.56	593.15	545.41	130.17	144.89
2008	9.09	39.03	0.06	0.47	590.31	651.62	132.27	145.11
2009	8.89	39.96	0.07	0.47	576.44	564.79	77.78	161.39
2010	9.20	39.06	0.06	0.39	598.05	588.49	136.63	169.13
2011	9.46	40.37	0.05	0.32	615.60	678.75	164.95	177.30
2012	9.51	34.06	0.05	0.30	618.20	637.24	190.85	185.09
2013	9.32	37.22	0.04	0.29	601.77	696.18	211.32	188.57

从 1995 ~ 2013 年忻州市的各种资源承载力的纵向比较来看:土地资源承载人口能力呈稳定增长趋势;水资源的可承载人口数量呈现出增长缓慢和波动下降的复杂变化趋势,总体上呈现出下降趋势;能源的可承载人口数量在 1995 ~ 2009 年呈现出先降后升趋势,2009 年

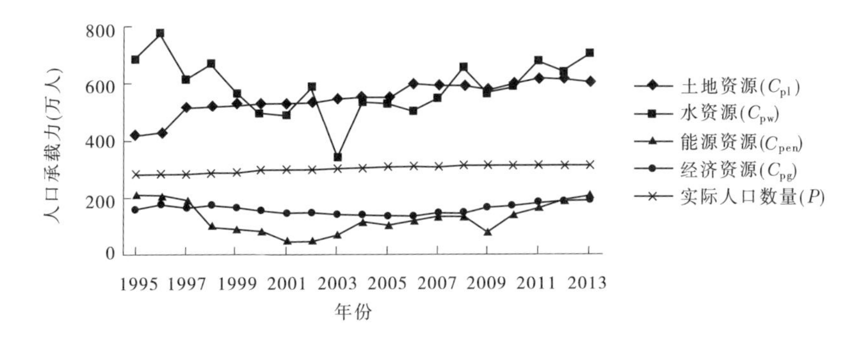

图 3-2 1995 ~ 2013 年忻州市相对于山西省各种资源人口承载力变化

后迅速上升,2013 年达到 1 910.57 万人;经济资源承载人口能力与能源类似,1995 ~ 2013 年呈现出先降后升趋势,且变化极为平缓。

3.2.1.2 相对资源经济承载力水平变化

1.相对于全国承载力水平变化

根据相对土地资源、水资源和能源资源的经济承载力计算公式得到各相对资源经济承载力(见表 3-6、图 3-3)。通过各个资源经济承载力的横向对比得出:相对于全国,忻州市的土地资源、能源资源可承载经济能力较大,远高于同期实际 GDP,1995 年能源资源可承载的经济总量是土地资源可承载经济总量的 1.60 倍,2013 年为 2.95 倍,说明能源资源是忻州市经济可持续发展的相对优势资源;水资源的可承载经济总量较小,低于同期实际 GDP,是制约忻州市经济发展的劣势资源。

表 3-6 1995 ~ 2013 年忻州市相对于全国资源经济承载力水平

年份	$\frac{G_0}{Q_{l0}}$(亿元/万 hm^2)	$\frac{G_0}{Q_{w0}}$(亿元/万 m^3)	$\frac{G_0}{Q_{en0}}$(亿元/万 t)	C_{gl}(亿元)	C_{gw}(亿元)	C_{gen}(亿元)	G(亿元)
1995	6.40	2.16	0.47	317.63	53.69	509.52	55.81
1996	7.50	2.68	0.54	370.76	88.09	637.47	72.67
1997	8.32	2.80	0.59	597.40	82.70	696.15	76.75
1998	8.89	3.00	0.65	635.07	63.50	516.36	81.67
1999	9.46	3.72	0.68	672.23	44.75	390.35	83.37
2000	10.47	3.58	0.73	744.05	43.88	392.00	86.25
2001	8.63	4.08	0.76	602.20	41.91	249.88	87.03
2002	9.25	4.26	0.80	613.60	54.83	352.02	98.98
2003	10.44	4.95	0.79	668.15	67.76	642.81	117.57
2004	12.29	6.63	0.81	775.18	97.97	1152.77	145.48
2005	14.09	6.53	0.85	877.91	85.72	1 189.37	167.17

续表 3-6

年份	$\frac{G_0}{Q_{l0}}$（亿元/万 hm^2）	$\frac{G_0}{Q_{w0}}$（亿元/万 m^3）	$\frac{G_0}{Q_{en0}}$（亿元/万 t）	C_{gl}（亿元）	C_{gw}（亿元）	C_{gen}（亿元）	G（亿元）
2006	16.30	8.37	0.91	1 057.18	109.80	1 611.79	194.45
2007	21.14	10.19	1.04	1 371.16	169.29	2 155.95	257.28
2008	24.70	10.96	1.15	1 604.68	182.97	2 501.64	311.25
2009	28.16	14.20	1.25	1 826.50	200.74	1 490.20	346.50
2010	31.01	13.05	1.36	2015.38	196.57	3 270.86	435.40
2011	38.85	19.69	1.49	2 527.27	330.94	5 119.96	554.50
2012	38.42	17.59	1.56	2 497.12	329.00	6 423.51	620.90
2013	42.02	20.42	1.67	2 711.77	381.82	7 987.09	654.70

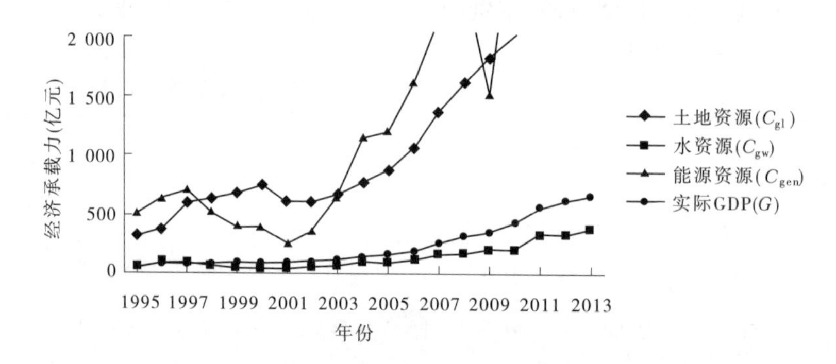

图 3-3　1995 ~2013 年忻州市相对于全国各种资源经济承载力变化

从 1995 ~2013 年各相对资源的经济承载力纵向比较来看：土地资源经济承载力1995 ~2005 年为缓慢增长阶段，2006 ~2013 年为快速增长阶段；水资源经济承载力 1995 ~2013 年表现为缓慢增长状态；能源资源承载能力 1995 ~2003 年为缓慢增长阶段，2004 ~2013 年为快速增长阶段。

2. 相对于山西省承载力水平变化

按照前述类似方法得到各相对资源经济承载力（见表 3-7、图 3-4）。通过各个资源经济承载力的横向对比得出：相对于山西省，忻州市的土地资源、水资源可承载经济能力较大，远高于同期实际 GDP，1995 年能源资源可承载的经济总量是土地资源可承载经济总量的 1.62 倍，2013 年为 2.95 倍，说明土地资源、水资源是忻州市经济可持续发展的相对优势资源；能源资源的可承载经济总量较小，略低于同期实际 GDP，是制约忻州市经济发展的劣势资源。

表 3-7　1995 ~ 2013 年忻州市相对于山西资源经济承载力水平

年份	$\frac{G_0}{Q_{l0}}$（亿元/万 hm^2）	$\frac{G_0}{Q_{w0}}$（亿元/万 m^3）	$\frac{G_0}{Q_{en0}}$（亿元/万 t）	C_{gl}（亿元）	C_{gw}（亿元）	C_{gen}（亿元）	G（亿元）
1995	2.95	9.58	0.07	146.48	237.90	73.19	55.81
1996	3.61	9.91	0.07	178.48	325.32	85.63	72.67
1997	3.37	9.71	0.08	241.60	287.35	90.69	76.75
1998	3.40	15.30	0.06	242.75	313.71	44.54	81.67
1999	3.83	24.16	0.08	271.93	290.90	45.16	83.37
2000	4.25	22.65	0.09	302.11	277.46	46.02	86.25
2001	4.73	29.20	0.09	330.16	299.86	28.20	87.03
2002	5.72	35.76	0.07	379.41	414.76	32.53	98.98
2003	7.32	21.15	0.07	468.57	289.70	60.27	117.57
2004	9.32	38.61	0.08	587.35	570.90	117.76	145.48
2005	11.15	50.29	0.09	694.94	660.05	125.80	167.17
2006	13.29	55.13	0.10	862.03	723.45	172.29	194.45
2007	16.24	58.29	0.11	1 053.30	968.52	231.15	257.28
2008	19.49	83.72	0.13	1 266.14	1 397.64	283.70	311.25
2009	19.08	85.80	0.14	1 237.58	1 212.56	167.00	346.50
2010	23.69	100.56	0.15	1 539.56	1 514.94	351.72	435.40
2011	29.60	126.26	0.15	1 925.21	2 122.70	515.86	554.50
2012	31.91	114.27	0.16	2 073.79	2 137.68	640.21	620.90
2013	32.37	129.25	0.15	2 089.25	2 417.04	733.68	654.70

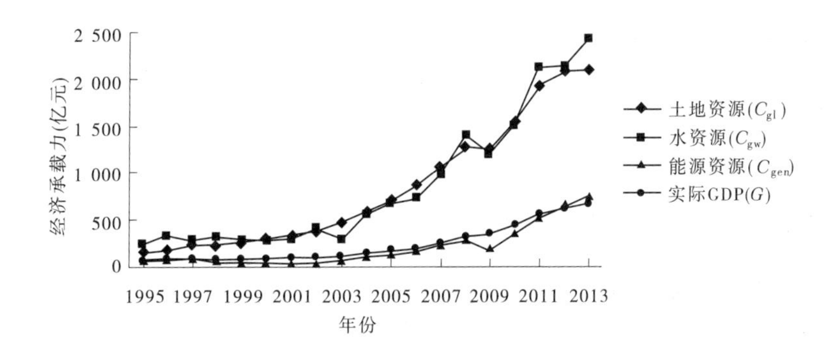

图 3-4　1995 ~ 2013 年忻州市相对于山西省各种资源经济承载力变化

从1995~2013年各相对资源的经济承载力纵向比较来看:土地资源、水资源经济承载力变化曲线步调一致,基本重叠,可分为两个阶段,1995~2006年为缓慢增长阶段,2007~2013年为快速增长阶段;能源资源承载能力1995~2006年为缓慢增长阶段,2007~2013年为快速增长阶段。

通过以上分析,可以得出如下结论:

从全国参照面来看,忻州市长期以来是个农业城市,经济发展相对滞后,以2013年GDP来看,山西省为1.35万亿元,在全国排名第21,忻州市为657.7亿元,占山西省的4.9%,11个地级市中排名第10,导致忻州市的经济资源相对于全国对人口承载力提升的贡献作用较小;从水资源角度来看,按2013年全市总人口计算,人均水资源占有量为603 m^3,远低于国际公认的人均1 000 m^3的严重缺水界限,而同期全国人均水资源占有量为2 100 m^3。忻州市耕地亩均占有量为203 m^3,仅为全国平均水平的1/9,在忻州市用水结构中,约70%为农业用水,且水资源利用效率低下,除降水外,境内基本无输入水量,地表大部分水量从境内流出,城镇化进程的推进使工业耗水和生活用水的需求不断提升,导致水资源的供需矛盾不断加剧,生态环境不断恶化,使得水资源相对于土地资源和能源资源对忻州市的人口和经济的承载力贡献作用甚微,成为制约忻州市人口和经济可持续发展的相对劣势资源;从能源角度看,忻州市相当于全国0.22%人口却占有2.18%的煤炭储量,能源对忻州市人口和经济的承载力贡献作用较为突出,今后应该从能源深加工,延伸产业链出发为人口和经济可持续发展提供重要保障。

从山西省参照面来看,经济资源、能源相对于土地资源和水资源对忻州市的人口承载力贡献作用甚微,而能源对忻州市的经济承载力贡献作用甚微,成为制约忻州市人口和经济可持续发展的相对劣势资源。分析原因,如上所述,忻州市经济长期处于山西省末位水平,导致忻州市的经济资源相对于山西省对人口承载力提升的贡献作用较小。从能源角度来看,虽2013年忻州市被列入全国资源型城市名单,但多数研究表明,忻州市为轻度资源型城市,忻州市的主要能源为煤炭,分布于河东煤田北部、宁武煤田,含煤面积约4 630 km^2,占全市土地面积的18.4%。查明资源储量271.3亿t,2010年年底保有资源储量258.7亿t,占同期山西省的9.6%,生产原煤3 207万t,占同期山西省的5.1%(山西省同期保有资源储量2 688亿t,占全国22.8%,生产原煤6.3亿t)。由此可以推算忻州市相对于山西省的8.6%的人口占有全省5.1%的能源产量,使得能源相对于土地资源和水资源对忻州市的人口和经济的承载力贡献作用甚微,成为制约忻州市人口和经济可持续发展的相对劣势资源;从水资源角度看,忻州市人均占有量高于全省平均水平(381 m^3),耕地亩均占有水资源量略高于全省平均水平(180 m^3),虽与上述全国水平相差甚远,但与全省相比比较乐观。因此,水资源对忻州市人口和经济的承载力贡献作用较为突出,今后应该加强水资源保护与提高开发利用效率,为人口和经济可持续发展提供重要保障。

3.2.2 相对资源承载力综合分析

3.2.2.1 以全国为参照面相对资源承载力分析

以优势资源牵引效应和劣势资源束缚效应公式为基础,分别得到优势资源和劣势资源相对综合人口、经济承载力 C_{sp}^1、C_{sp}^2、C_{sg}^1、C_{sg}^2,并按承载状态划分标准和承载状态度计算标准得出结果(见表3-8)。

表 3-8　1995 ~ 2013 年忻州市相对资源人口、经济承载力(以全国为参照)

年份	C_{sp}^1	C_{sp}^2	C_{sp}	承载状态	富余或超载人口(万人)	ψ_{sp}^1 (%)	C_{sg}^1	C_{sg}^2	C_{sg}	承载状态	富余 GDP(亿元)	ψ_{sg}^1 (%)
1995	654.9	277.5	426.3	富余	-145.7	34.2	364.4	222.8	284.9	非常富余	-229.1	75.0
1996	696.8	304.3	460.5	非常富余	-178.5	7.3	448.4	282.5	355.9	非常富余	-283.2	74.3
1997	794.7	341.2	520.7	非常富余	-238.2	17.2	564.6	352.9	446.4	非常富余	-369.6	78.3
1998	670.3	285.0	437.1	非常富余	-152.9	0.3	501.8	308.1	393.2	非常富余	-311.5	73.5
1999	592.6	234.3	372.6	富余	-86.0	23.1	465.4	272.9	356.4	非常富余	-273.0	69.5
2000	577.6	223.0	358.9	富余	-65.1	18.1	498.5	288.2	379.0	非常富余	-292.8	70.1
2001	402.2	205.8	287.7	超载	8.3	2.9	386.9	209.1	284.4	非常富余	-197.4	58.4
2002	415.0	174.1	268.8	超载	29.3	10.9	425.1	255.0	329.2	非常富余	-230.3	61.2
2003	479.2	213.1	319.6	富余	-19.6	6.1	568.0	351.2	446.6	非常富余	-329.1	66.5
2004	621.2	255.7	398.5	富余	-96.6	24.3	843.5	507.1	654.0	非常富余	-508.5	71.3
2005	582.8	236.4	371.2	富余	-67.3	18.1	899.2	536.1	694.3	非常富余	-527.1	68.8
2006	654.3	259.9	412.4	富余	-106.7	25.9	1 164.7	687.9	895.1	非常富余	-700.6	71.7
2007	718.6	290.6	457.0	富余	-149.7	32.8	1544.0	920.2	1 192.0	非常富余	-934.7	72.0
2008	718.7	274.2	443.9	富余	-134.9	30.4	1 795.0	1 064.5	1 382.3	非常富余	-1 071.1	70.8
2009	514.5	227.6	342.2	富余	-33.2	9.7	1 448.1	896.8	1 139.6	非常富余	-793.1	61.4
2010	697.9	337.4	485.3	非常富余	-175.6	8.2	2 307.4	1 347.7	1 763.4	非常富余	-1 328.0	67.7
2011	868.7	337.4	541.4	非常富余	-232.8	8.6	3 391.0	1 927.8	2 556.8	非常富余	-2 002.3	71.2
2012	930.7	344.7	566.4	非常富余	-256.4	10.1	4 056.0	2 110.4	2 925.7	非常富余	-2 304.8	70.6
2013	1 031.9	369.9	617.8	非常富余	-306.4	15.8	4 790.0	2 240.7	3 276.1	非常富余	-2 621.4	70.8

上述计算结果利用 LINGO9.0 编程软件得出,程序如下:

程序 1:优势资源牵引效应原则下的人口承载力

```
Model:
sets:
weigh/1..4/:ww;metric/1..4/:y;
endsets
data:
y=4357.64 4569.27 1742.92 5325.86;a=0.05;b=0.3;c=0.1;
enddata
max=@sum(weigh(i):ww(i)*y);
@sum(weigh(i):ww(i))=1;@for(weigh(i):@bnd(c,ww(i),1.0));
@abs(ww(2)-ww(1))<=b;@abs(ww(3)-ww(1))<=b;@abs(ww(4)-ww(1))<=b;
@abs(ww(3)-ww(2))<=b;@abs(ww(4)-ww(2))<=b;@abs(ww(4)-ww(3))<=b;
@abs(ww(2)-ww(1))>=a;@abs(ww(3)-ww(1))>=a;@abs(ww(4)-ww(1))>=a;
@abs(ww(3)-ww(2))>=a;@abs(ww(4)-ww(2))>=a;@abs(ww(4)-ww(3))>=a;
end
```

程序 2:劣势资源束缚效应原则下的人口承载力

```
Mode2:
sets:
weigh/1..4/:ww;metric/1..4/:y;
endsets
data:
y=4357.64 4569.27 1742.92 5325.86;a=0.05;b=0.5; c=0.1;
enddata
min=@sum(weigh(i):ww(i)*y);
@sum(weigh(i):ww(i))=1;@for(weigh(i):@bnd(c,ww(i),1.0));
@abs(ww(2)-ww(1))<=b;@abs(ww(3)-ww(1))<=b;@abs(ww(4)-ww(1))<=b;
@abs(ww(3)-ww(2))<=b;@abs(ww(4)-ww(2))<=b;@abs(ww(4)-ww(3))<=b;
@abs(ww(2)-ww(1))>=a;@abs(ww(3)-ww(1))>=a;@abs(ww(4)-ww(1))>=a;
@abs(ww(3)-ww(2))>=a;@abs(ww(4)-ww(2))>=a;@abs(ww(4)-ww(3))>=a;
end
```

程序3:优势资源牵引效应原则下的经济承载力

```
Mode3:
sets:
weigh/1..3/:ww;metric/1..3/:y;
endsets
data:
y=4357.64 4569.27 1742.92;a=0.05;b=0.3;c=0.1;
enddata
max=@sum(weigh(i):ww(i)*y);
@sum(weigh(i):ww(i))=1;@for(weigh(i):@bnd(c,ww(i),1.0));
@abs(ww(2)-ww(1))<=b;@abs(ww(3)-ww(1))<=b;@abs(ww(3)-ww(2))<=b;
@abs(ww(2)-ww(1))>=a;@abs(ww(3)-ww(1))>=a;@abs(ww(3)-ww(2))>=a;
end
```

程序4:劣势资源束缚效应原则下的经济承载力

```
Mode4:
sets:
weigh/1..3/:ww;metric/1..3/:y;
endsets
data:
y=4357.64 4569.27 1742.92;a=0.05;b=0.3;c=0.1;
enddata
min=@sum(weigh(i):ww(i)*y);
@sum(weigh(i):ww(i))=1;@for(weigh(i):@bnd(c,ww(i),1.0));
@abs(ww(2)-ww(1))<=b;@abs(ww(3)-ww(1))<=b;@abs(ww(3)-ww(2))<=b;
@abs(ww(2)-ww(1))>=a;@abs(ww(3)-ww(1))>=a;@abs(ww(3)-ww(2))>=a;
end
```

以全国为参照面,忻州市相对资源综合承载力结果分析如下:

1995~2013年忻州市的人口承载状态中,有2年为超载,10年为富余,7年为非常富余,总体呈从非常富余到超载,再到非常富余,以2001~2002年为界限。忻州市历年的富余人口、优势资源相对综合人口承载力、劣势资源相对综合人口承载力、相对资源人口承载力,见表3-9。以承载状态度来看:1995~2000年忻州市的人口数量虽然低于当地的相对综合承载力,但表现出逐渐向相对综合承载力趋近的态势;2001~2002年实际人口数量略高于当地的相对综合承载力,表现为超载状态;2003~2013年实际人口数量低于当地的相对综合承载力,表现出了非常富余度逐渐向相对综合承载力远离的态势。今后应该重视并有效解决人口富余度所呈现的增长趋势。

表 3-9　1995 ~ 2013 年忻州市相对资源人口、经济承载力(以山西省为参照)

年份	C_{sp}^1	C_{sp}^2	C_{sp}	承载状态	富余或超载人口(万人)	ψ_{sp}^1 (%)	C_{sg}^1	C_{sg}^2	C_{sg}	承载状态	富余 GDP (亿元)	ψ_{sg}^1 (%)
1995	466.1	268.0	353.4	富余	-72.8	20.6	177.8	127.2	150.4	非常富余	-94.6	56.1
1996	505.6	281.3	377.1	富余	-95.2	25.2	234.2	158.7	192.8	非常富余	-120.1	54.2
1997	468.5	270.4	355.9	富余	-73.4	20.6	239.6	173.5	203.9	非常富余	-127.1	55.8
1998	484.9	243.7	343.8	富余	-59.6	17.3	245.0	155.7	195.3	非常富余	-113.6	47.5
1999	440.5	225.8	315.4	富余	-28.8	9.1	246.5	158.9	197.9	非常富余	-114.5	47.5
2000	414.4	211.9	296.3	富余	-2.5	0.8	253.8	163.2	203.5	非常富余	-117.3	47.2
2001	407.7	193.0	280.5	超载	15.5	5.5	272.7	166.1	212.8	非常富余	-125.8	47.6
2002	448.8	206.9	304.7	富余	-6.7	2.2	343.3	207.8	267.1	非常富余	-168.1	52.4
2003	363.0	180.7	256.1	超载	43.9	17.1	335.8	209.9	265.5	非常富余	-147.9	44.0
2004	437.4	226.4	314.7	富余	-12.8	4.1	510.3	340.3	416.7	非常富余	-271.2	57.2
2005	433.5	219.9	308.8	富余	-4.9	1.6	595.6	391.6	482.9	非常富余	-315.8	57.3
2006	445.9	229.4	319.8	富余	-14.2	4.4	703.1	468.7	574.1	非常富余	-379.6	58.5
2007	462.9	243.9	336.0	富余	-28.7	8.6	896.1	605.9	736.8	非常富余	-479.6	57.5
2008	502.2	257.4	359.5	富余	-50.5	14.0	1 178.0	787.0	962.9	非常富余	-651.6	60.5
2009	460.2	230.0	325.3	富余	-16.3	5.0	1 067.0	677.8	850.4	非常富余	-503.9	48.9
2010	480.6	261.9	354.8	富余	-45.1	12.7	1 351.5	919.3	1 114.6	非常富余	-679.2	52.6
2011	530.1	288.3	390.9	富余	-82.4	21.1	1 802.7	1 239.8	1 495.0	非常富余	-940.5	55.3
2012	518.4	297.3	392.6	富余	-82.6	21.0	1 887.5	1 347.0	1 594.5	非常富余	-973.6	53.9
2013	539.6	309.3	408.5	富余	-97.1	23.8	2 033.4	1 459.9	1 723.0	非常富余	-1 068.3	55.2

1995 ~2013 年忻州市相对资源经济承载状态处于非常富余状态,优势资源相对综合经济承载力、劣势资源相对综合经济承载力、相对资源综合经济承载力均持续增长。2010 年以来的过剩 GDP 明显增加,但非常富余度变化并不明显,表明在全国经济快速增长的大背景下,忻州市经济有了快速的发展,但其经济规模与区域的相对资源综合经济承载力相比,资源优势未能充分发挥,并且存在较大的经济增长潜力。

3.2.2.2 以山西省为参照面相对资源承载力分析

以山西省为参照面,忻州市相对资源综合承载力结果分析,可以得出如下结论:

1995 ~2013 年,忻州市的人口承载状态中,有 2 年为超载,17 年为富余,总体呈从富余到超载,再到富余,以 2001 ~2003 年为界限。从忻州市历年的富余人口、优势资源相对综合人口承载力、劣势资源相对综合人口承载力、相对资源人口承载力以及承载状态度来看:1995 ~2000 年忻州市的人口数量虽然低于当地的相对综合承载力,但富余承载度逐渐减小,表现出了逐渐向相对综合承载力趋近的态势;2001 年、2003 年实际人口数量略高于当地的相对综合承载力,表现为超载状态,其中 2002 年虽表现为富余,但其承载度为 2.2,接近临界状态;2004 ~2013 年实际人口数量低于当地的相对综合承载力,富余度表现出了逐渐向相对综合承载力远离的态势。今后应该重视并有效解决人口富余度所呈现的增长趋势。

1995 ~2013 年,忻州市相对资源经济承载状态处于非常富余状态,优势资源相对综合经济承载力、劣势资源相对综合经济承载力、相对资源综合经济承载力均持续增长。2010 年以来的过剩 GDP 明显增加,但非常富余度变化并不明显,表明在山西省经济快速增长的大背景下,忻州市经济有了快速的发展,但其经济规模与区域的相对资源综合经济承载力相比而言,资源优势未能充分发挥,并且存在较大的经济增长潜力。

从两个参照面对比来看,以全国为参照面的忻州市综合人口承载力和综合经济承载力大于山西省参照面。由此可见,忻州市人口富余,经济发展滞后与山西整体大环境密切相关。

3.3 忻州市相对资源承载力时空动态演变分析

3.3.1 相对资源承载力时间序列动态变化

以山西省作为参照区,分析 2004 ~2012 年忻州市内 14 县(市、区)的可持续发展变化状况,从两个维度分析县域尺度的相对资源承载力的时空差异及其演变态势。

3.3.1.1 相对资源人口承载力动态演变

1. 单项资源承载力水平变化

依据上述收集整理方法,应用相对土地资源承载力公式、经济资源承载力公式、水资源承载力公式和能源资源承载力公式计算得到 14 个县(市、区)资源人口承载力(见图 3-5)。由于各县(市、区)具有不同的优势、劣势资源特点,现分别分析四大资源承载力变化趋势。

忻府区:从四大资源承载力比较来看,土地资源、水资源承载力最大,经济资源、能源承载力较小,表明土地资料、水资源是忻府区可持续发展的优势资源,而能源资源却成为忻府区经济发展的劣势资源。从 2004 ~2012 纵向比较来看,土地资源承载力、经济资源承载力均呈缓慢上升趋势;而水资源承载力在波动中呈快速上升趋势,尤其是 2010 年以后;能源承载力图中只在 2007 年、2008 年、2009 年、2010 年出现,其承载力非常小,忻府区无煤炭资源,这 4 年表现出的能源为原煤发电量。这说明近年来忻府区进一步保持了当地的土地资源、水资源优势,从而推动了人口可持续发展。

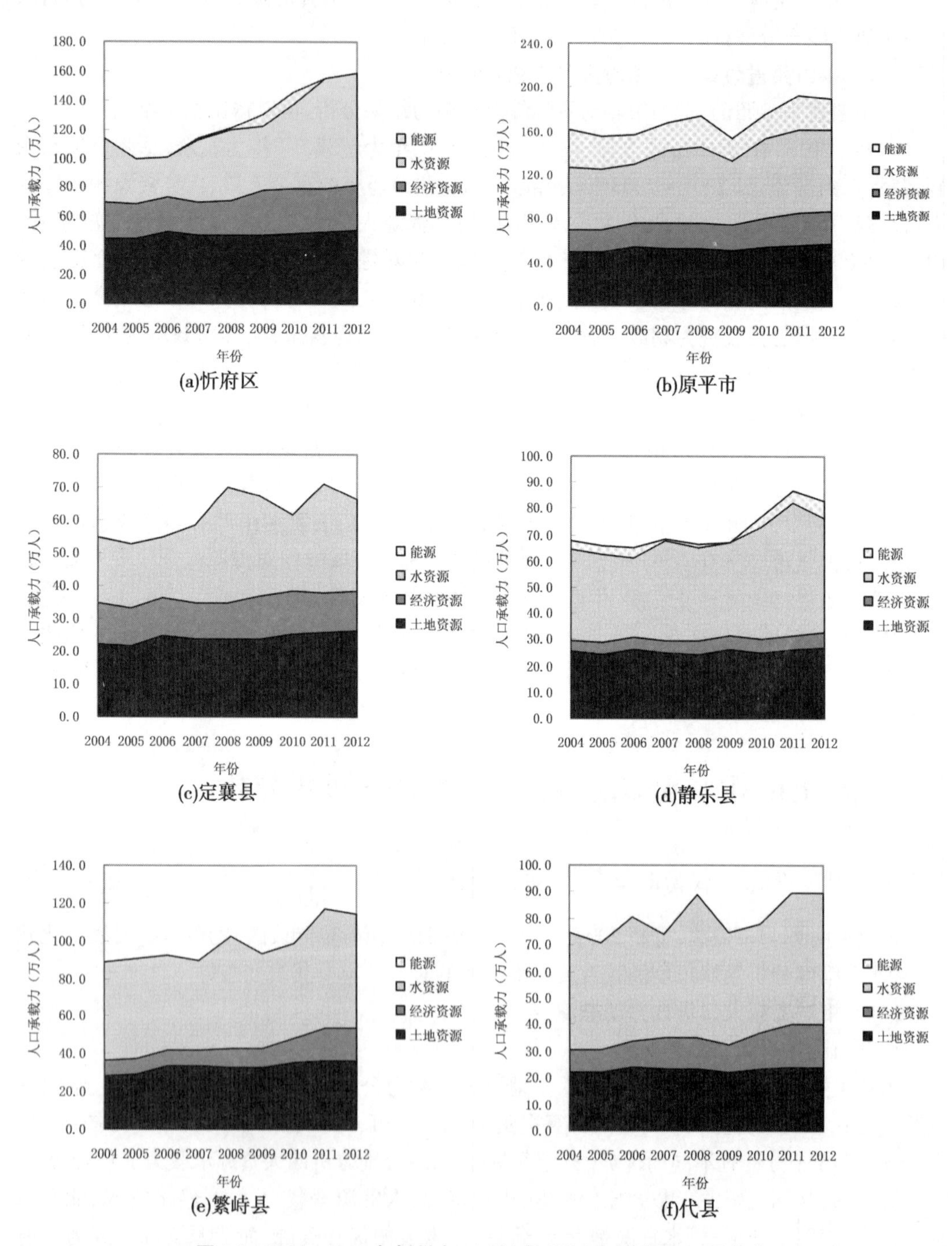

图 3-5　2004~2012 年忻州市 14 县(市、区)相对资源人口承载力

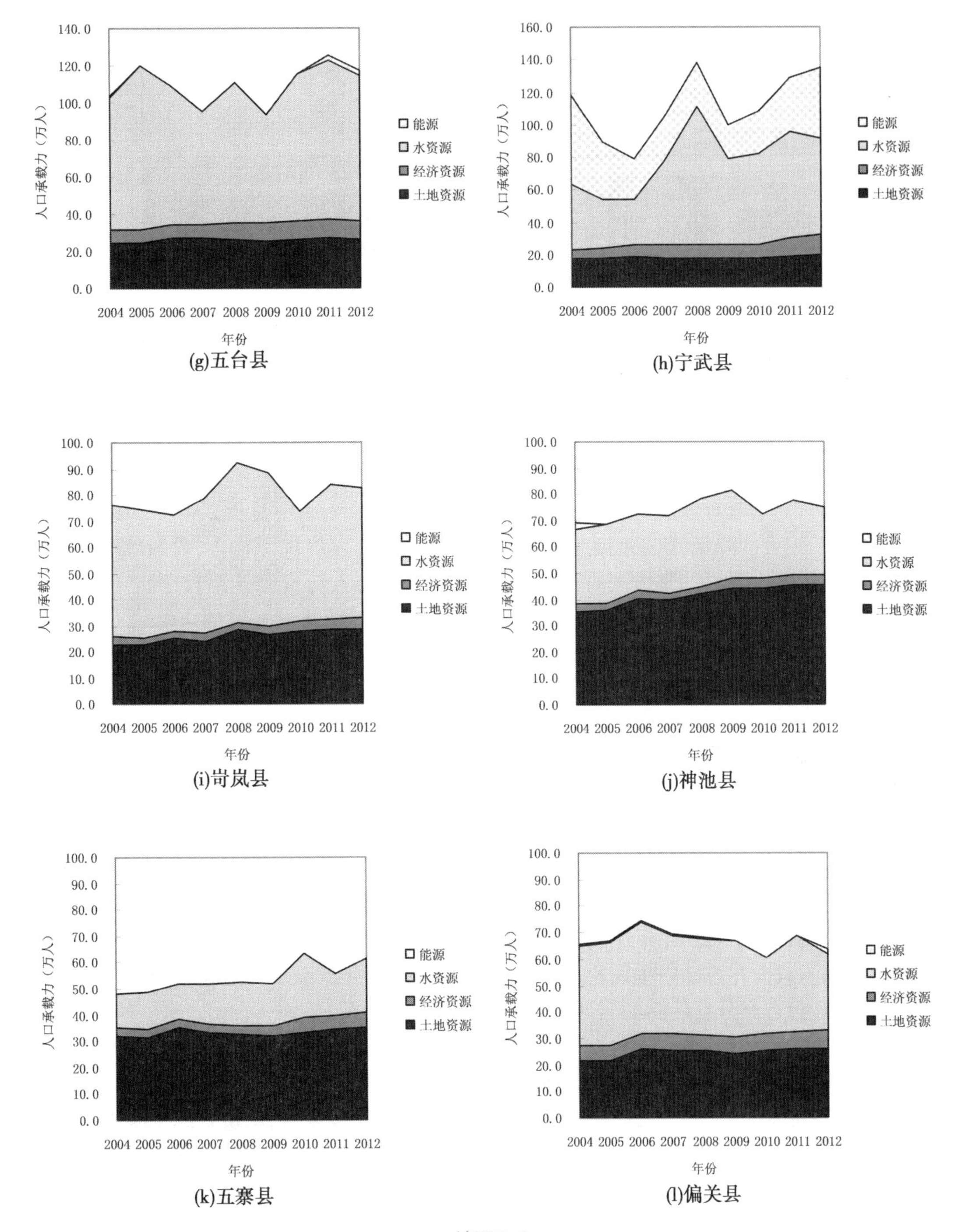

140.0
120.0
100.0
80.0
60.0
40.0
20.0
0.0
人口承载力（万人）
2004 2005 2006 2007 2008 2009 2010 2011 2012
年份
能源
水资源
经济资源
土地资源
(g)五台县
160.0
140.0
120.0
100.0
80.0
60.0
40.0
20.0
0.0
人口承载力（万人）
2004 2005 2006 2007 2008 2009 2010 2011 2012
年份
能源
水资源
经济资源
土地资源
(h)宁武县
100.0
90.0
80.0
70.0
60.0
50.0
40.0
30.0
20.0
10.0
0.0
人口承载力（万人）
2004 2005 2006 2007 2008 2009 2010 2011 2012
年份
能源
水资源
经济资源
土地资源
(i)岢岚县
100.0
90.0
80.0
70.0
60.0
50.0
40.0
30.0
20.0
10.0
0.0
人口承载力（万人）
2004 2005 2006 2007 2008 2009 2010 2011 2012
年份
能源
水资源
经济资源
土地资源
(j)神池县
100.0
90.0
80.0
70.0
60.0
50.0
40.0
30.0
20.0
10.0
0.0
人口承载力（万人）
2004 2005 2006 2007 2008 2009 2010 2011 2012
年份
能源
水资源
经济资源
土地资源
(k)五寨县
100.0
90.0
80.0
70.0
60.0
50.0
40.0
30.0
20.0
10.0
0.0
人口承载力（万人）
2004 2005 2006 2007 2008 2009 2010 2011 2012
年份
能源
水资源
经济资源
土地资源
(l)偏关县

续图 3-5

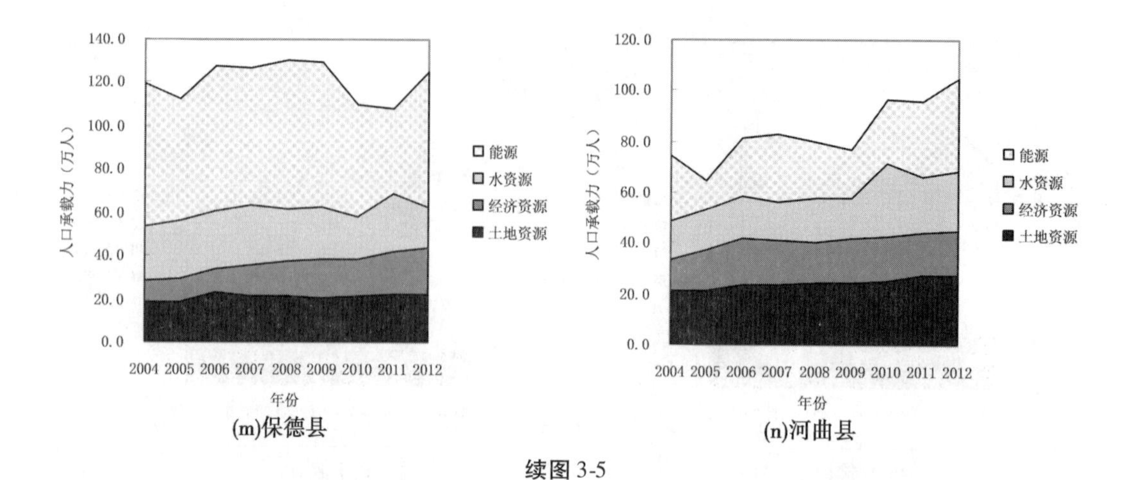

(m)保德县　　(n)河曲县

续图 3-5

原平市:从四大资源承载力比较来看,水资源、土地资源承载力较大,经济资源承载力较小,表明水资源、土地资源是原平市可持续发展的优势资源,而经济资源却成为原平市经济发展的劣势资源。从 2004 ~2012 年纵向比较来看,土地资源承载力、经济资源承载力均呈缓慢上升趋势,而水资源承载力、能源承载力呈波动上升趋势,图中显示 2009 ~2010 年能源承载力有一个较大的降幅,这是因为 2009 年山西省进行了煤炭资源整合,导致部分煤矿关闭,能源生产量发生下滑。整体上看,原平市的优势资源与劣势资源差距较小,各类资源搭配较为平衡,但没有充分发挥出能源资源承载力推动了人口可持续发展的作用。

定襄县:从四大资源承载力比较来看,土地资源、水资源承载力较大,经济资源承载力较小,能源承载力为 0,表明水资源、土地资源是可持续发展的优势资源,而能源却成为定襄县人口发展的劣势资源。从 2004 ~2012 年纵向比较来看,土地资源承载力、经济资源承载力均呈缓慢上升趋势,而水资源承载力在波动中呈快速上升趋势,能源承载力在图中表现为 0,没有能源生产。这说明近年来定襄县进一步保持了当地的土地资源、水资源优势,从而推动了人口可持续发展。

静乐县:从四大资源承载力比较来看,水资源、土地资源承载力较大,能源、经济资源承载力较小,表明水资源、土地资源是可持续发展的优势资源,而能源却成为静乐县经济发展的劣势资源。从 2004 ~2012 年纵向比较来看,土地资源、经济资源承载力均呈缓慢上升趋势,而水资源承载力在波动中呈快速上升趋势,能源、经济资源承载力变化不明显。这说明近年来静乐县没有充分发展制约当地人口可持续发展的能源、经济资源。

繁峙县:从四大资源承载力比较来看,水资源、土地资源承载力较大,经济资源承载力较小,能源承载力为 0,表明水资源、土地资源是可持续发展的优势资源,而经济资源、能源却成为繁峙县经济发展的劣势资源。从 2004 ~2012 年纵向比较来看,经济资源承载力呈缓慢上升趋势,而土地资源、水资源承载力变化并不明显。这说明近年来繁峙县充分发展了制约当地人口可持续发展的经济资源。

代县:从四大资源承载力比较来看,水资源、土地资源承载力较大,经济资源承载力较小,能源承载力为 0,表明水资源、土地资源是可持续发展的优势资源,而经济资源、能源却成为代县经济发展的劣势资源。从 2004 ~2012 年纵向比较来看,经济资源承载力呈缓慢上升趋势,而土地资源、水资源承载力变化并不明显。与繁峙县基本一致,说明近年来代县充分发展了制约当地人口可持续发展的经济资源。

五台县:从四大资源承载力比较来看,水资源承载力最大,经济资源承载力较小,能源承载力几乎为0,仅在个别年份显示,表明水资源、土地资源是可持续发展的优势资源,而经济资源、能源却成为五台县经济发展的劣势资源。从2004~2012年纵向比较来看,土地资源、水资源、经济资源承载力变化并不明显。说明近年来五台县未充分发展制约当地人口可持续发展的经济资源,也未体现出优势资源带动人口承载力的增长。

宁武县:从四大资源承载力比较来看,水资源承载力最大,经济资源承载力最小,表明水资源是可持续发展的优势资源,而经济资源成为宁武县经济发展的劣势资源。从2004~2012年纵向比较来看,土地资源载力变化并不明显,经济资源承载力缓慢上升,水资源、能源承载力波动剧烈,总体呈上升趋势。说明近年来宁武县充分发展了制约当地人口可持续发展的经济资源,但优势资源带动人口承载力的增长并不稳定。

岢岚县:从四大资源承载力比较来看,水资源承载力最大,经济资源承载力最小,能源承载力几乎为0,表明水资源是可持续发展的优势资源,而能源、经济资源成为岢岚县经济发展的劣势资源。从2004~2012年纵向比较来看,土地资源载力,水资源、经济资源承载力变化并不明显。说明近年来岢岚县未充分发展制约当地人口可持续发展的经济资源,其优势资源带动人口承载力的增长也未得到充分体现。

神池县:从四大资源承载力比较来看,土地资源承载力最大,经济资源承载力最小,能源承载力几乎为0,表明土地资源是可持续发展的优势资源,而能源、经济资源成为神池县经济发展的劣势资源。从2004~2012年纵向比较来看,土地资源承载力缓慢上升,水资源、经济资源承载力变化并不明显。说明近年来神池县未充分发展制约当地人口可持续发展的经济资源,仅保持了优势资源带动人口承载力的增长。

五寨县:从四大资源承载力比较来看,土地资源承载力最大,经济资源承载力最小,能源承载力几乎为0,表明土地资源是可持续发展的优势资源,而能源、经济资源成为五寨县经济发展的劣势资源。从2004~2012年纵向比较来看,水资源承载力呈波动上升趋势、土地资源经济承载力变化并不明显。说明近年来五寨县未充分发展制约当地人口可持续发展的经济资源,其优势资源带动人口承载力的增长也未体现出来。

偏关县:从四大资源承载力比较来看,水资源承载力最大,经济承载力最小,能源承载力几乎为0,表明水资源是可持续发展的优势资源,而能源、经济资源成为偏关经济发展的劣势资源。从2004~2012年纵向比较来看,水资源承载力呈波动下降趋势、土地资源、经济资源承载力变化并不明显。说明近年来偏关县未充分发展制约当地人口可持续发展的经济资源,其优势资源并未带动人口承载力的增长,反而有下降趋势。

保德县:从四大资源承载力比较来看,能源承载力最大,水资源、土地资源、经济资源承载力较小,表明能源是可持续发展的优势资源。从2004~2012年纵向比较来看,经济资源承载力呈稳步上升趋势,土地资源、水资源和能源承载力变化趋势并不明显。说明近年来保德县充分发展了制约当地人口可持续发展的经济资源,并保持了优势资源带动人口承载力的增长。

河曲县:从四大资源承载力比较来看,能源、水资源、土地资源、经济资源承载力所占比例相近,很难分清楚其优势资源与劣势资源,表明资源搭配较合理,较为平衡。从2004~2012年纵向比较来看,除经济资源承载力变化不太明显外,土地资源、水资源和能源承载力呈波动上升趋势。说明近年来河曲县充分发挥了各类资源的作用,带动人口承载力的增长。

2. 资源综合承载力动态变化

2004~2012年,忻州市14县(市、区)相对资源人口承载力动态变化见表3-10与图3-6。

表 3-10　2004 ~ 2012 年忻州市各县(区、市)相对资源人口承载力(以山西省为参照)

年份	忻府区						原平市					
	C_{sp}^{1}	C_{sp}^{2}	C_{sp}	承载状态	富余或超载人口(万人)	ψ_{sp}^{1} (%)	C_{sp}^{1}	C_{sp}^{2}	C_{sp}	承载状态	富余或超载人口(万人)	ψ_{sp}^{1} (%)
2004	37.1	19.8	27.1	严重超载	23.9	37.4	46.9	33.7	39.7	严重超载	8.6	3.0
2005	32.5	17.4	23.8	严重超载	27.5	58.0	45.6	32.0	38.2	严重超载	10.4	6.5
2006	33.0	17.4	23.9	严重超载	27.7	56.6	47.0	32.0	38.8	严重超载	10.0	3.8
2007	37.5	19.3	26.9	严重超载	25.0	38.5	50.5	32.9	40.7	超载	8.3	20.3
2008	40.0	20.6	28.7	严重超载	23.5	30.5	52.6	34.4	42.5	超载	6.7	15.8
2009	39.7	25.5	31.9	严重超载	20.4	31.5	46.5	30.0	37.4	严重超载	11.9	5.9
2010	45.5	27.1	35.1	严重超载	18.4	17.8	54.1	33.7	42.7	超载	6.5	15.3
2011	52.2	25.5	36.5	严重超载	18.4	5.1	57.2	39.1	47.3	超载	2.0	4.3
2012	53.0	26.1	37.2	严重超载	18.0	4.0	56.9	38.3	46.6	超载	2.9	6.2
年份	定襄县						静乐县					
	C_{sp}^{1}	C_{sp}^{2}	C_{sp}	承载状态	富余或超载人口(万人)	ψ_{sp}^{1} (%)	C_{sp}^{1}	C_{sp}^{2}	C_{sp}	承载状态	富余或超载人口(万人)	ψ_{sp}^{1} (%)
2004	17.3	9.2	12.6	严重超载	9.0	25.4	23.8	10.3	15.6	超载	0.5	2.9
2005	17.2	9.2	12.6	严重超载	9.2	26.7	22.9	10.0	15.1	超载	1.1	7.1
2006	18.1	9.4	13.0	严重超载	8.9	20.9	22.5	10.0	15.0	超载	1.3	8.8
2007	20.1	9.3	13.6	严重超载	8.4	9.7	24.8	9.6	15.4	超载	1.0	6.5
2008	19.4	9.9	13.9	严重超载	8.3	13.8	23.7	9.6	15.1	超载	1.3	8.7
2009	19.7	10.6	14.4	严重超载	7.7	12.4	24.1	9.4	15.0	超载	1.4	9.5
2010	20.2	10.7	14.7	严重超载	7.5	9.9	27.0	11.5	17.6	富余	−1.5	8.7
2011	24.2	11.4	16.6	超载	5.3	31.6	30.6	12.1	19.2	富余	−3.5	18.1
2012	22.1	11.0	15.6	超载	6.4	41.1	28.4	12.9	19.1	富余	−3.3	17.3

续表 3-10

年份	繁峙县						代县					
	C_{sp}^1	C_{sp}^2	C_{sp}	承载状态	富余或超载人口(万人)	ψ_{sp}^1 (%)	C_{sp}^1	C_{sp}^2	C_{sp}	承载状态	富余或超载人口(万人)	ψ_{sp}^1 (%)
2004	32.2	12.2	19.9	超载	5.1	25.5	26.7	10.7	16.9	超载	3.3	19.7
2005	32.8	12.6	20.3	超载	4.8	23.8	25.1	10.4	16.1	超载	3.4	20.8
2006	33.0	13.0	20.7	超载	4.5	21.9	28.6	11.6	18.2	超载	3.0	16.6
2007	32.2	12.9	20.3	超载	5.1	25.1	25.5	11.6	17.2	超载	4.1	23.9
2008	36.8	14.5	23.1	超载	2.5	10.9	31.5	13.0	20.2	超载	1.3	6.3
2009	33.0	13.5	21.1	超载	4.4	21.1	26.3	11.1	17.1	超载	4.4	25.5
2010	34.5	14.9	22.7	超载	3.8	16.8	26.4	12.4	18.1	超载	3.0	16.7
2011	40.6	17.8	26.9	临界	0	0	30.6	14.2	20.8	超载	0.7	3.4
2012	39.6	17.7	26.4	超载	0.6	2.1	30.4	14.2	20.8	超载	0.8	4.0
年份	五台县						宁武县					
	C_{sp}^1	C_{sp}^2	C_{sp}	承载状态	富余或超载人口(万人)	ψ_{sp}^1 (%)	C_{sp}^1	C_{sp}^2	C_{sp}	承载状态	富余或超载人口(万人)	ψ_{sp}^1 (%)
2004	38.4	13.8	23.0	超载	9.1	39.6	39.3	19.7	27.8	非常富余	−11.9	19.1
2005	45.8	15.1	26.3	超载	6.9	26.3	28.0	16.9	21.7	非常富余	−6.4	9.1
2006	40.5	14.2	23.9	超载	8.6	35.8	23.4	16.0	19.3	非常富余	−3.7	2.5
2007	35.0	13.0	21.3	超载	11.4	53.4	33.6	18.8	25.1	非常富余	−9.2	15.2
2008	40.9	14.6	24.4	超载	8.4	34.4	48.0	22.2	32.6	非常富余	−16.4	26.9
2009	33.7	13.0	20.9	超载	11.9	57.0	32.5	17.9	24.1	非常富余	−8.0	9.7
2010	42.9	15.3	25.6	超载	6.3	24.5	35.0	19.2	26.0	非常富余	−9.7	15.7
2011	46.2	16.9	27.9	超载	2.1	7.7	41.8	22.4	30.6	非常富余	−14.4	27.7
2012	42.7	16.1	26.3	超载	3.9	14.7	43.4	24.3	32.4	非常富余	−16.2	33.1

续表 3-10

年份	岢岚县						神池县					
	C_{sp}^1	C_{sp}^2	C_{sp}	承载状态	富余或超载人口(万人)	ψ_{sp}^1 (%)	C_{sp}^1	C_{sp}^2	C_{sp}	承载状态	富余或超载人口(万人)	ψ_{sp}^1 (%)
2004	28.6	9.5	16.5	非常富余	-8.5	16.2	24.7	9.8	15.6	富余	-5.2	33.6
2005	27.8	9.3	16.1	非常富余	-8.2	14.8	25.2	9.1	15.1	富余	-4.7	30.9
2006	27.0	9.3	15.8	非常富余	-7.4	8.8	26.9	9.5	15.9	富余	-5.4	34.1
2007	29.5	9.8	17.0	非常富余	-8.5	13.7	26.6	9.4	15.8	富余	-5.1	32.6
2008	34.7	11.4	19.9	非常富余	-11.4	25.3	29.1	10.2	17.2	富余	-6.5	37.7
2009	33.3	11.0	19.2	非常富余	-10.6	22.6	30.1	10.8	18.0	富余	-7.1	39.4
2010	27.0	9.7	16.2	非常富余	-7.8	13.9	26.7	9.4	15.8	富余	-5.2	33.0
2011	31.0	10.8	18.3	非常富余	-9.8	21.2	28.6	10.2	17.0	富余	-6.3	37.1
2012	30.6	10.8	18.1	非常富余	-9.6	20.8	27.8	9.8	16.5	富余	-5.8	34.9
年份	五寨县						偏关县					
	C_{sp}^1	C_{sp}^2	C_{sp}	承载状态	富余或超载人口(万人)	ψ_{sp}^1 (%)	C_{sp}^1	C_{sp}^2	C_{sp}	承载状态	富余或超载人口(万人)	ψ_{sp}^1 (%)
2004	17.8	6.3	10.6	超载	0.2	1.6	23.5	9.1	14.7	富余	-3.4	23.0
2005	18.1	6.4	10.8	超载	0.1	0.5	24.0	9.4	15.0	富余	-3.4	22.5
2006	19.4	6.7	11.4	富余	-0.6	5.1	26.7	10.4	16.7	富余	-5.0	29.9
2007	19.1	6.8	11.4	富余	-0.2	1.5	24.7	10.1	15.8	富余	-4.0	25.5
2008	19.5	6.9	11.6	富余	-0.2	2.1	24.4	9.8	15.5	富余	-3.6	23.3
2009	19.0	7.0	11.5	富余	-0.1	0.7	23.8	9.5	15.0	富余	-3.2	21.2
2010	22.7	8.9	14.2	富余	-2.7	19.3	21.4	8.9	13.8	富余	-2.4	17.6
2011	20.2	7.8	12.5	富余	-1.7	13.6	24.6	9.8	15.5	富余	-4.3	27.5
2012	22.2	8.6	13.8	富余	-2.9	21.0	21.8	10.2	14.9	富余	-3.6	24.0

续表 3-10

年份	保德县						河曲县					
	C_{sp}^1	C_{sp}^2	C_{sp}	承载状态	富余或超载人口(万人)	ψ_{sp}^1(%)	C_{sp}^1	C_{sp}^2	C_{sp}	承载状态	富余或超载人口(万人)	ψ_{sp}^1(%)
2004	39.5	20.9	28.7	非常富余	-13.6	27.5	21.2	15.9	18.3	非常富余	-4.7	14.0
2005	35.7	20.5	27.0	非常富余	-11.5	24.2	17.7	14.8	16.2	非常富余	-2.6	8.2
2006	41.3	23.0	30.8	非常富余	-15.2	32.1	21.6	18.9	20.2	非常富余	-6.4	27.0
2007	40.1	23.8	30.8	非常富余	-15.0	33.3	23.2	18.3	20.6	非常富余	-6.6	23.4
2008	41.8	24.3	31.9	非常富余	-15.7	33.7	21.6	18.2	19.8	非常富余	-5.6	21.5
2009	41.4	24.7	32.0	非常富余	-16.4	37.0	20.6	18.7	19.6	非常富余	-5.0	21.9
2010	33.7	21.9	27.2	非常富余	-10.8	25.3	25.8	22.3	24.0	非常富余	-9.3	34.1
2011	30.6	23.6	26.8	非常富余	-10.7	31.7	26.4	21.5	23.8	非常富余	-9.2	32.1
2012	39.3	24.6	31.1	非常富余	-14.9	34.1	29.5	22.9	26.0	非常富余	-11.2	35.5

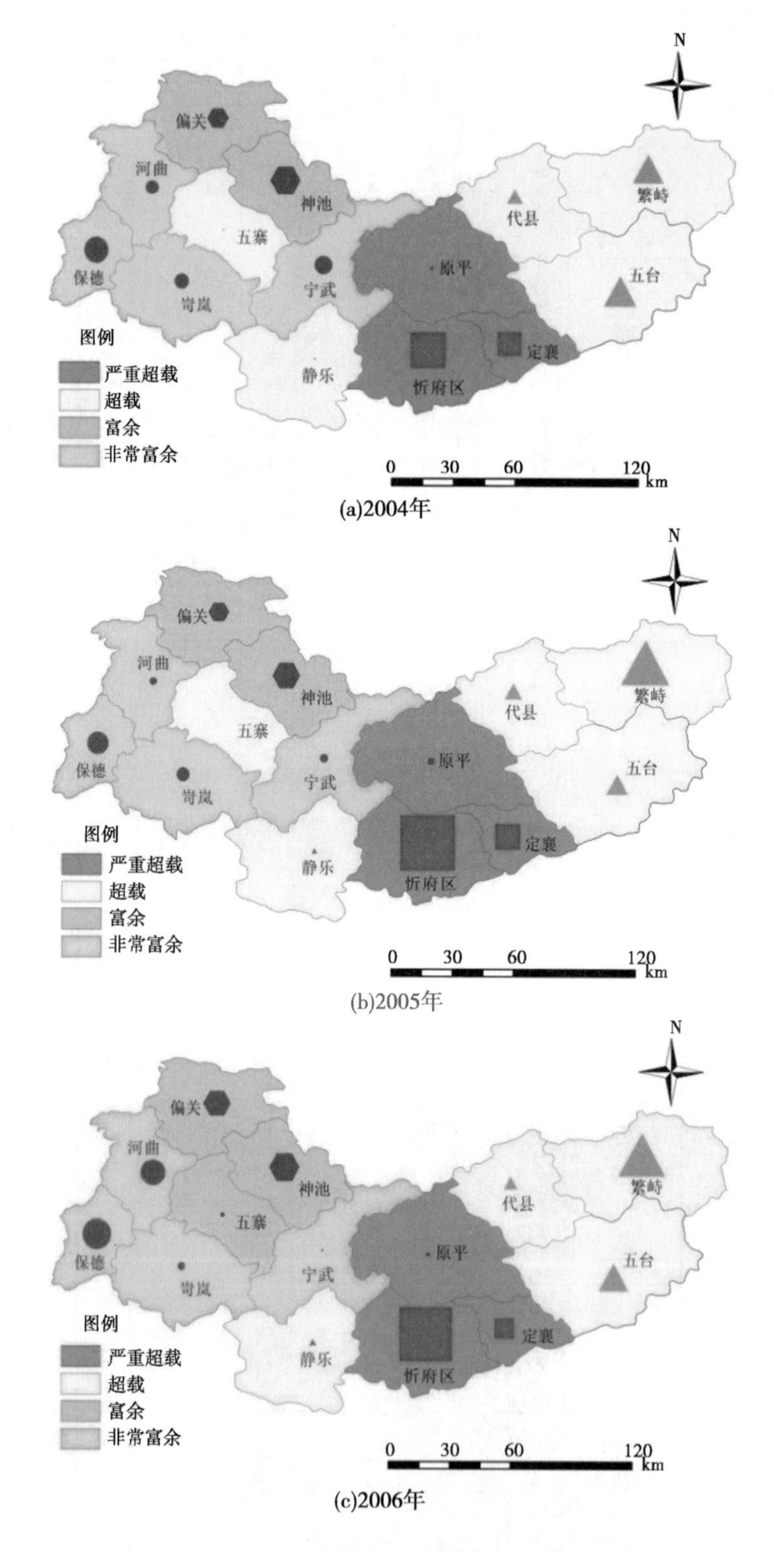

图 3-6　2004～2012 年忻州市相对资源人口承载力动态演变

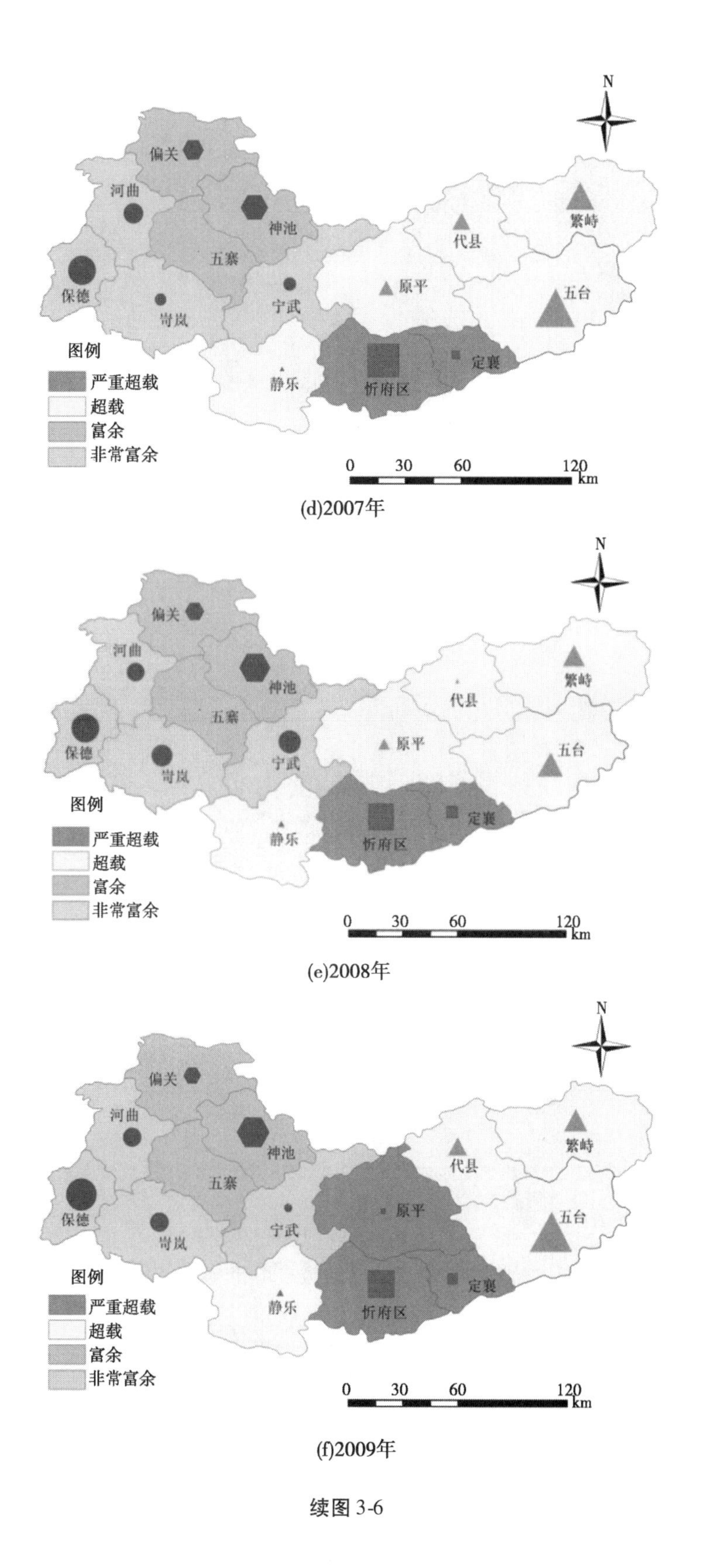

(d)2007年

(e)2008年

(f)2009年

续图 3-6

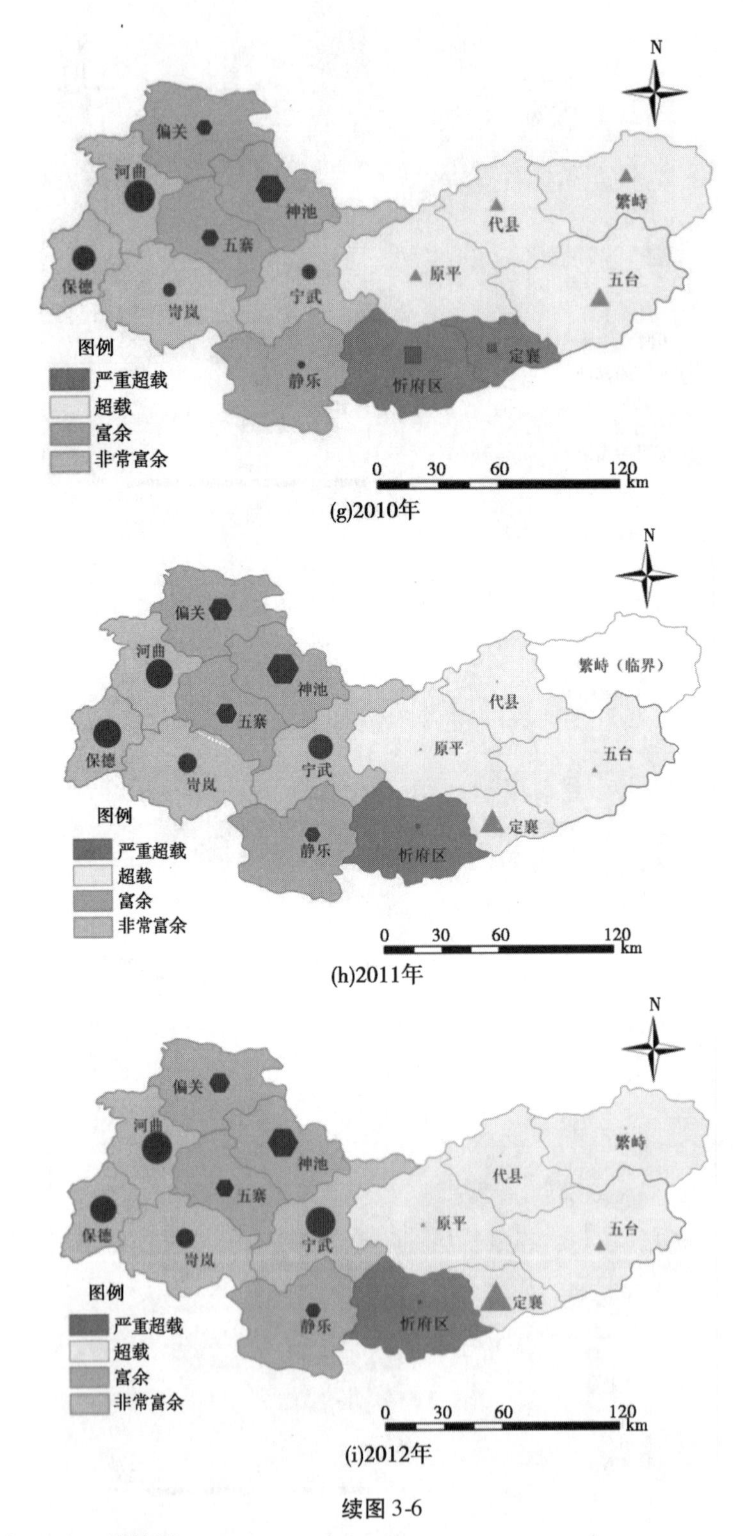

(g)2010年

(h)2011年

(i)2012年

续图 3-6

具体分为以下三种情况：

(1)相对资源综合承载力呈现人口超载状态的区域主要集中在忻府区、原平市、定襄县、繁峙县、代县和五台县。忻府区承载状态较稳定，均为严重超载，2004 年超载人口 23.9

万,2012 年超载人口 18.0 万,近年来承载度快速下降,说明严重超载的局面正在逐步缓解;原平市与定襄县相似,2004～2012 年人口承载状态由严重超载转变为超载,超载人口大幅下降;繁峙县、代县和五台县承载状态较稳定,均为超载,从承载度看,承载度虽有波动,但总体下降趋势非常明显,到 2012 年基本接近临界状态。

(2)相对资源综合承载力呈现人口富余状态的区域主要集中在宁武、岢岚、神池、偏关、保德与河曲等县。宁武县、岢岚县、保德县与河曲县承载状态较为稳定,均为非常富余,2004～2012 年平均富余人口分别为 10.7 万、9.1 万、13.8 万和 6.7 万,其承载度波动性也较大,但总趋势在变大,说明富余人口数在增加;神池、偏关承载状态也较为稳定,均为富余,从承载度来看,其变化均不明显,富余人口数量相对稳定。

(3)相对资源综合承载力呈现人口超载状态向富余状态转化的为静乐县与五寨县,超载转为富余发生的时间分别是 2009～2010 年、2005～2006 年。从超载或富余人口数量看,两县的数值均较低,接近于临界状态;从承载度来看,两县过渡到富余状态后,承载度均有缓慢增加的趋势。

3.3.1.2 相对资源经济承载力动态演变

1. 单项承载力水平变化

根据上述数据收集整理方法,并按相对土地资源承载力公式、水资源承载力公式和能源资源承载力公式计算得到 14 个县(市、区)各资源经济承载力(见图 3-7)。由于各县(市、区)具有不同的优势、劣势资源特点,现以县域单位分析三大资源承载力变化趋势。

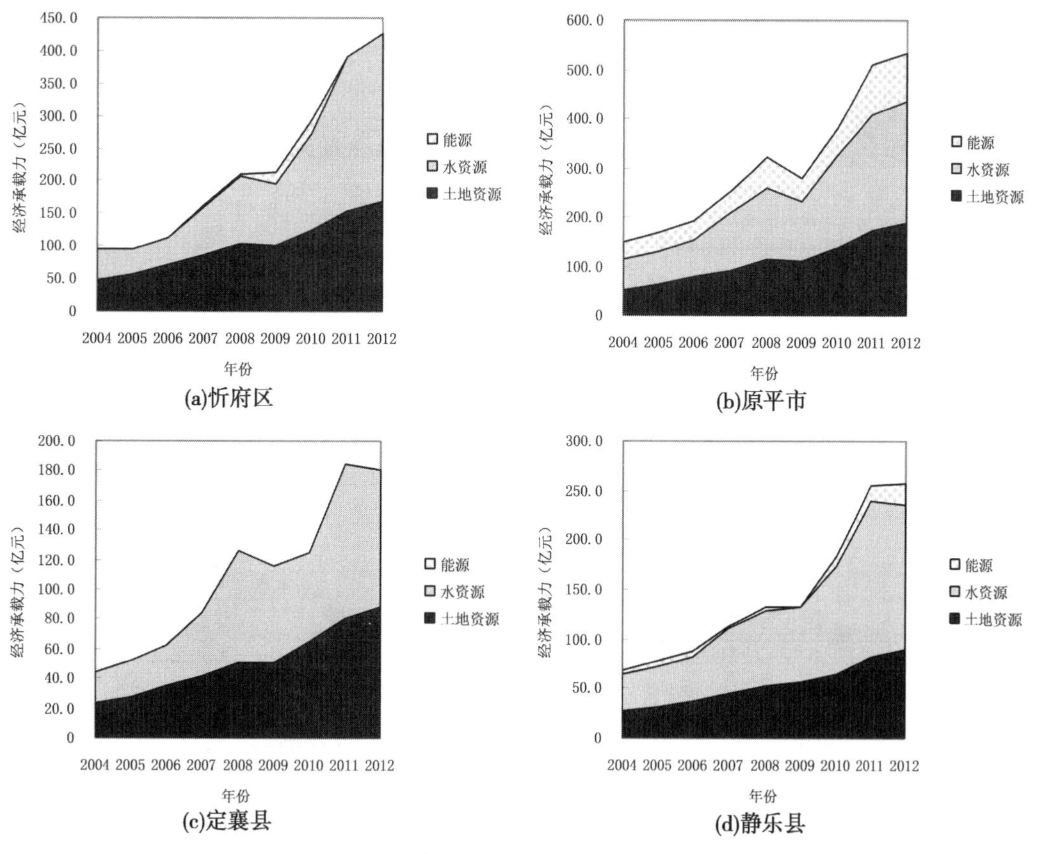

图 3-7 2004－2012 年忻州市 14 县(市、区)相对资源经济承载力

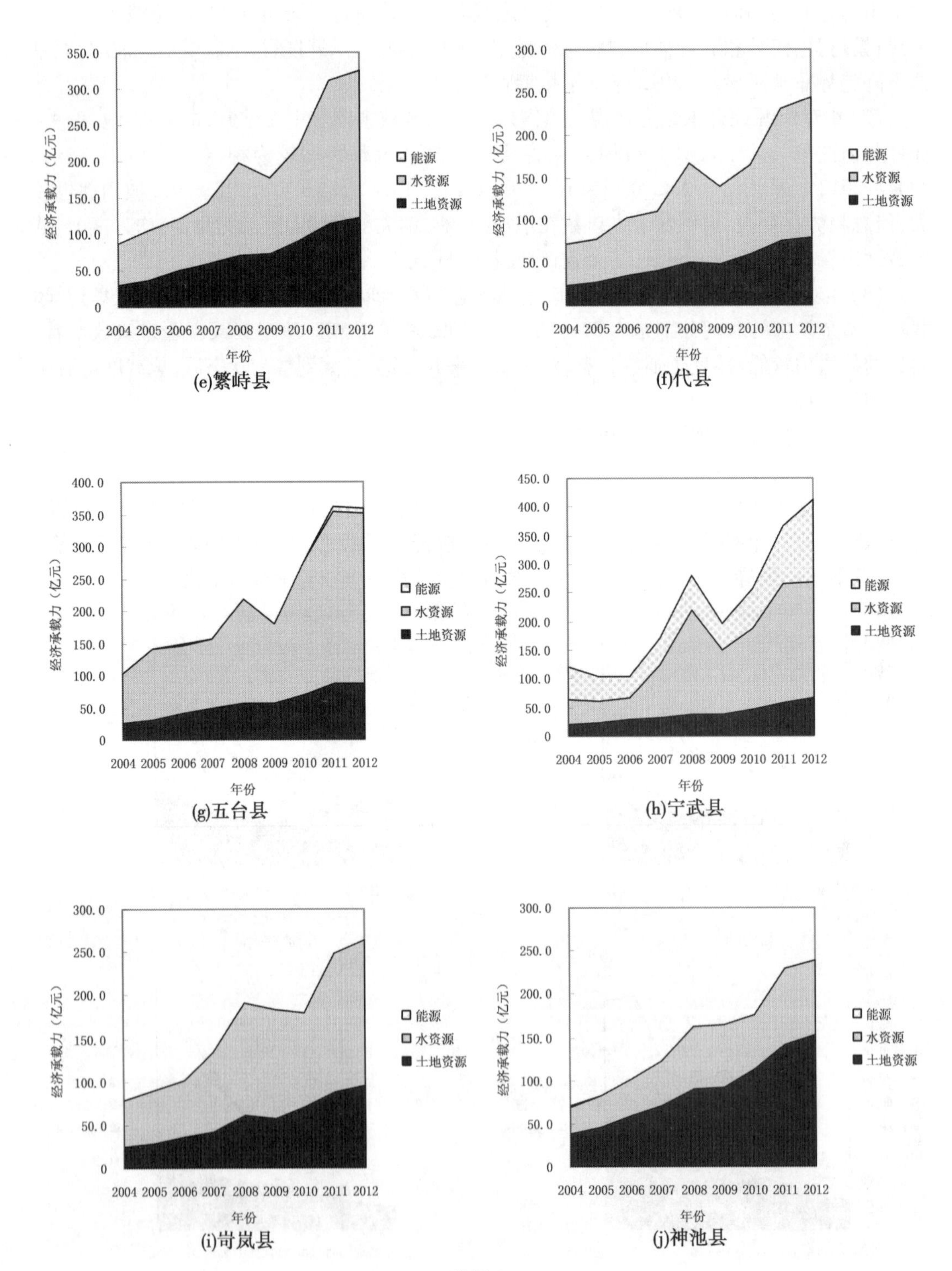

续图 3-7

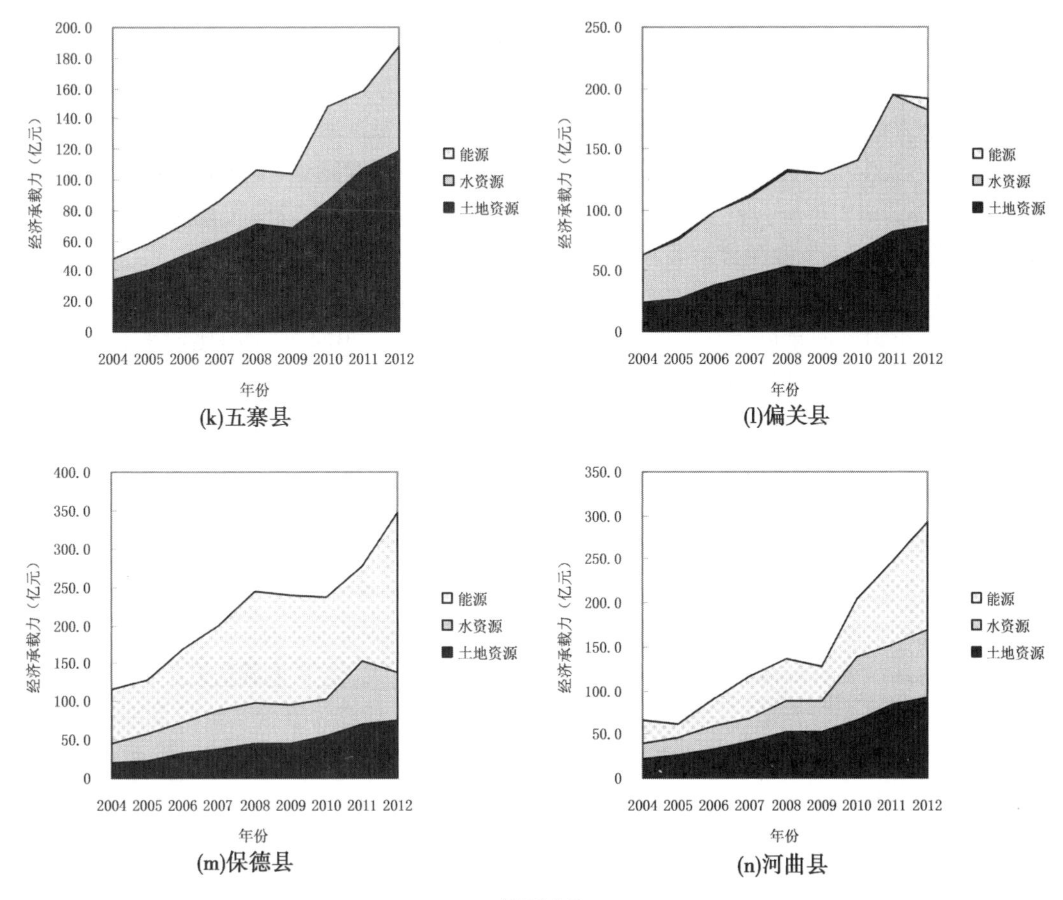

续图 3-7

忻府区:从三大资源承载力比较来看,水资源、土地资源承载力较大,能源承载力较小,说明土地资源、水资源对忻府区经济可持续发展的贡献潜力较大。从 2004～2012 年纵向比较来看,土地资源承载力、水资源承载力均呈快速上升趋势;能源承载力图中只在 2007 年、2008 年、2009 年、2010 年出现,其承载力非常小。2004 年水资源可承载的经济总量是土地资源可承载经济总量的 0.97 倍,2012 年为 1.52 倍,说明土地资源和水资源均持续贡献于可承载的经济发展总量。

原平市:从三大资源承载力比较来看,水资源、土地资源承载力较大,能源承载力较小,说明土地资源、水资源对原平市经济可持续发展的贡献潜力较大。从 2004～2012 年纵向比较来看,土地资源承载力、水资源承载力均呈上升趋势;能源承载力相对稳定,只在 2010 年后有所上升。2004 年土地资源、水资源、能源承载的经济总量所占百分比分别为 34.4%、40%、24.6%,2012 年所占百分比分别为 35.4%、46.7%、17.9%,说明土地资源、水资源和能源均持续贡献于可承载的经济发展总量,且搭配较合理。

定襄县:从三大资源承载力比较来看,土地资源、水资源承载力较大,能源承载力为 0,表明水资源、土地资源是可持续发展的优势资源,而能源却成为定襄县经济发展的劣势资源。从 2004～2012 年纵向比较来看,土地资源承载力、水资源承载力均呈上升趋势。2004 年土地资源、水资源的经济总量所占百分比分别为 52.4%、47.6%,2012 年所占百分比分别为48.8%、51.2%，说明土地资源、水资源均持续贡献于可承载的经济发展总量。

静乐县：从三大资源承载力比较来看，水资源、土地资源承载力较大，能源承载力较小，说明土地资源、水资源对静乐县经济可持续发展的贡献潜力大些。从2004～2012年纵向比较来看，土地资源承载力、水资源承载力均呈上升趋势，能源承载力相对稳定，只在2010年后有所上升。2004年土地资源、水资源、能源承载的经济总量所占百分比分别为39.8%、54.6%、5.6%，2012年所占百分比分别为35.0%、56.8%、8.2%，说明土地资源、水资源和能源均持续贡献于可承载的经济发展总量。

繁峙县：从三大资源承载力比较来看，水资源、土地资源承载力较大，能源承载力为0，表明水资源、土地资源是可持续发展的优势资源。从2004～2012年纵向比较来看，土地资源、水资源承载力呈上升趋势，且水资源承载力大于土地资源承载力，说明土地资源、水资源均持续贡献于可承载的经济发展总量。

代县：从三大资源承载力比较来看，水资源、土地资源承载力较大，能源承载力为0，表明水资源、土地资源是可持续发展的优势资源。从2004～2012年纵向比较来看，土地资源、水资源承载力呈上升趋势，2004年土地资源、水资源承载的经济总量所占百分比分别为32.8%、67.2%，2012年所占百分比分别为32.5%、67.5%，水资源承载潜力大于土地资源承载潜力，说明土地资源、水资源均持续贡献于可承载的经济发展总量。

五台县：从三大资源承载力比较来看，水资源承载力最大，能源承载力几乎为0，仅在个别年份显示，表明水资源是可持续发展的优势资源，而能源却成为五台县经济发展的劣势资源。从2004～2012年纵向比较来看，土地资源、水资源承载力逐渐上升，且水资源上升速度更快，说明水资源均持续贡献于可承载的经济发展总量的比重在增大。

宁武县：从三大资源承载力比较来看，水资源承载力较大，土地资源较小，表明水资源是可持续发展的优势资源。从2004～2012年纵向比较来看，土地资源承载力缓慢上升，水资源、能源承载力波动剧烈，总体呈上升趋势，能源承载比重逐渐增大，说明能源、水资源均持续贡献于可承载的经济发展总量。

岢岚县：从三大资源承载力比较来看，水资源承载力较大，土地资源承载力较小，能源承载力为0，水资源承载潜力较大。从2004～2012年纵向比较来看，土地资源载力、水资源承载力波动上升。表明近年来岢岚县未充分发展制约当地人口可持续发展的经济资源，且水资源上升幅度更大，说明水资源、土地资源均持续贡献于可承载的经济发展总量。

神池县：从三大资源承载力比较来看，土地资源承载力最大，水资源承载力较小，能源承载力几乎为0，表明土地资源是可持续发展的优势资源。从2004～2012年纵向比较来看，土地资源、水资源承载力逐年上升，说明土地资源、水资源均持续贡献于可承载的经济发展总量。

五寨县：从三大资源承载力比较来看，土地资源承载力最大，水资源承载力较小，能源承载力几乎为0，表明土地资源是可持续发展的优势资源。从2004～2012年纵向比较来看，土地资源、水资源承载力逐年上升，说明土地资源、水资源均持续贡献于可承载的经济发展总量。

偏关县：从三大资源承载力比较来看，水资源承载力较大，土地资源承载力较小，能源承载力几乎为0，表明水资源是可持续发展的优势资源。从2004～2012年纵向比较来看，水资源承载力、土地资源承载力逐年上升，且水资源上升幅度更大。说明水资源、土地资源均持续贡献于可承载的经济发展总量。

保德县:从三大资源承载力比较来看,能源承载力最大,水资源、土地资源承载力较小,表明能源是可持续发展的优势资源。从 2004 ~ 2012 年纵向比较来看,能源、水资源和土地资源承载力呈上升趋势,其能源承载力上升幅度更大,说明能源均持续贡献于可承载的经济发展总量。

河曲县:从三大资源承载力比较来看,能源、水资源、土地资源承载力所占比例相近,很难分清楚其优势资源与劣势资源,表明资源搭配较合理,较为平衡。从 2004 ~ 2012 年纵向比较来看,土地资源、水资源和能源承载力呈波动上升趋势,说明近年来河曲县充分发挥了各类资源的作用,带动经济承载力的增长。

2. 综合资源承载力动态演变

表 3-11 和图 3-8 为 2004 ~ 2012 年忻州市 14 县(区、市)各个相对资源经济承载力,具体分两种情况表述:

(1)相对资源综合承载力呈现经济超载状态的区域主要集中在忻府区、原平市、定襄县、繁峙县、代县和五台县。忻府区承载状态较稳定,均为严重超载,2004 年超载人口 23.9 万,2012 年超载人口 18.0 万,近年来承载度下降较快,说明严重超载的局面正在逐步缓解;原平县与定襄县相似,2004 ~ 2012 年人口承载状态由严重超载转变为超载,超载人口大幅下降;繁峙县、代县和五台县承载状态较稳定,均为超载,从承载度看,承载度虽有波动,但总体下降趋势非常明显,到 2012 年基本接近临界状态。

(2)相对资源综合承载力呈现经济富余状态为忻州市所辖 14 个县(市、区),2004 ~ 2012 年各县(市、区)经济总量有较大幅度增长,但以山西省为参照,14 个县(市、区)经济总量均未达到临界平衡状态,一种情况是原平市、静乐县、繁峙县、代县、五台县、宁武县、岢岚县、神池县、五寨县、偏关县、保德县与河曲县,一直稳定在非常富余状态。从承载度来看,上述 12 县(市、区)承载度均呈下降趋势,其中原平市、代县、保德县下降趋势较厉害,2004 年三县承载度分别为 51.8%、46.4%、62.9%,到 2012 年变为 31.5%、2.6%、19.7%,其他县到 2012 年承载度均大于 50%;五寨县、偏关县、静乐县、岢岚县等县承载度 9 年来变化微小,最高下降百分点仅为 10%。另一种情况是忻府区、定襄县中间经历了富余与非常富余状态的轮换,如忻府区 2004 ~ 2007 年呈富余状态,2008 年为非常富余,2009 ~ 2012 年又为富余状态,它们的承载度变化过程更为复杂。总体来说,与全省相比,忻州市经济总量富余空间较大。

3.3.2 相对资源经济承载力动态演变驱动力分析

农业发展水平:传统农业发展水平是人口增长的主要动力,忻州市人口超载的区域主要集中在滹沱河区(海河流域),即忻府区、定襄县、五台县、原平市、代县、繁峙县,滹沱河区自古以来农业发展基础较好,发源于繁峙县的滹沱河及其主要支流是本地区农业灌溉的主要水源,水利设施较好,其中滹沱河灌区是山西省六大自流灌区之一,农业产值较高,与其他县相比,各县人口均超过 20 万。忻州市人口富余的区域主要集中在黄河流域,即宁武县、静乐县、神池县、五寨县、岢岚县、河曲县、保德县、偏关县,这些县以旱地农业为主,水利设施较差,大部分县处于黄土高原丘陵沟壑水土保持生态功能区,属于国家级集中连片特困地区,农业产值较低,各县人口均未超过 20 万,农业发展基础与发展水平概况具体见表 3-12。

表 3-11　2004～2012 年忻州市 14 县（市、区）相对资源经济承载力（以山西省为参照）

年份	忻府区						原平市					
	C_{sg}^1	C_{sg}^2	C_{sg}	承载状态	富余 GDP（亿元）	ψ_{sg}^1（%）	C_{sg}^1	C_{sg}^2	C_{sg}	承载状态	富余 GDP（亿元）	ψ_{sg}^1（%）
2004	40.5	23.0	30.5	富余	-3.8	12.5	53.6	46.5	49.9	非常富余	-27.5	51.8
2005	41.3	22.8	30.7	富余	-0.8	2.6	61.3	51.5	56.2	非常富余	-29.9	48.9
2006	48.1	26.1	35.4	富余	-1.1	3.1	71.0	57.4	63.8	非常富余	-30.6	42.1
2007	68.8	39.4	52.0	富余	-12.6	24.2	95.7	72.4	83.2	非常富余	-39.2	39.2
2008	89.0	51.5	67.7	非常富余	-18.2	4.0	120.8	94.4	106.8	非常富余	-56.3	46.5
2009	86.0	56.5	69.7	富余	-3.3	4.8	106.1	78.8	91.4	非常富余	-40.0	34.8
2010	119.7	72.3	93.0	富余	-13.0	14.0	147.9	106.9	125.7	非常富余	-55.7	34.5
2011	168.7	92.7	125.1	富余	-31.1	24.9	189.9	149.0	168.2	非常富余	-74.2	36.9
2012	183.7	101.0	136.2	富余	-32.0	23.5	201.7	153.7	176.0	非常富余	-70.8	31.5

年份	定襄县						静乐县					
	C_{sg}^1	C_{sg}^2	C_{sg}	承载状态	富余 GDP（亿元）	ψ_{sg}^1（%）	C_{sg}^1	C_{sg}^2	C_{sg}	承载状态	富余 GDP（亿元）	ψ_{sg}^1（%）
2004	19.0	10.8	14.3	富余	-0.4	3.0	28.2	17.4	22.1	非常富余	-17.6	74.1
2005	22.0	12.4	16.5	富余	-1.7	10.5	31.9	19.5	24.9	非常富余	-18.9	69.0
2006	26.8	14.9	19.9	富余	-3.0	14.9	36.0	22.5	28.4	非常富余	-21.9	71.0
2007	35.7	20.3	26.9	非常富余	-6.8	0.9	48.4	27.3	36.3	非常富余	-27.9	69.2
2008	54.2	29.9	40.3	非常富余	-16.6	21.0	56.0	32.4	42.6	非常富余	-32.1	67.6
2009	49.4	27.5	36.8	富余	-8.0	21.8	56.7	31.6	42.3	非常富余	-30.8	63.6
2010	53.1	30.1	40.0	富余	-5.8	14.4	76.5	46.1	59.4	非常富余	-45.4	69.6
2011	79.0	45.0	59.6	非常富余	-21.8	16.0	106.4	63.4	82.1	非常富余	-65.2	73.3
2012	76.9	43.6	57.9	非常富余	-16.5	4.9	105.2	66.7	83.8	非常富余	-64.5	71.1

续表 3-11

年份	繁峙县						代县					
	C_{sg}^1	C_{sg}^2	C_{sg}	承载状态	富余 GDP（亿元）	ψ_{sg}^1（%）	C_{sg}^1	C_{sg}^2	C_{sg}	承载状态	富余 GDP（亿元）	ψ_{sg}^1（%）
2004	37.6	20.4	27.7	非常富余	-19.5	59.8	30.9	16.6	22.6	非常富余	-13.7	46.4
2005	45.0	24.4	33.1	非常富余	-22.8	57.9	33.8	18.3	24.9	非常富余	-13.8	39.5
2006	52.0	28.7	38.6	非常富余	-26.4	57.4	44.4	23.9	32.6	非常富余	-18.8	42.2
2007	61.7	34.2	45.9	非常富余	-30.4	54.6	47.7	26.0	35.2	非常富余	-13.9	17.9
2008	85.5	46.4	63.0	非常富余	-41.1	52.8	73.3	37.2	52.2	非常富余	-27.1	32.4
2009	76.5	42.1	56.8	非常富余	-35.1	48.5	60.2	32.5	44.2	非常富余	-22.4	32.9
2010	94.8	52.5	70.5	非常富余	-37.0	36.1	70.8	38.5	52.2	非常富余	-16.0	5.9
2011	134.8	73.4	99.4	非常富余	-46.4	27.8	99.8	53.3	72.9	非常富余	-22.6	5.6
2012	140.3	76.7	103.7	非常富余	-45.0	23.4	106.3	56.7	77.6	非常富余	-22.4	2.6

年份	五台县						宁武县					
	C_{sg}^1	C_{sg}^2	C_{sg}	承载状态	富余 GDP（亿元）	ψ_{sg}^1（%）	C_{sg}^1	C_{sg}^2	C_{sg}	承载状态	富余 GDP（亿元）	ψ_{sg}^1（%）
2004	46.4	22.2	32.1	非常富余	-23.7	62.1	46.7	34.1	39.9	非常富余	-34.7	84.8
2005	65.7	29.1	43.8	非常富余	-34.5	68.4	38.5	31.1	34.6	非常富余	-25.9	72.0
2006	62.2	32.2	44.7	非常富余	-34.4	67.8	36.5	32.5	34.4	非常富余	-24.2	68.5
2007	68.7	35.4	49.3	非常富余	-35.0	59.7	67.1	47.2	56.3	非常富余	-41.7	69.2
2008	98.8	47.2	68.3	非常富余	-49.7	60.7	117.6	68.0	89.4	非常富余	-71.8	74.1
2009	79.3	41.0	57.0	非常富余	-36.8	50.7	78.7	51.9	63.9	非常富余	-46.0	65.5
2010	124.3	58.2	85.0	非常富余	-60.4	57.7	101.6	69.3	83.9	非常富余	-61.3	67.4
2011	163.0	77.7	112.5	非常富余	-82.5	61.4	146.7	98.3	120.1	非常富余	-86.2	65.5
2012	161.0	77.9	112.0	非常富余	-78.4	56.9	158.9	117.0	136.3	非常富余	-96.3	65.8

续表 3-11

年份	岢岚县						神池县					
	C_{sg}^1	C_{sg}^2	C_{sg}	承载状态	富余 GDP（亿元）	ψ_{sg}^1（%）	C_{sg}^1	C_{sg}^2	C_{sg}	承载状态	富余 GDP（亿元）	ψ_{sg}^1（%）
2004	34.4	17.7	24.7	非常富余	−21.3	80.8	29.5	17.7	22.9	非常富余	−19.8	82.6
2005	39.3	20.5	28.4	非常富余	−24.5	81.2	35.3	19.8	26.4	非常富余	−22.8	81.4
2006	43.4	23.5	32.0	非常富余	−27.6	81.4	43.2	23.9	32.2	非常富余	−27.9	82.2
2007	58.7	30.6	42.4	非常富余	−36.7	81.5	52.6	29.2	39.2	非常富余	−34.4	83.5
2008	83.8	43.8	60.5	非常富余	−53.7	84.4	69.6	38.9	52.0	非常富余	−46.4	85.6
2009	80.3	41.8	57.9	非常富余	−50.8	83.0	70.3	39.2	52.5	非常富余	−44.4	79.3
2010	77.1	42.4	57.1	非常富余	−47.1	76.4	75.9	41.1	55.9	非常富余	−45.7	75.2
2011	107.6	58.3	79.2	非常富余	−66.8	78.7	98.9	54.2	73.2	非常富余	−60.7	76.9
2012	113.6	61.9	83.8	非常富余	−69.6	77.0	103.0	55.9	75.9	非常富余	−62.3	75.7

年份	五寨县						偏关县					
	C_{sg}^1	C_{sg}^2	C_{sg}	承载状态	富余 GDP（亿元）	ψ_{sg}^1（%）	C_{sg}^1	C_{sg}^2	C_{sg}	承载状态	富余 GDP（亿元）	ψ_{sg}^1（%）
2004	21.3	10.7	15.1	非常富余	−11.4	65.3	27.5	15.1	20.4	非常富余	−14.4	60.1
2005	25.4	13.1	18.2	非常富余	−14.1	68.8	33.0	18.3	24.6	非常富余	−17.4	60.6
2006	31.6	15.7	22.3	非常富余	−17.7	70.9	42.3	23.6	31.6	非常富余	−23.0	63.5
2007	37.7	19.5	27.1	非常富余	−21.1	69.0	47.7	27.0	35.9	非常富余	−24.4	57.4
2008	46.1	24.9	33.8	非常富余	−26.9	72.0	56.8	34.8	44.5	非常富余	−31.0	61.3
2009	44.8	24.1	32.8	非常富余	−24.6	65.9	55.6	30.6	41.3	非常富余	−27.6	55.3
2010	63.7	35.3	47.5	非常富余	−33.5	60.4	59.8	33.7	44.9	非常富余	−28.9	52.5
2011	69.0	36.3	50.1	非常富余	−33.1	53.2	83.4	46.2	62.1	非常富余	−41.5	55.4
2012	80.9	44.1	59.7	非常富余	−40.9	57.3	79.0	48.2	61.7	非常富余	−38.0	50.9

续表 3-11

年份	保德县						河曲县					
	C_{sg}^{1}	C_{sg}^{2}	C_{sg}	承载状态	富余 GDP（亿元）	ψ_{sg}^{1}（%）	C_{sg}^{1}	C_{sg}^{2}	C_{sg}	承载状态	富余 GDP（亿元）	ψ_{sg}^{1}（%）
2004	47.6	30.1	37.8	非常富余	-26.7	62.9	24.0	20.6	22.2	非常富余	-9.7	39.2
2005	50.3	34.8	41.9	非常富余	-28.4	61.3	22.5	18.7	20.5	非常富余	-0.4	2.1
2006	67.3	44.9	55.0	非常富余	-39.5	65.5	31.8	28.6	30.2	非常富余	-3.9	8.0
2007	79.0	53.8	65.2	非常富余	-39.9	52.9	35.4	42.4	38.7	非常富余	-8.0	27.5
2008	99.4	63.7	79.6	非常富余	-45.7	46.9	47.9	42.8	45.3	非常富余	-10.5	18.8
2009	99.5	63.7	79.6	非常富余	-41.1	39.6	45.3	39.7	42.4	非常富余	-5.4	6.7
2010	94.1	64.1	77.7	非常富余	-33.4	30.9	66.0	56.8	61.2	非常富余	-16.7	21.7
2011	101.6	83.4	92.0	非常富余	-31.0	26.9	86.0	77.9	81.8	非常富余	-28.2	31.1
2012	142.0	89.6	112.8	非常富余	-40.8	19.7	105.0	90.0	97.2	非常富余	-38.1	34.3

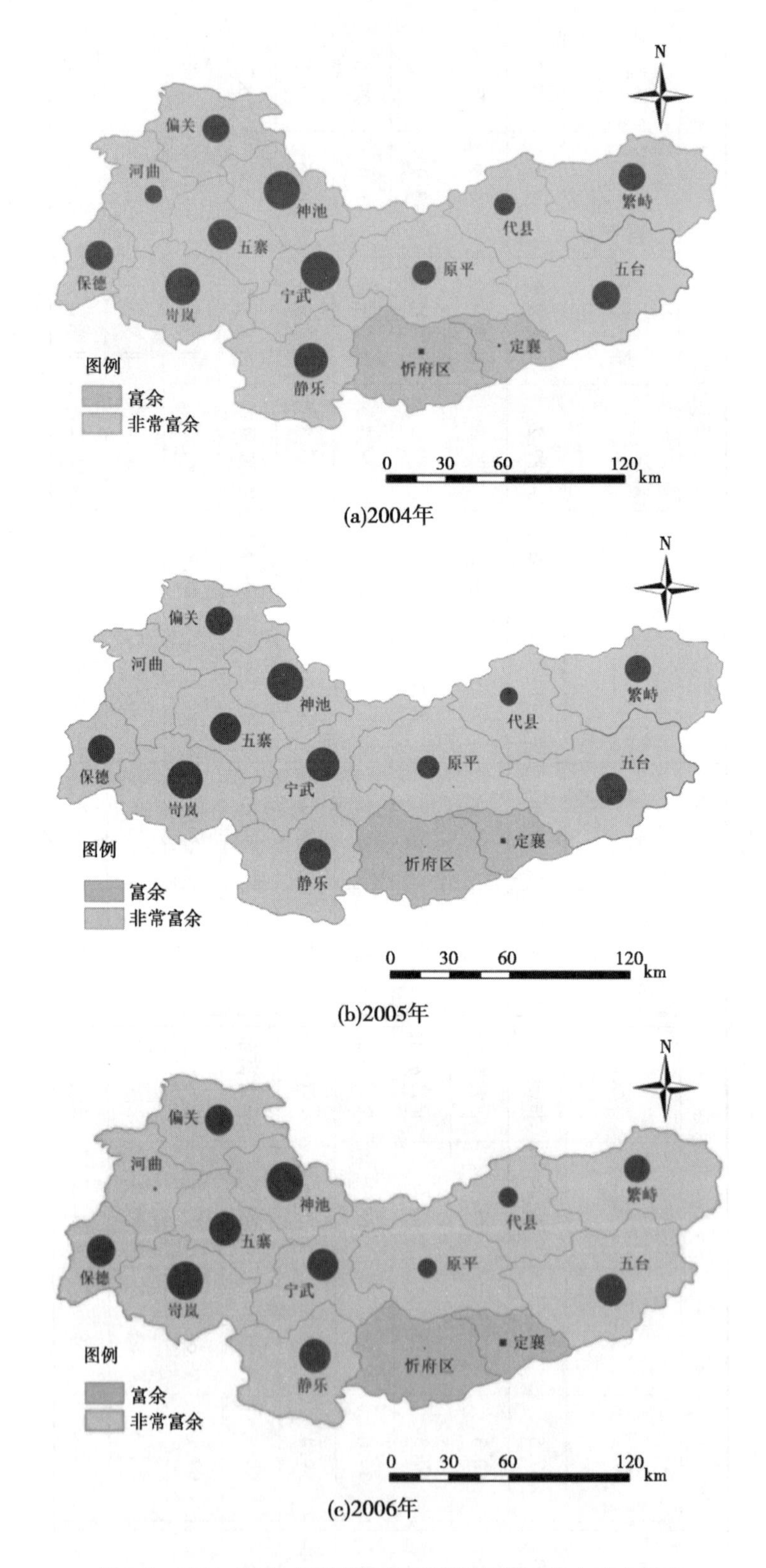

(a)2004年

(b)2005年

(c)2006年

图 3-8　2004～2012 年忻州市相对资源经济承载力动态演变

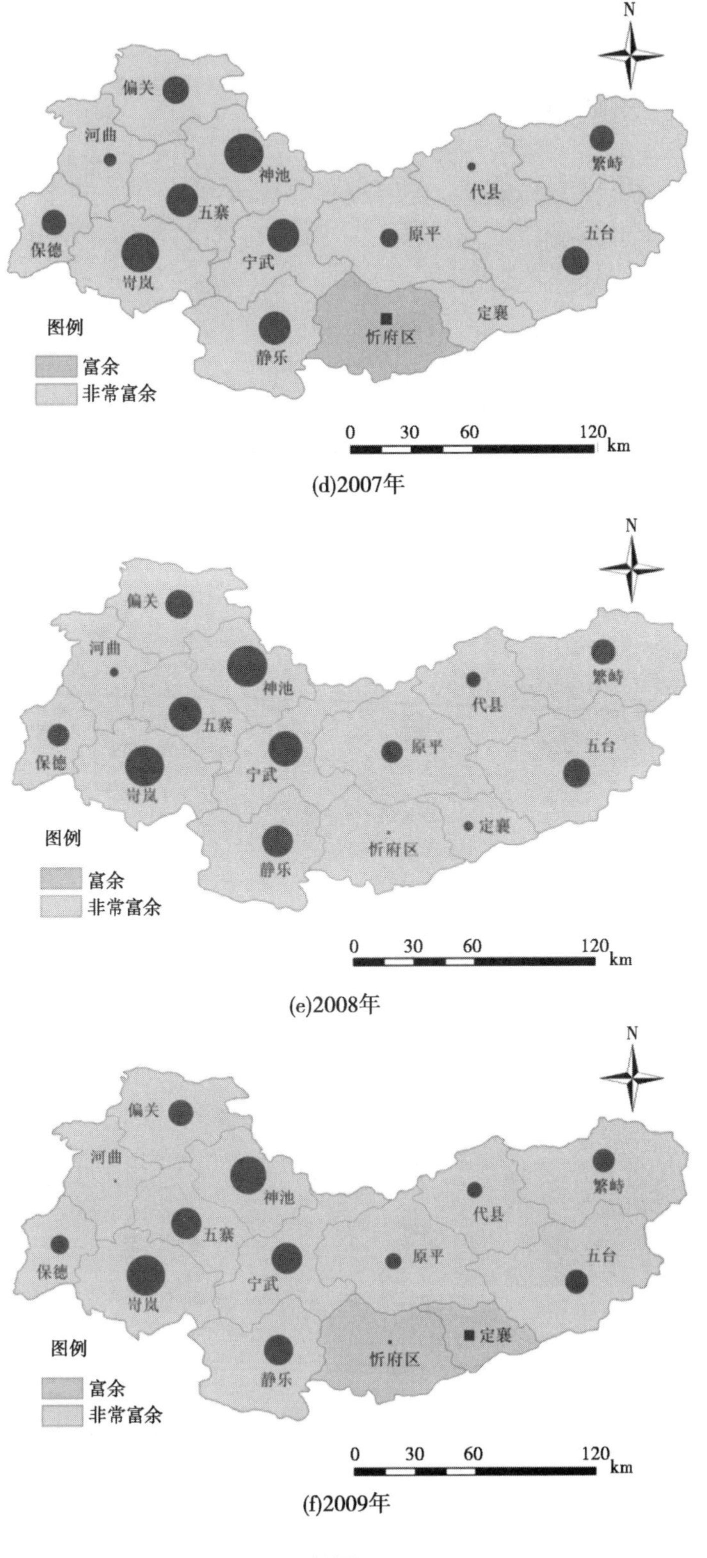
N
偏关
河曲
神池
五寨
保德
岢岚
宁武
原平
代县
繁峙
五台
定襄
忻府区
静乐
图例
富余
非常富余
0 30 60 120 km
(d)2007年
N
偏关
河曲
神池
五寨
保德
岢岚
宁武
原平
代县
繁峙
五台
定襄
忻府区
静乐
图例
富余
非常富余
0 30 60 120 km
(e)2008年
N
偏关
河曲
神池
五寨
保德
岢岚
宁武
原平
代县
繁峙
五台
定襄
忻府区
静乐
图例
富余
非常富余
0 30 60 120 km
(f)2009年

续图 3-8

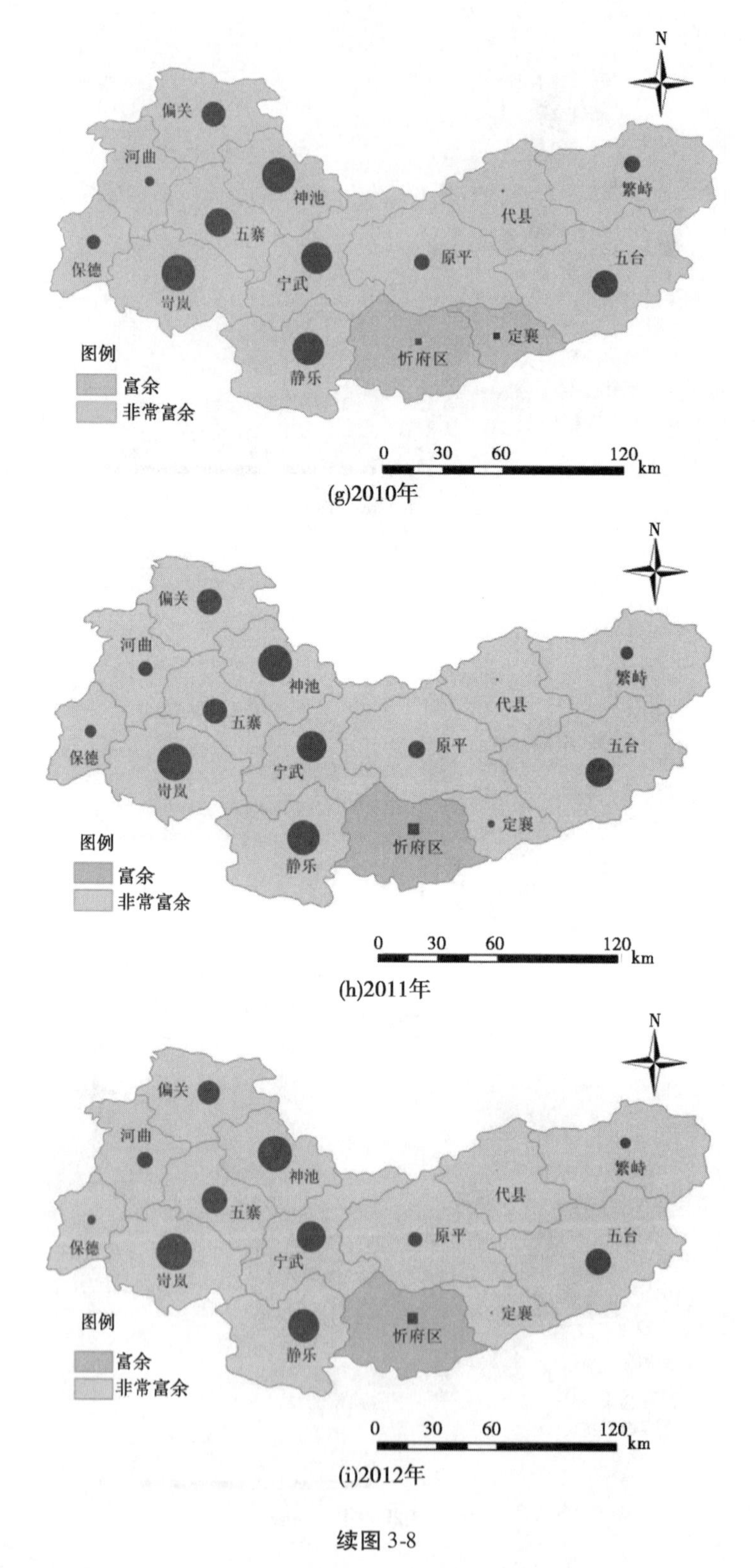

(g)2010年

(h)2011年

(i)2012年

续图 3-8

表 3-12　忻州市农业发展基础与发展水平概况

流域分区	行政分区	农作物播种面积(hm^2)	有效灌溉面积(hm^2)	多年平均降水量(mm)	粮食产量(t)	粮食单产(kg/hm^2)	农村居民人均纯收入(元)
海河流域	繁峙县	38 839.1	11 520	467.2	70 577	1 901	3 236.5
	代县	25 272.4	13 880	491.2	69 445	3 056	2 361.6
	原平市	58 188.8	29 610	463.5	291 129	5 201	4 628.2
	忻府区	52 838.8	33 090	478.4	285 656	5 635	4 485.3
	定襄县	27 179.0	20 340	443.4	167 761	6 876	5 735.0
	五台县	28 905.4	6 150	526.5	91 145	3 253	2 903.5
黄河流域	宁武县	19 238.1	1 710	510.0	17 103	1 060	2 248.9
	静乐县	27 180.8	1 490	479.2	39 035	1 795	2 681.8
	神池县	27 942.0	200	448.0	123 723	3 360	3 205.0
	五寨县	36 207.9	2 900	483.8	153 903	4 312	3 200.7
	岢岚县	29 830.8	970	490.4	36 327	1 537	2 890.1
	偏关县	27 767.4	1 750	424.8	48 043	1 961	2 967.0
	河曲县	27 640.0	2 600	429.7	49 946	2 327	2 942.0
	保德县	23 315.4	990	443.9	35 199	1 605	3 129.0
忻州市		470 315.9	127 200	475.4	147.8	3 514	3 445.7

注：根据2011年忻州市统计年鉴、水资源公报、农田水利统计整理。

煤炭产业发展水平：煤炭产业是忻州市的支柱产业，煤炭主要分布于河东煤田北部、宁武煤田，含煤面积约4 630 km^2，占全市土地面积的18.4%。查明资源储量271.3亿t，2010年年底保有资源储量258.7亿t（其中尚未占用资源储量138.7亿t）；但煤炭资源开采主要分布在河曲县、保德县、宁武县、原平市，具体见表3-13。带动了所在地区GDP的增长，增加了相对资源人口承载力和经济承载力。由图3-6、图3-7可以看出，河曲县、保德县由于煤炭能源在相对资源承载力中贡献较大，所带动的GDP成为忻州市近几年经济快速发展的新能源区域，煤炭资源开发在一定程度上提升了能源人口承载力和经济承载力。

表 3-13　2014 年忻州市煤矿基本情况统计

序号	煤矿名称	主体企业	所在县(市)	开采方式	井田面积(km^2)	产能(万t/年)	矿井类型
1	山西鲁能电煤开发有限责任公司上榆泉煤矿	山西鲁能电煤开发有限责任公司	河曲	井工	29.783 7	500	生产
2	山西晋神沙坪煤业有限公司	山西煤炭运销集团有限公司	河曲	井工	22.591 4	400	生产

续表 3-13

序号	煤矿名称	主体企业	所在县（市）	开采方式	井田面积（km^2）	产能（万 t/年）	矿井类型
3	山西晋神河曲磁窑沟煤业有限公司	山西煤炭运销集团有限公司	河曲	井工	10.622 7	240	生产
4	山西忻州神达台基麻地沟煤业有限公司	忻州神达能源集团有限公司	河曲	井工	4.068 6	130	生产
5	山西忻州神达大桥沟煤业有限公司	忻州神达能源集团有限公司	河曲	井工	2.073	90	生产
6	山西煤炭进出口集团上炭水煤业有限公司	山西煤炭进出口集团有限公司	河曲	井工	3.972 6	90	建设
7	山西煤炭进出口集团河曲旧县露天煤业有限公司	山西煤炭进出口集团有限公司	河曲	露天	24.953 6	300	建设
8	山西煤炭运销集团猫儿沟煤业有限公司	山西煤炭运销集团有限公司	河曲	露天	5.618 2	120	建设
9	山西忻州神达惠安煤业有限公司	忻州神达能源集团有限公司	河曲	井工	3.368 6	90	生产
10	山西华鹿阳坡泉煤矿有限公司	山西华鹿热电有限公司	河曲	井工	11.530 4	120	生产
11	山西忻州神达梁家碛煤业有限公司	忻州神达能源集团有限公司	河曲	露天	16.953 6	300	建设
12	山西煤炭运销集团芦子沟煤业有限公司	山西煤炭运销集团有限公司	保德	井工	12.307 2	90	建设
13	山西煤炭运销集团泰安煤业有限公司	山西煤炭运销集团有限公司	保德	井工	6.098	180	生产
14	山西煤炭运销集团泰山隆安煤业有限公司	山西煤炭运销集团有限公司	保德	井工	20.319 6	180	生产
15	山西王家岭煤业有限公司	山西煤炭运销集团有限公司	保德	井工	34.447 1	500	建设
16	山西忻州神达望田煤业有限公司	忻州神达能源集团有限公司	保德	井工	7.958 4	120	建设
17	山西忻州神达晋保煤业有限公司	忻州神达能源集团有限公司	保德	井工	10.072 4	120	生产

续表 3-13

序号	煤矿名称	主体企业	所在县（市）	开采方式	井田面积（km^2）	产能（万 t/年）	矿井类型
18	山西忻州神达金山煤业有限公司	忻州神达能源集团有限公司	保德	井工	2.535 7	90	建设
19	神华集团神东保德煤矿	神华集团	保德	井工	55.907 7	500	生产
20	山西忻州神池宏远煤业有限公司	神池县神泰能源投资有限公司	神池	井工	4.045 6	90	建设
21	山西忻州神池兴隆煤业有限公司	神池县神泰能源投资有限公司	神池	井工	4.012 8	90	建设
22	山西大远煤业有限公司	山东新汶集团	静乐	井工	4.855 4	120	生产
23	山西宁武大运华盛老窑沟煤业有限公司	宁武能源投资有限公司	宁武	井工	5.124 8	60	生产
24	山西宁武大运华盛庄旺煤业有限公司	宁武能源投资有限公司	宁武	井工	6.845 4	150	生产
25	山西宁武大运南沟南沟煤业有限公司	宁武能源投资有限公司	宁武	井工	7.635 6	180	生产
26	山西宁武张家沟煤业有限公司	宁武能源投资有限公司	宁武	井工	2.785 6	90	建设
27	山西宁武德盛煤业有限公司	宁武能源投资有限公司	宁武	井工	5.338 1	90	生产
28	山西忻州神达南岔煤业有限公司	忻州神达能源集团有限公司	宁武	井工	5.653 2	120	建设
29	山西忻州神达朝凯煤业有限公司	忻州神达能源集团有限公司	宁武	露天	8.263 9	120	建设
30	山西忻州神达栖凤煤业有限公司	忻州神达能源集团有限公司	宁武	井工	7.233 6	90	建设
31	山西煤炭运销集团三百子煤业有限公司	山西煤销运销集团有限公司	宁武	井工	9.927 6	120	建设
32	山西煤炭运销集团恒腾煤业有限公司	山西煤销运销集团有限公司	宁武	井工	5.613 8	60	建设

续表 3-13

序号	煤矿名称	主体企业	所在县(市)	开采方式	井田面积(km^2)	产能(万 t/年)	矿井类型
33	山西煤炭运销集团明业煤矿有限公司	山西煤销运销集团有限公司	宁武	井工	7.563	90	建设
34	山西华融龙宫煤业有限责任公司	山西华融龙宫煤业有限责任公司	原平	井工	9.242 7	90	建设
35	山西忻州原平龙矿盘道煤业有限公司	山西龙矿能源投资有限公司	原平	井工	8.402	120	生产
36	山西忻州神达花沟煤业有限公司	忻州神达能源集团有限公司	原平	露采	6.496 7	120	建设
37	山西忻州神达卓达煤业有限公司	忻州神达能源集团有限公司	原平	露采	4.365 6	90	建设
38	山西忻州神达原宁煤业有限公司	忻州神达能源集团有限公司	原平	井工	5.402 6	90	建设
39	山西忻州神达万鑫安平煤业有限公司	忻州神达能源集团有限公司	原平	井工	1.650 4	90	建设
40	山西忻州神达安茂煤业有限公司	忻州神达能源集团有限公司	原平	井工	5.135 4	30	建设
41	原平市石豹沟煤矿长梁沟井田	山西省原平市石豹沟煤矿	原平	井工	4.143 8	30	生产
42	原平市石豹沟煤矿奇村井田	山西省原平市石豹沟煤矿	原平	井工	2.568 6	30	建设
43	山西煤炭运销集团天和煤业有限公司	山西煤炭运销集团有限公司	五台	露采	2.824 5	100	生产

注:资料来源于忻州市煤炭工业局,http://www.xzcoal.gov.cn/。

区位条件:从空间区位来看,忻州市位于山西省中北部,向有“三关重地”“晋北锁钥”之称,为晋中经济区的重要组成部分。忻州市区地处山西省中部大运经济带和市域南部的忻定盆地,紧邻省会太原,距太原市仅 75 km,处于太原都市区辐射圈内。忻州市境横贯山西省境东西,分别与河北省、陕西省接壤,东西距离较长,且东西两侧均为丘陵山区,东西向交通联系很不便捷,影响了市域资源开发与城镇发展,是制约忻州市经济社会发展的主要瓶颈因素之一。市域主要交通干线有原太高速公路、北同蒲铁路、神朔—朔黄铁路、108 国道、大运公路、忻保高速、灵河高速、忻(州)(五)台—忻(州)黑(峪口)公路、神(池)府(谷)公路、208 国道、209 国道等。对外经济联系方向以南北向为主,东西向联系相对较弱。全市 14 个县(市、区)中,除河曲、保德煤炭资源型城镇外,中部忻府区、原平市、定襄县经济实力较强;东西山区其余 11 个县经济社会发展比较落后,均为国定贫困县。这也成为影响相对资源人口承载力和经济承载力的驱动力。

3.4 相对资源承载力的差异

3.4.1 相对资源承载力的结构差异

忻州市各县(市、区)人口承载状态的数量结构总体变化较为稳定,基本表现为富余比例与超载比例基本持平,近 9 年来的平均比例中超载为 50.8%,富余为 49.2%,见表 3-14。按照四类状态划分标准,多年来基本保持严重超载∶超载∶富余∶非常富余为15.9∶34.9∶22.2∶27.0。2012 年忻州各县(市、区)人口数量超过相对资源综合承载力的共 6 个。承载状态为超载的共 5 个,按超载度由大到小分别是定襄县、五台县、原平市、代县、繁峙县。其中,超载度最大为 41.1%、最小为 2.1%。承载状态为严重超载的共 1 个,为忻府区,严重超载度为 4.0%。人口超载县(区)处于滹沱河农业区,自古农业发达,人口稠密,相对资源的人口承载状态长期超过警戒状态,影响地区的稳定发展。2012 年忻州市各县(市、区)中人口数量低于相对资源综合承载力的共 8 个,其中承载状态为富余的区域共 4 个。承载状态为非常富余的县(市)共 4 个,其中非常富余度超过 30% 的为河曲县、保德县、宁武县。

忻州市各县(市、区)经济承载状态的数量结构总体变化较为稳定,14 县(市、区)全部为富余,近 9 年来的平均比例中富余为 10.3%,非常富余为 89.7%,见表 3-14。2012 年承载状态为富余的区域有 1 个,为忻府区,非常富余度为 23.5%;承载状态为非常富余的区域共 13 个,非常富余度较高的三位由高到低分别是岢岚县(77.0%)、神池县(75.7%)和静乐县(71.1%),非常富余度最低的为代县(2.6%)。保德县、河曲县虽然 GDP 是忻州市增长最快的区域,经济非常富余度也逐年下降,但是实际地区生产总值与相对资源综合经济承载力仍有一定差距。

表 3-14　忻州市不同人口、经济承载状态区域的数量和比例

承载类型	匹配	2004 年		2007 年		2010 年		2012 年	
		数量	比例（%）	数量（个）	比例（%）	数量（个）	比例（%）	数量（个）	比例（%）
人口承载状态	严重超载	3	21.4	2	14.3	2	14.3	1	7.1
	超载	5	35.7	5	35.7	4	28.6	5	35.7
	富余	2	14.3	3	21.4	4	28.6	4	28.6
	非常富余	4	28.6	4	28.6	4	28.6	4	28.6
经济承载状态	严重超载	0	0	0	0	0	0	0	0
	超载	0	0	0	0	0	0	0	0
	富余	2	14.3	1	7.1	2	14.3	1	7.1
	非常富余	12	85.7	13	92.9	12	85.7	13	92.9

3.4.2　相对资源承载力的空间差异

为了更清楚地看出各县(市、区)相对资源承载力在地理空间上的差异特点,将相对资源人口承载力与相对资源经济承载力按照区域进行组合。区域发展的情景判断匹配类型划分标准如下:相对资源人口承载力超载、经济承载力富余(A 区);相对资源人口承载力、经济承载力均为富余(B 区),见图 3-9。

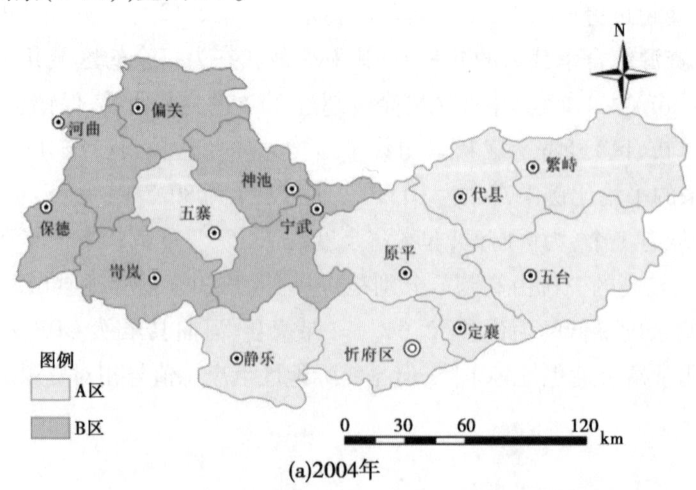

图 3-9　忻州市各县(市、区)相对资源承载力匹配类型空间分布

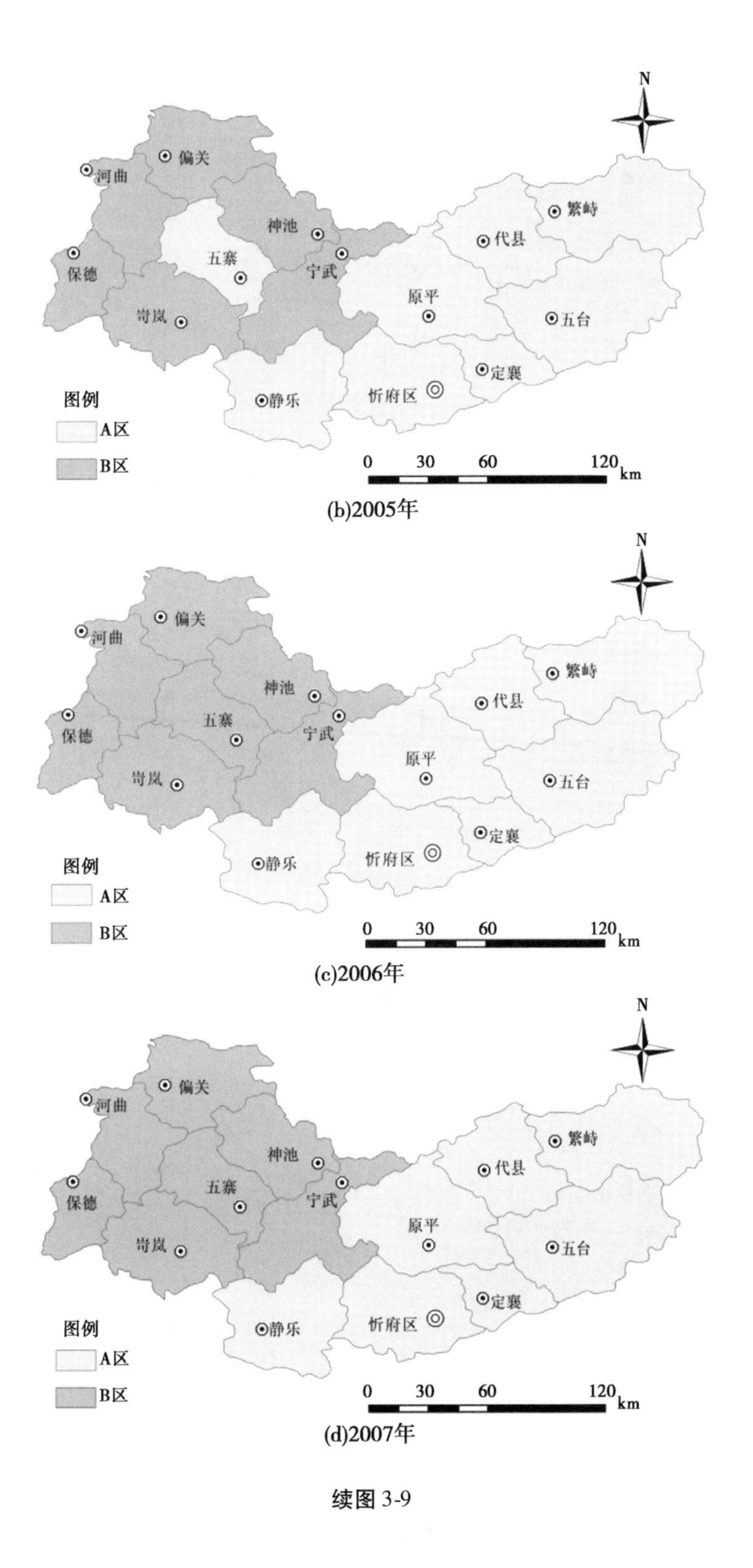
N
偏关
河曲
神池
五寨
宁武
保德
岢岚
繁峙
代县
原平
五台
定襄
静乐
忻府区
图例
A区
B区
0 30 60 120 km
(b)2005年
N
偏关
河曲
神池
五寨
宁武
保德
岢岚
繁峙
代县
原平
五台
定襄
静乐
忻府区
图例
A区
B区
0 30 60 120 km
(c)2006年
N
偏关
河曲
神池
五寨
宁武
保德
岢岚
繁峙
代县
原平
五台
定襄
静乐
忻府区
图例
A区
B区
0 30 60 120 km
(d)2007年

续图 3-9

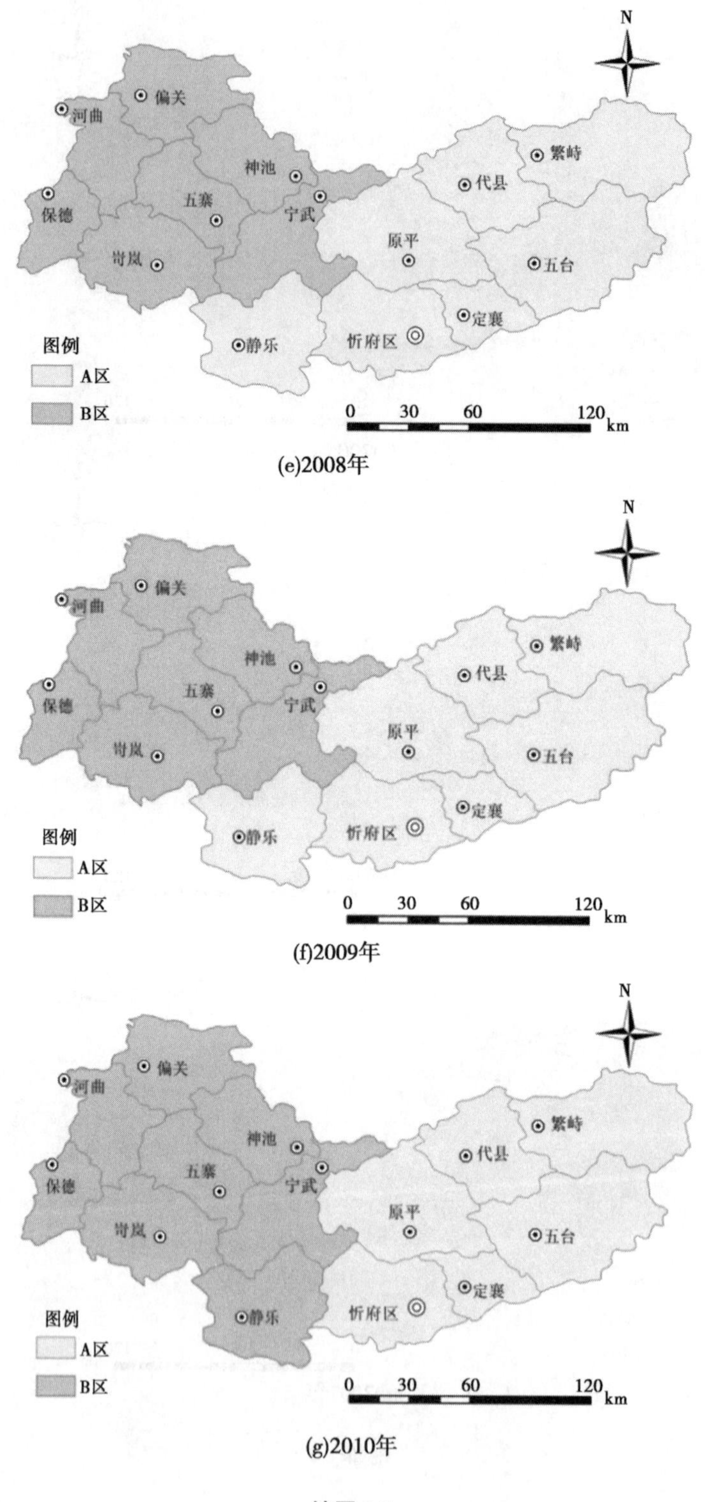

(e)2008年

(f)2009年

(g)2010年

续图 3-9

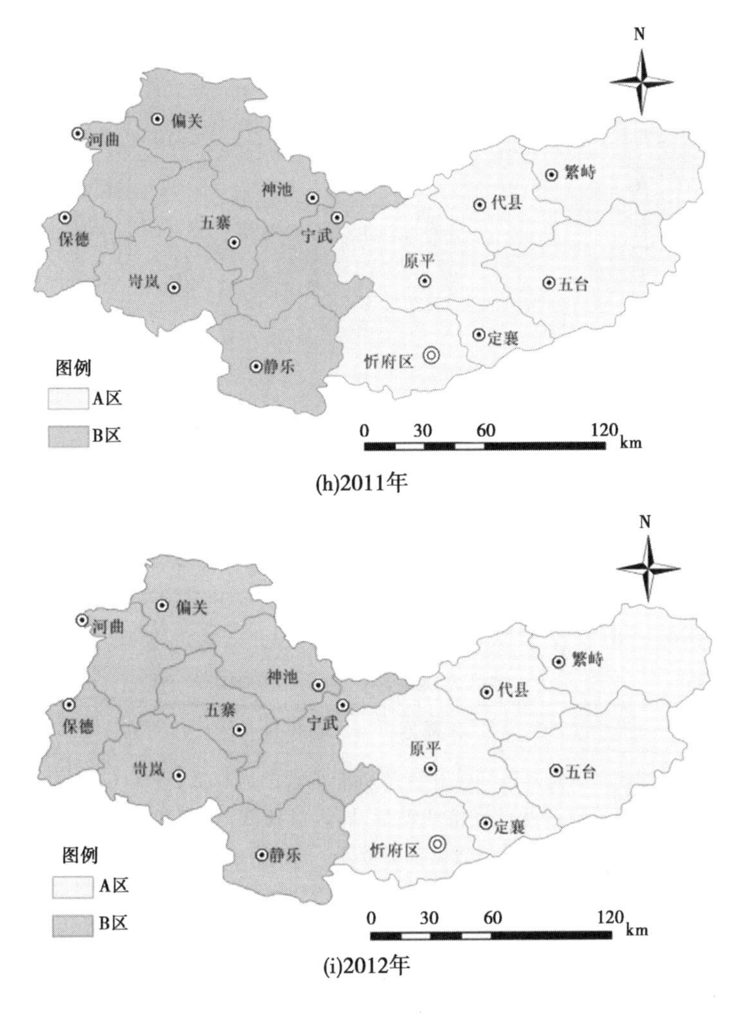

(h)2011年

(i)2012年

续图 3-9

从忻州市各县(市、区)的相对资源人口承载力与相对资源经济承载力的匹配组合分析,各县(市、区)的匹配类型空间差异显著,海河流域各县(市、区)为A类集聚区域,黄河流域各县为B类集聚区域,见表3-15,从2004~2012年忻州市各县(市、区)的匹配类型变化来看,静乐县和五寨县经历了由A类→B类的转变,表明其发展模式相对很不稳定。

表3-15　忻州市各县(市、区)相对资源承载力匹配类型动态演变

行政分区	年份									种类
	2004	2005	2006	2007	2008	2009	2010	2011	2012	
繁峙县	A	A	A	A	A	A	A	A	A	1
代县	A	A	A	A	A	A	A	A	A	1
原平市	A	A	A	A	A	A	A	A	A	1
忻府县	A	A	A	A	A	A	A	A	A	1
定襄县	A	A	A	A	A	A	A	A	A	1

续表 3-15

行政分区	年份									种类
	2004	2005	2006	2007	2008	2009	2010	2011	2012	
五台县	A	A	A	A	A	A	A	A	A	1
宁武县	B	B	B	B	B	B	B	B	B	1
静乐县	A	A	A	A	A	A	B	B	B	2
神池县	B	B	B	B	B	B	B	B	B	1
五寨县	A	A	B	B	B	B	B	B	B	2
岢岚县	B	B	B	B	B	B	B	B	B	1
偏关县	B	B	B	B	B	B	B	B	B	1
河曲县	B	B	B	B	B	B	B	B	B	1
保德县	B	B	B	B	B	B	B	B	B	1

A、B 区主体功能定位见表 3-16。

表 3-16　地区发展条件评价及其主体功能定位

本底特征	解释分析与应对措施	主体功能定位
$P > C_{sp}, G < C_{sg}$ （A 区）	说明该地区现实人口大于资源所能承载的人口数，现实 GDP 值又小于资源所能承载的经济活动量，即人口超载，经济富余。因此，该地区的经济密度比人口密度压力要小，产业结构较为落后，基本以第一、第二产业为主，单位 GDP 所需要的劳动力较多且消耗的资源量较大。在后一阶段应以提升产业结构，提高经济资源的人口吸纳能力，降低单位 GDP 产值所占用的资源并辅以适度的人口流出措施为主	重点开发区
$P < C_{sp}, G < C_{sg}$ （B 区）	说明该地区现实人口小于资源所能承载的人口数，现实 GDP 值也小于资源所能承载的经济活动量，即人口和经济都处于富余状态。因此，该地区的人口密度、经济密度压力都比较小。在生态环境较强的区域应该着重开发，成为新的经济和人口集聚高地。而在生态环境较弱的区域应以保护为主，适度开发	重点或限制开发区

A 类区域相对于山西省人口承载力超载，GDP 承载力富余，经济发展相对不足。A 类区域为忻州市的重点开发区域。研究发现 A 类区域产业结构较为单一，产业发展水平较为落后，县域经济对人口的吸纳能力有限，并且单位 GDP 消耗大量的自然资源（见表 3-16），水土资源利用效率较低。今后应重视产业结构优化升级，提高资源开发利用效率，促进经济快速发展，在保护生态的前提下不断提升经济资源的人口吸纳能力，并辅以适度的外出务工、劳动力转移等人口流出措施。依据主体功能区划与生态环境脆弱类型分区，将忻府区列为重点开发区——太原城市群；代县、原平市、定襄县列为省级农产主产区——滹沱河河谷盆地农业生态功能区，繁峙县、五台县为省级重点生态功能区——五台山自然与文化遗产保护及水源涵养生态功能区。

B 类区域人口承载力、经济承载力相对于山西省重富余，该区域自然资源相对丰富，优势资源的牵引效应未能充分发挥，经济发展相对于资源丰度严重不足，今后应有计划地、科学地逐步开发。各县人口压力相对较小，并且土地资源相对丰富，今后应重点提升土地资源的开发利用程度，不断提高土地资源的经济效益，培育区域经济增长中心，提升其经济辐射能力和人口吸纳能力。保德县、河曲县、宁武县煤炭资源相对丰富，依托“煤炭基地”建设，煤炭资源开发和工业园区建设使这些县的工业经济取得长足的发展，带动了忻州全市的经济快速发展。依据主体功能区划与生态环境脆弱类型分区，见图 3-10 和图 3-11，将该区域全部列为限制开发区，河曲县、保德县、偏关县、神池县、五寨县、岢岚县为国家重点生态功能区——黄土高原丘陵沟壑水土保持生态功能区，宁武县、静乐县列为省级重点生态功能区——芦芽山管涔山水源涵养与生物多样性保护生态功能区。

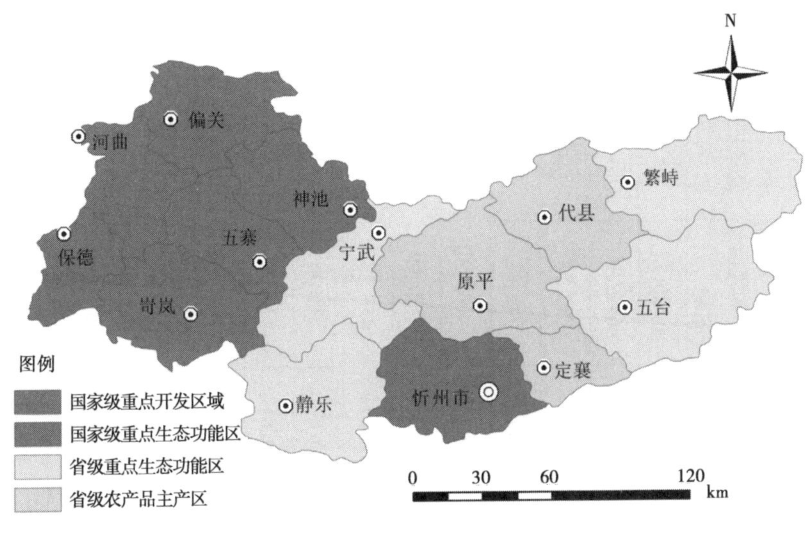

图 3-10 忻州市主体功能区划分

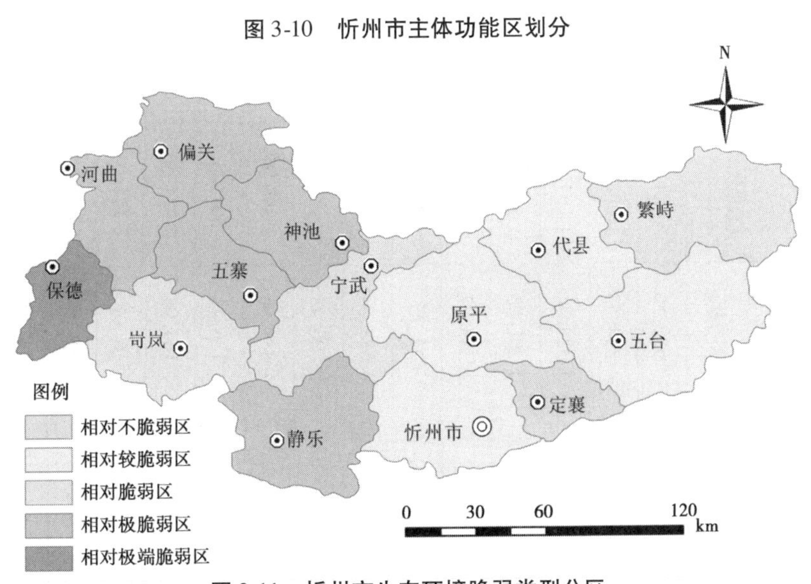

图 3-11 忻州市生态环境脆弱类型分区

注：根据山西省资源与可持续发展地图集整理

忻州市土地整治潜力见表 3-17。

表 3-17　忻州市土地整治潜力汇总

（单位：hm^2）

县（市、区）	农用地整理		农村建设用地整理			城镇工矿建设用地整理	土地复垦		宜耕后备土地资源开发	
	整理规模	可补充耕地面积	整理规模	可减少建设用地面积	可补充耕地面积	整理规模	复垦规模	可补充耕地面积	开发规模	可补充耕地面积
忻府区	78 036.84	3 530.56	5 401.67	5 401.67	2 316.30	1 526.17	270.31	120.54	10 397.89	4 061.44
定襄县	39 448.17	1 334.53	1 802.67	1 802.67	845.08	641.39	84.15	39.54	3 314.26	1 929.71
五台县	43 483.52	1 329.31	1 787.08	1 787.08	951.60	792.38	321.87	154.90	20 569.58	9 980.53
代县	33 355.04	1 201.93	1 878.96	1 878.96	850.25	740.41	553.32	231.92	17 547.48	7 344.06
繁峙县	64 410.77	2 343.27	3 166.06	3 166.06	1 334.08	1 040.66	420.24	151.98	13 875.38	6 573.51
宁武县	43 610.44	622.25	538.90	538.90	328.28	1 526.69	654.58	341.52	3 311.13	1 441.10
静乐县	60 133.90	1 628.84	1 212.73	1 212.73	470.47	435.73	63.98	27.44	11 740.97	6 134.14
神池县	73 453.25	2 300.43	725.41	725.41	296.67	341.46	30.67	14.77	7 070.43	3 667.51
五寨县	60 119.38	1 889.66	1 395.32	1 395.32	590.84	420.35	58.16	23.36	4 251.83	2 588.31
岢岚县	43 144.39	1 136.21	504.23	504.23	152.31	245.01	35.08	16.58	9 444.32	5 315.68
河曲县	43 669.32	1 164.95	2 374.56	2 374.56	1 110.62	618.16	82.84	34.02	7 970.46	3 534.74
保德县	32 776.76	516.14	2 244.02	2 244.02	1 030.81	556.63	22.05	8.98	5 217.98	2 712.81
偏关县	44 951.50	1 091.57	1 616.67	1 616.67	648.12	454.28	48.94	19.71	8 767.82	5 224.95
原平市	86 920.31	2 600.25	2 941.25	2 941.25	1 466.17	1 641.54	940.61	506.35	16 022.85	6 809.37
合计	747 513.59	22 689.90	27 589.53	27 589.53	12 391.60	10 980.86	3 586.80	1 691.61	139 502.38	67 317.86

注：资料来源于忻州市土地整治规划（2011～2015年）。

3.5 忻州市可持续发展能力评价

可持续发展能力的评估，是一套具有描述、分析、预测等功能的可持续发展定量评估指标体系。该体系分为总体层、系统层、状态层、变量层和要素层五个等级。在系统层中，包括可持续发展系统、发展支持系统、环境支持系统、社会支持系统、智力支持系统。该层面主要揭示各子系统的运行状态和发展趋势。

马子清主编的《山西省可持续发展战略研究报告》，利用上述评估体系根据 2001 年忻州市各县（市、区）的数据，获得了山西省的可持续发展能力总体评价。其中，忻州市可持续发展能力评价见图 3-12。

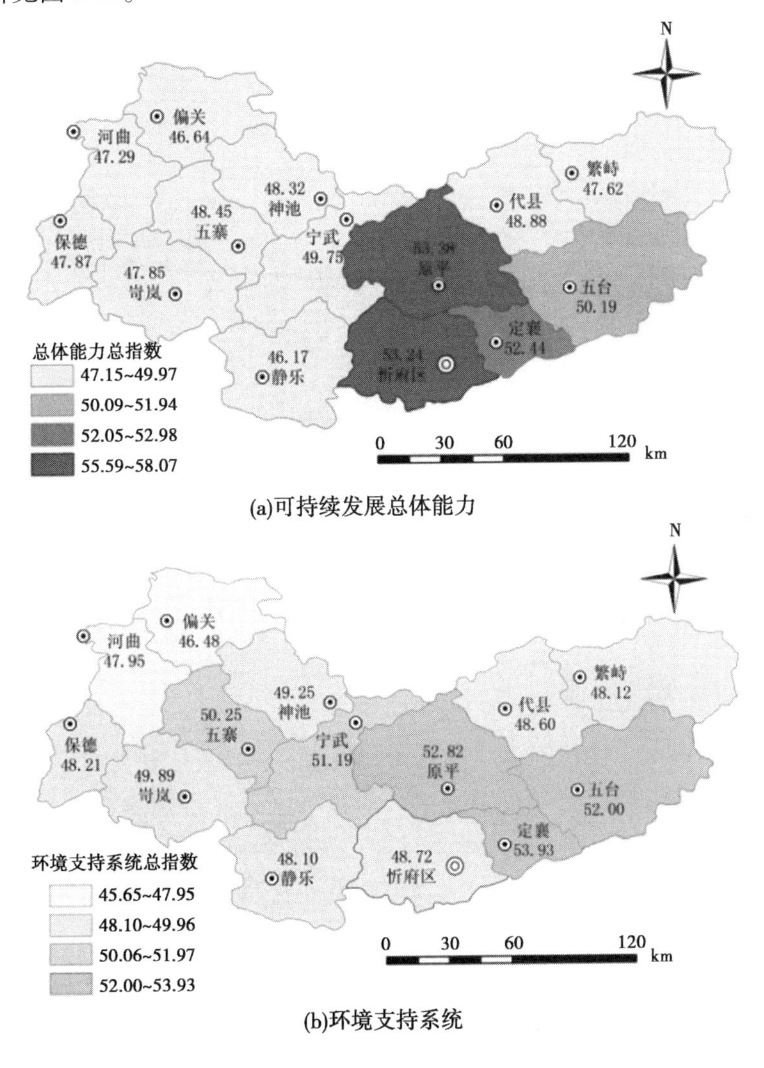

(a)可持续发展总体能力

(b)环境支持系统

图 3-12 忻州市可持续发展能力评价

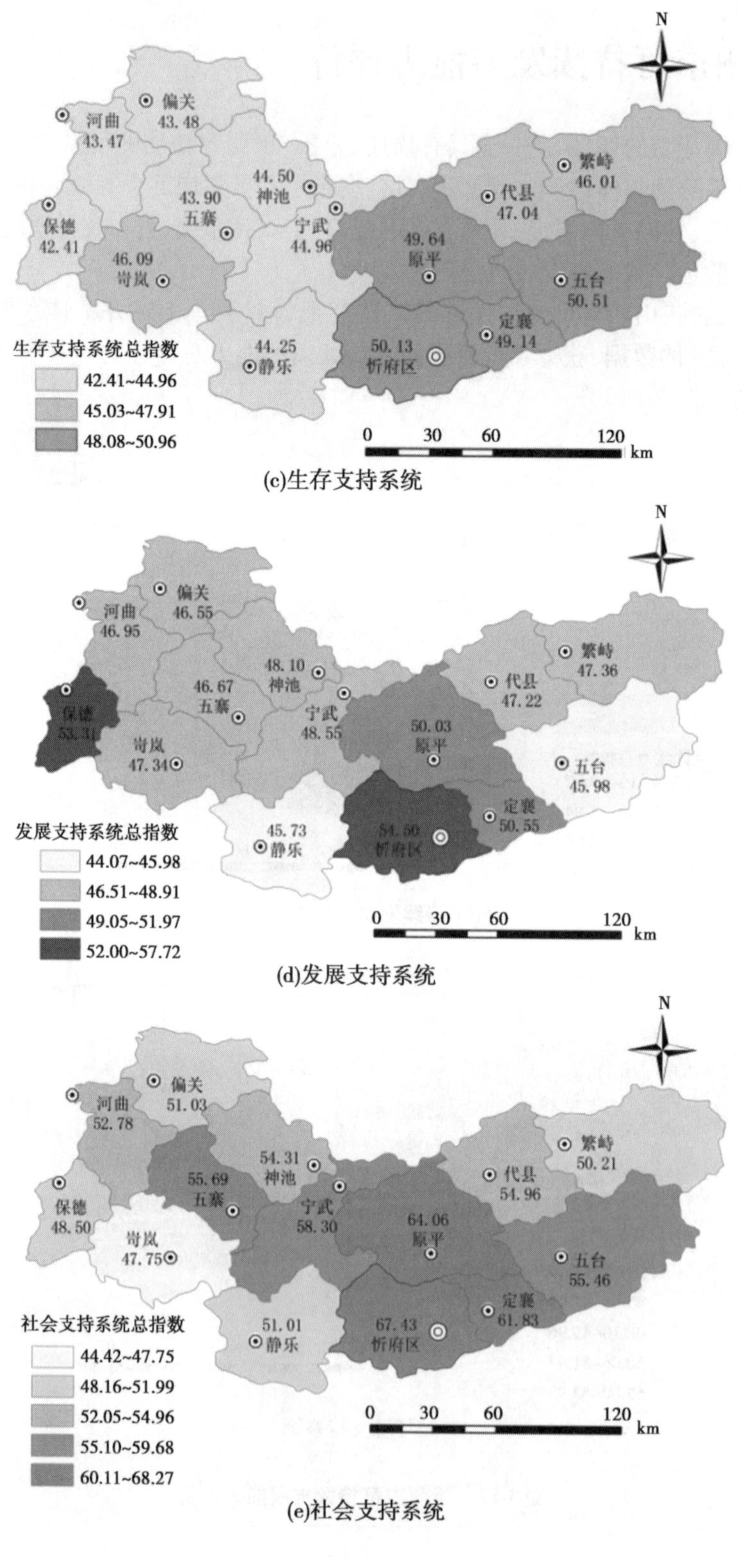

(c)生存支持系统

(d)发展支持系统

(e)社会支持系统

续图 3-12

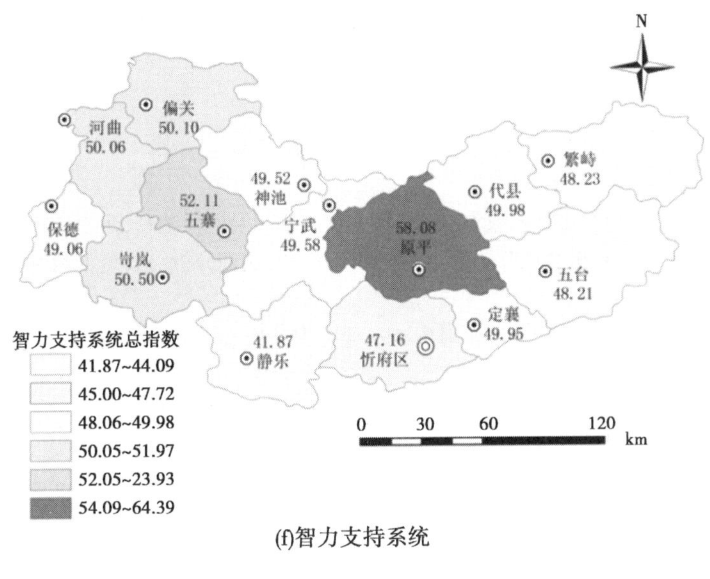

(f)智力支持系统

续图 3-12

3.6 本章小节

相对资源承载力测度方法的核心思想是以比研究区更大的一个或数个区域作为对比参照区,根据参照区人均资源拥有量和消费量,以目标区域的资源状况为参数,计算出各类资源的相对承载力。相对于单独考虑自然、经济或社会制约的承载力,有机地考虑综合承载力研究层次要高。模型的改进,使得其理论体系上更加科学合理,实证结果更加准确。

采用改进后的相对资源承载力模型测算了 1995 ~ 2013 年忻州市的相对资源人口承载力和相对资源经济承载力,并探讨了全市 14 个县(市、区)相对资源承载力的演变规律及空间差异。模型改进工作主要体现在增加了水资源承载力与能源承载力,并运用优势资源牵引效应及劣势资源束缚效应,克服了原模型中权重的主观任意取值。结果显示:

(1)以全国为参照区,能源和土地资源是忻州相比于全国的可持续发展优势资源,水资源和经济资源是制约忻州市人口发展的劣势资源。以山西省为参照区,土地资源和水资源是忻州市可持续发展的优势资源,而经济资源与能源为劣势资源。1995 ~ 2013 年忻州市的人口承载状态总体呈从富余到超载,再到富余,以 2001 ~ 2003 年为界限。经济承载状态处于非常富余状态;2004 ~ 2012 年 14 个县(市、区)的相对资源人口承载力和相对资源经济承载力空间差异显著。农业发展、煤炭产业与区位条件成为影响相对资源人口承载力和经济承载力的驱动力。

(2)忻州市各县(市、区)人口承载状态的数量结构总体变化较为稳定,基本表现为富余比例与超载比例基本持平,保持严重超载: 超载: 富余: 非常富余的平均比例为15.9: 34.9: 22.2: 27.0。同时,经济承载状态的数量结构总体变化较为稳定,14 个县(市、区)全部为富余,近 9 年来的平均比例富余为 10.3% ,非常富余为 89.7% 。从忻州市各县(市、区)的相对资源人口承载力与相对资源经济承载力的匹配组合分析,各县(市、区)的匹配类型空间差异显著,海河流域大部分县(市、区)为全市重点开发区域,黄河流域大部分县为限制开发区。从 2004 ~2012 年各县(市、区)的匹配类型变化来看,静乐县和五寨县经历了上述 2 类转变,发展模式相对不稳定,同时提出了不同区域的发展策略。

参考文献

[1] 黄宁生,匡耀求. 广东相对资源承载力与可持续发展问题[J]. 经济地理,2000,20(2):52-56.

[2] 李泽红,董锁成,汤尚颖. 相对资源承载力模型的改进及其实证分析[J]. 资源科学,2008,30(9):1336-1342.

[3] 汪菲,杨德刚,王长建,等. 基于改进相对资源承载力模型的天山北坡可持续发展研究[J]. 干旱区研究,2013,30(6):1073-1080.

[4] 王长建,杜宏茹,张小雷,等. 塔里木流域相对资源承载力研究[J]. 生态学报,2015,35(9):1-19.

[5] 黄常锋,何伦志. 相对资源承载力模型的改进及其实证分析[J]. 资源科学,2011,33(1):41-49.

[6] 黄常锋,何伦志. 相对资源承载力模型的改进及其应用[J]. 中国环境科学,2012,32(1):366-372.

[7] 黄常锋,何伦志,刘凌. 基于相对资源承载力模型的研究[J]. 经济地理,2010,30(10):1612-1618.

[8] 黄常锋. 相对资源承载力模型的改进及其实证研究[D]. 乌鲁木齐:新疆大学,2012.

[9] 朱明明,赵明华. 基于相对资源承载力的山东省主体功能区划分[J]. 水土保持通报,2012,32(4):237-241.

[10] 傅鼎,宋世杰. 基于相对资源承载力的青岛市主体功能区区划[J]. 中国人口资源与环境,2011,21(4):148-152.

[11] 翟腾腾,郭杰,欧名豪. 基于相对资源承载力的江苏省建设用地管制分区研究[J]. 中国人口资源与环境,2014,24(2):69-75.

[12] 尤利平. 基于相对资源承载力的河南省经济发展研究[J]. 现代商业,2014(21):162-163.

[13] 马随随,朱传耿,仇方道. 基于相对资源承载力模型的苏北五市发展条件评价[J]. 现代城市研究,2012,27(6):32-37.

[14] 顾学明,王世鹏. 基于突变级数法的北京市相对资源承载力评价研究[J]. 资源与产业,2011,13(3):61-65.

[15] 山西省地图集编纂委员会. 山西省资源与可持续发展地图集[M]. 长沙:湖南地图出版社,2008.

[16] 赵鹏宇,郭劲松,崔嫱,等. 忻州市相对资源承载力的时空动态变化[J]. 水土保持研究,2017,24(2):341-347.

[17] 赵鹏宇,刘晓东,步秀芹,等. 忻州市相对资源承载力的空间结构差异——基于相对资源承载力模型的改进[J]. 资源与产业,2017,19(3):60-66.

第4章　忻州市生态足迹与生态承载力时空动态变化

4.1　研究方法与数据处理

4.1.1　研究方法

生态足迹是指用于生产区域人口消费的所有资源和吸纳区域产生的所有废弃物所需要的生物生产性土地总面积,其前提假设为:①各类土地在空间上互斥,即各类土地作用类型单一,不能同时发挥多种功能。②可以确定区域内消耗的资源、能源和产生废弃物的数量,并可折算为生物生产性土地的面积。

生态足迹计算的一般公式可表示为

$$EF = Nef = N \cdot \sum (r_i c_i / p_i) \tag{4-1}$$

式中:i 为消费商品类别;p_i 为第 i 种消费商品的平均生产能力;c_i 为第 i 种商品的人均消费量;r_i 为均衡因子;N 为人口数;ef 为人均生态足迹;EF 为总生态足迹。

生态承载力是指区域所能提供给人类的生物生产性土地的面积总和。计算公式为:

$$EC = Nec = N \cdot \sum (a_i r_i y_i) \tag{4-2}$$

式中:a_i 为人均生物生产面积;r_i 为均衡因子;y_i 为产量因子;N 为人口数;ec 为人均生态承载力;EC 为生态承载力总量。

生态盈亏 ed 是指生态足迹和生态承载力之差。计算公式为

$$ed = ec - ef \tag{4-3}$$

式中,当 $ed<0$ 时,显示为生态赤字,表明生态环境已超载;反之,则为生态盈余。

由此判断区域发展是否处于生态承载力范围之内。

生态压力指数 Epi 以“自然—经济—社会”复合生态系统的容纳量作为参照点,反映人类活动对生态系统的干扰强度,计算公式为

$$Epi = ef/ec \tag{4-4}$$

当 $Epi<1$ 时,表明人类活动的干扰强度还未超过特定条件下区域生态系统的自反馈阈值,生态安全仍有保障;反之,将影响生态系统平衡。生态压力指数越大,干扰生态系统平衡的强度越大,对生态安全的威胁也越大。若 Epi 长期居高不下,将导致生态系统崩溃。

万元 GDP 生态足迹是计算区域每单位末端产出耗费的各种资源折算生物生产性土地面积的指标,反映经济发展对土地资源利用率、经济增长和技术进步对可持续发展的影响。该指标越大,区域系统资源的利用率越低;反之,则说明利用率越高。

万元 GDP 生态足迹计算公式为

$$\text{万元 GDP 生态足迹} = EF/GDP \tag{4-5}$$

生态足迹多样性指数描述区域内各种消费所需生物生产性土地面积的均衡程度,通过 Shannon-Weaver 公式计算:

$$H = -\sum(p_i \times lnp_i) \tag{4-6}$$

式中:H 为生态足迹多样性指数;p_i 为第 i 类土地类型在生态足迹中的比例;lnp_i 为第 i 类土地类型在生态足迹中的分配状况。

H 值越大,表明区域内生态足迹分配越平等;反之,则表明区域内土地类型单一或比例失调,生态系统处于不稳定状态。

按照 Ulanowicz 的方法,发展能力指数 C 的计算公式为

$$C = ef \times H = ef \times [-\sum(p_i \times lnp_i)] \tag{4-7}$$

可持续发展能力与生态赤字、万元 GDP 生态足迹、生态足迹多样性指数、发展能力指数等密切相关,其中生态足迹多样性指数、发展能力指数同可持续发展能力正相关,生态赤字、万元 GDP 生态足迹则同可持续发展能力负相关。

4.1.2 模型修正及数据处理

4.1.2.1 模型修正

模型主要在以下几个方面进行了修正。

1.生态足迹中加入污染排放账户

现有研究通常计算区域内消费引致的生态足迹,未将产生的污染物及为治理污染所占用的生态足迹纳入其中。根据刘乐冕提出的办法,将生态足迹账户扩展为耕地、草地、林地、水域、化石能源地、建筑用地和污染吸纳地 7 种类型,分别从废水、废气、固体废弃物等排放量计算污染直接或间接占用土地的生态足迹。

2.生态足迹与生态承载力中加入水资源账户

1)水资源生态足迹

生物生产仅仅是水域的一个功能,水资源在社会系统和自然系统中发挥着重要的作用。水资源生态足迹的意义可以表述为人类在生活生产中消耗水资源的过程。因此,水资源生态足迹的计算方法就是将消耗的水资源量转化为相应账户的生产面积——水资源用地面积,然后对其进行均衡化,最终得到可用于全球范围内不同地区可以相互比较的均衡值。因此,水资源生态足迹可以表示为

$$EF_w = N \cdot ef_w = r_{iw} \cdot (W/p) \tag{4-8}$$

式中:EF_w 为水资源总生态足迹;N 为人口数;ef_w 为人均水资源生态足迹;r_{iw} 为水资源全球均衡因子;W 为消耗的水资源量;p 为水资源全球平均生产能力。

2)水资源生态承载力

水资源生态承载力可认为是某一区域在某一具体历史发展阶段,水资源最大供给量可供支持该区域资源、环境和社会(生态、生产和生活)可持续发展的能力。具体可表述为:某一区域在具体的发展阶段,考虑当前科技、文化、体制的影响,在当前的管理技术条件下,水资源对生态系统和经济系统良性发展的支撑能力。一个地区的地下水资源和地表水资源扣除重复计算量后即为该地区的水资源总量。但是根据专家研究的结果,一个国家或地区的水资源开发利用率若超过 30%~40%,则可能引起生态环境的恶化,因此一个国家和地区的

水资源承载力中必须至少扣除60%用于维持生态环境，因此在水资源承载力的计算中必须按上述原则扣除维持生态环境的水资源量。综上所述水资源承载力公式可表示为

$$EC_w = N \cdot ec_w = 0.4 \cdot r_{wi} \cdot y_{iw} \cdot Q/p \tag{4-9}$$

式中：EC_w 为水资源承载力；N 为人口数；ec_w 为人均水资源承载力；r_{wi} 为水资源均衡因子；y_{iw} 为水资源产量因子；Q 为水资源总量；p 为水资源全球平均生产能力。

3.修正均衡因子以减少误差

从表4-1可知，6类均衡因子40多年的变动幅度不大，为此选取各因子均值用于计算，即耕地和建设用地2.34，林地和化石能源用地1.64，草地0.48，水域0.32。此外，假定吸纳污染的土地为生物生产能力较差的土地，将其均衡因子设定为1.0。对表4-1需要说明的是，1961~1996年以及2004年的数据来源于生态足迹提出者Wackernagel的研究成果。1999年、2001年和2003年的数据来源于由世界自然基金会（Word wide Fund for Nature or World wild life Fund，WWF）组织，伦敦动物协会（Zoological Society of London）、全球足迹网络（Global Footprint Network，GFN）与水足迹网络（Water Footprint Network）参与共同编纂、发布的《地球生命力报告》（2000，2002，2004）。2005年与2006年的数据来源于WWF发布的《中国生态足迹与可持续消费研究报告》。2007年的数据来自GFN2010年发布的《生态足迹图集》（Ecological Footprint Atlas）。

表4-1 各类生产性土地均衡因子汇总

年份	耕地	林地	草地	水域	建筑用地	化石能源用地	资料来源
1961	2.23	2.23	0.50	0.35	2.23	2.23	Wackernagel
1971	2.23	2.23	0.49	0.35	2.23	2.23	Wackernagel
1981	2.23	2.22	0.48	0.35	2.23	2.22	Wackernagel
1991	2.22	2.17	0.47	0.36	2.22	2.17	Wackernagel
1993	2.82	1.14	0.54	0.22	2.82	1.14	Wackernagel
1996	3.16	1.78	0.39	0.06	3.16	1.78	Wackernagel
1999	2.11	1.35	0.47	0.35	2.11	1.35	Living Planet Report 2000
2001	2.19	1.38	0.48	0.36	2.19	1.38	Living Planet Report 2002
2003	2.17	1.35	0.47	0.35	2.17	1.35	Living Planet Report 2004
2004	2.19	1.48	0.48	0.36	2.19	1.48	Wackernagel
2005	2.17	1.37	0.48	0.35	2.17	1.37	WWF
2006	2.21	1.34	0.49	0.36	2.21	1.34	WWF
2007	2.51	1.26	0.46	0.37	2.51	1.26	GFN
均值	2.34	1.64	0.48	0.32	2.34	1.64	本书采用值

4.1.2.2 数据来源与处理

研究数据来源于《忻州统计年鉴(2008—2014)》《忻州国民经济和社会发展统计公报(2008—2013)》《忻州市环境状况公报(2009—2013)》《忻州市水资源公报(2004—2014)》以及忻州市国土资源局提供的土地利用变更数据(2008—2013)资料。部分数据经过计算处理并在文中注明。为统一数据统计口径,采用忻州市农作物产量替代农产品的消费量。

1.生物账户全球平均产量表的处理

计算一个国家或地区的生态足迹必须使用生物账户全球平均产量这一关键参数。现有文献中生物账户的科目不尽相同,相同科目的账户数据也存在差异。采用生物账户全球平均产量便于不同国家、地区间的比较。国内文献提及的全球平均产量的数据皆来源于1993年联合国粮食及农业组织(Food and Agriculture Organization of the United Nations,FAO)的统计。生物账户全球平均产量表由Wackernagel等在测算1993年意大利平均生态足迹时提出,也有源于《国际统计年鉴》计算的。我国学者谢鸿宇对中国主要农产品全球平均产量进行了更新计算。本书在收集1999~2009年FAO统计年鉴的基础上,计算了部分生物产量,具体见表4-2,由此发现个别类别结果差异较大。

表4-2 忻州市生物账户全球平均产量 (单位:kg/hm²)

分类	1993年 Wackernagel 测算	2008年 谢鸿宇 测算	1999~2009年 FAO计算 平均值	分类	1993年 Wackernagel 测算	2008年 谢鸿宇 等测算	1999~2009年 FAO计算 平均值
稻谷	2 744	3 946	3 356	红枣	3 500	—	7 242
小麦	2 744	2 790	3 356	柿子	3 500	—	7 242
玉米	2 744	4 586	3 356	桃	3 500	—	7 242
谷子	2 744	—	3 356	猪肉	74	—	—
高粱	2 744	1 326	3 356	羊肉	33	2.5*	—
豆类	1 856	2 302	848	牛肉	33	12.5*	—
薯类	12 607	—	13 597	禽肉	764	—	—
油料	1 856	736	572	兔肉	15	—	—
蔬菜	18 000	16 927	17 095	奶类	502	104*	—
核桃	—	2 322	—	禽蛋	400	—	—
花椒	—	—	—	羊毛	15	2.3*	—
苹果	3 500	23 019	7 242	羊绒	—	—	—
梨	3 500	—	7 242	水产	29	3 264*	—
葡萄	3 500	8 524	7 242	蜂蜜	50	—	—

注:*为部分数据计算,无法比较;—为无数据。

在忻州统计年鉴上查阅各项生物账户年产量,农产品主要包括稻谷、小麦、玉米、谷子、高粱、大豆、马铃薯、油料、蔬菜;林产品主要有核桃、花椒、水果(根据果树的生长形态将水果归入林产品),其中水果主要有苹果、梨、葡萄、红枣、柿子、桃、沙果;畜产品主要有猪肉、牛肉、羊肉、禽肉、兔肉、奶类、禽蛋、羊毛、羊绒、水产、蜂蜜等科目,由于水果中的沙果、畜产品中的驴肉产量甚微，在此忽略不计，最终将总科目调整为 28 个。本书确定忻州生物账户全球平均产量的原则为：为了与同类研究成果相比较，以及数据的完整性，主要采用 1993 年 Wackernagel 等提出的全球平均产量。发现核桃、花椒和羊绒 3 个科目无法归类，为此，采用如下方法估算全球平均产量：核桃直接采用谢鸿宇等测算结果，取 2 322 kg/hm^2；商务部特办资讯资料显示，我国花椒产量世界领先，采用杨屹计算陕西生态足迹时计算结果，花椒全球平均产量为 385 kg/hm^2。由于羊绒产量较少，认为其产量与羊毛相同。

在消费项目划分以及其所对应的用地类型方面，国内研究主要出现以下两个方面的差异：一是消费项目类型选取的种类数量不同，二是某些消费项目对应的用地类型不同。消费项目选取的种类数量不一致主要是从资料获取的难易、数据的可信度等方面考虑，而纳入生态足迹的消费，项目种类数量不同，则生态足迹计算结果将肯定不同。消费项目对应的用地类型不同主要体现在肉类、水果等消费品上。一些学者认为，肉类特别是猪肉的用地类型是耕地，大部分学者则将猪肉的用地类型划归为草地。水果用地类型则主要出现耕地和林地两类，以林地为主。考虑到忻州市的具体情况，猪肉主要由规模化饲养厂生产，饲料来源以本地玉米为主，若将其用地类型归为耕地，则存在较大程度的重复计算，因此将猪肉的用地类型划归为草地。将水果用地划分为林地原因有以下两点：一是本地果园林木生态功能各方面与林地相似，二是退耕还林工程的实施，退耕地变成经济果林，按林地算。在生态承载力计算中也将园地并入林地，一并计算。

2.能源账户数据处理

忻州市能源消费主要包括煤炭、焦炭、天然气、汽油、柴油及社会电力等，共 6 个消费项目。利用全球单位化石能源土地面积的平均发热量将其转化为化石能源土地面积，具体为①天然气折算系数单位是 GJ/万 m^3；②电力折算系数单位是 GJ/万 kW · h，电力千瓦时与热量折算系数是根据每千瓦时耗煤 397 g，再根据每克煤发热量换算。

3.污染排放账户处理

废水和废气的生态足迹分别指用于处理废水、大气污染物使之达到排放标准所占用的生物生产性土地面积。根据湿地消纳污水的生态功能，居民生活污水排放占用湿地面积以 365 t/hm^2 的标准进行换算。工业废水比生活污水成分复杂得多，处理难度大，但考虑到计算的可行性，将工业废水视同生活污水处理。

计算废气生态足迹时，将其转换为吸收大气污染物所需的林地面积，并按照阔叶林对 SO_2 的平均吸收能力 88.65 kg/hm^2、对烟尘和粉尘的滞尘能力 10.11 t/hm^2 的标准换算。

固体废弃物的生态足迹包括处理废弃物占用的土地面积和未处理废弃物对生物生产性土地的破坏。处理固体废弃物方法主要是填埋和堆放，按照单位土地面积可堆积固体废弃物 10.19 万 t/hm^2 的标准换算。

4.水资源账户处理

其中，均衡因子考虑到全球平均土地生物生产量一定，全球单位面积生物的含水量也就一定，再加上全球单位面积水资源生产量一定，因此可以认为全球单位面积生产的水资源量正好转化为全球单位面积的生物量。根据均衡因子和水资源用地生态性生产力的定义，取水资源的均衡因子为 1.0。而水资源全球平均生产能力为 3 140 m^3/hm^2。水资源产量因子根据文献取山西省的平均水平，其值为 2.45。

5.生态承载力数据处理

本书生态承载力采用面积转换法,利用忻州市 2008~2013 年数据计算。根据生态足迹的土地类型,需要对忻州市的耕地、水域、林地、草地、化石能源用地、建设用地面积进行转换。耕地以忻州市农村土地利用现状二级分类面积为准。耕地包括水田、水浇地、旱地。林地包括有林地、灌木林地、其他有林地,同时将园地归为林地。草地包括天然牧草、人工牧草、其他草地。

6.产量因子

我国目前采用的产量因子分别为:耕地、建筑用地为 1.66,林地为 0.91,草地为 0.19,水域为 1.00,化石原料用地为 0。

4.2 现状年忻州市生态足迹和承载力

以"十二五"中期 2013 年为现状年,分析忻州市生态足迹、生态承载力、生态盈亏与压力指数,以及可持续发展能力。

4.2.1 生态足迹

由表 4-3 可知,农产品耕地生态足迹排在前三位的分别为玉米、豆类、谷子,而小麦、稻谷最小,这与该地区种植结构密切相关,忻州市粮食产销在总量上平衡有余,但产粗吃细,玉米和杂粮有余,小麦、大米、食用油严重不足。全市粮食年产量约为 12.5 亿 kg 左右,其中玉米 9 亿 kg,小杂粮 3.5 亿 kg,绝大部分需外销。年粮食消费量在 5 亿 kg 左右,其中面粉 3 亿 kg,大米 1 亿 kg,其他 1 亿 kg,绝大多数需从外地购进。忻州市是典型的粗粮主产区,细粮主销区。林产品中该地区基本无用材林,产品主要为水果,其中以梨、苹果、红枣生态足迹较大,梨与苹果在全市各县(市、区)均有种植,以原平酥梨出名;红枣主要分布在黄河沿线的保德县、河曲县,以保德油枣最为有名。牧草地动物产品中以牛肉、猪肉生态足迹较大,畜牧业发展主要集中在忻定盆地各县。水产品类型单一,主要以水库、塘坝淡水养殖为主,无淡水捕捞。

表 4-3 2013 年忻州市生态足迹计算中的生物资源项目

类别	生物资源	全球平均产量 (kg/hm²)	生产量 (万 t)	人口 (万人)	人均需求面积 (hm²/人)	生产性土地类型
农产品	稻谷	2 744	0.26	311.44	0.000 3	耕地
	小麦	2 744	0.11	311.44	0.000 1	耕地
	玉米	2 744	132.54	311.44	0.155 1	耕地
	谷子	2 744	8.06	311.44	0.009 4	耕地
	高粱	2 744	0.79	311.44	0.000 9	耕地
	豆类	1 856	6.82	311.44	0.011 8	耕地
	薯类	12 607	13.46	311.44	0.003 4	耕地
	油料	1 856	4.69	311.44	0.008 1	耕地
	蔬菜	18 000	30.02	311.44	0.005 4	耕地

续表 4-3

类别	生物资源	全球平均产量（kg/hm^2）	生产量（万 t）	人口（万人）	人均需求面积（hm^2/人）	生产性土地类型
林产品	核桃	2 322	0.14	311.44	0.000 2	林地
	花椒	385	0.02	311.44	0.000 1	林地
	苹果	3 500	3.60	311.44	0.003 3	林地
	梨	3 500	7.33	311.44	0.006 7	林地
	葡萄	3 500	0.40	311.44	0.000 4	林地
	红枣	3 500	2.71	311.44	0.002 5	林地
	柿子	3 500	0.13	311.44	0.000 1	林地
	桃	3 500	0.24	311.44	0.000 2	林地
动物产品	猪肉	74	5.64	311.44	0.244 7	牧草地
	羊肉	33	0.71	311.44	0.069 4	牧草地
	牛肉	33	3.03	311.44	0.294 6	牧草地
	禽肉	764	0.49	311.44	0.002 1	牧草地
	兔肉	15	0.04	311.44	0.007 5	牧草地
	奶类	502	5.52	311.44	0.035 3	牧草地
	禽蛋	400	5.47	311.44	0.043 9	牧草地
	羊毛	15	0.17	311.44	0.037 4	牧草地
	羊绒	15	0.03	311.44	0.006 7	牧草地
	蜂蜜	50	0.01	311.44	0.000 7	牧草地
水产品	水产	29	0.25	311.44	0.027 7	水域

注：生产量、人口数据来源于《2013 年忻州市区统计年鉴》。

由表 4-4 可知，忻州市能源用地生态足迹几乎以煤炭为主，其生态足迹占能源的 99.3%。原煤主要类别为一般烟煤，主要用于工业生产。汽油消费中工业消费跟非工业消费各占一半，柴油消费、天然气消费、电力消费主要为工业生产消费。

表 4-4　2013 年忻州市生态足迹计算中的能源消费项目

能源	全球能源足迹（GJ/hm^2）	折算系数（GJ/t）	消费量（t）	人口（万人）	人均消费量（t）	人均需求面积（hm^2/人）	类型
煤	55	20.934	20 566 000	311.44	6.603 5	2.513 4	化石能源用地
天然气	93	38.938	23 452	311.44	0.007 5	0.003 2	化石能源用地
汽油	93	43.124	2719	311.44	0.000 9	0.000 4	化石能源用地
柴油	93	42.705	94 703	311.44	0.030 4	0.014 0	化石能源用地
电力	1 000	11.84	1 100 000	311.44	0.353 2	0.004 2	建筑用地

注：1.天然气折算系数单位是 GJ/万 m^3，消费量单位为万 m^3。

2.电力折算系数单位是 GJ/（万 kW · h），消费量单位为万 kW · h，电力千瓦时与热量折算系数是根据每千瓦时耗煤 397 g，再换算为发热量。

3.消费量数据来源于忻州国民经济和社会发展统计公报 2013，http://www.stats-sx.gov.cn/tjsj/tjgb/。

在对忻州市生活污水与工业废水数据资料查找中发现，水资源公报与环境状况公报数据差异较大，如2013年全市废污水总量，水资源公报显示为3 090.6万t，环境状况公报显示为8 418.97万t，究其原因，发现统计口径不一致，环境状况公报中包含了农业源的污水排放，而水资源公报中只是生活与工业废污水。根据污染足迹是以排污净化或废弃物处理过程中所需的设施占地和环境生物生产性土地这一内涵出发，将农业源污水忽略，以水资源公报中废污水数据为准。

由表4-5可知，污染生态排放账户生态足迹中废气SO_2占到绝对比重，忻州市的产业结构以能源、原材料工业为主，依靠大量消耗能源资源来推动经济增长。"十一五"以来，忻州市虽然旅游业、高新技术等非污染产业有了较快发展，但以高消耗、高污染排放为特征的电力、煤炭、焦化、冶金、建材、化工等行业仍旧是该地区的主导产业，这些行业每年排放的SO_2、烟粉尘等主要污染物占全市工业排放量的比例达到90%以上。以2009年为例，忻州市万元GDP能耗为2.69 t标准煤，其中规模以上工业万元增加值耗能耗4.24 t标准煤，万元GDP SO_2 排放量达23.24 kg，是全省平均水平的2.57倍，万元GDP COD排放量达14.11 kg，是全省平均水平的3.08倍，远高于全国平均水平。

表4-5　2013年忻州市生态足迹计算中的污染项目

污染类别	折算系数（t/hm^2）	排放量（万t）	人口（万人）	人均排放量（t）	人均需求面积（hm^2/人）	类型
生活污水	365	1 952.5	311.44	6.27	0.017 2	吸纳污染用地
工业废水	365	1 138.2	311.44	3.65	0.010 0	吸纳污染用地
SO_2	0.088 65	8.01	311.44	0.03	0.290 1	吸纳污染用地
烟尘	10.11	7.36	311.44	0.02	0.002 3	吸纳污染用地
粉尘	10.11	3.38	311.44	0.01	0.001 1	吸纳污染用地
固体废物	101 900	4 473.6	311.44	14.36	0.000 1	吸纳污染用地

注：生活污水、工业废水数据来源于2013年忻州市水资源公报；其余项目数据来源于2013年忻州市环境状况公报 http://www.xzhbw.gov.cn/html/hjzl/hjzkgb/6612.html。

水资源公报统计显示，忻州市水资源利用主要分为生活用水、生产用水、生态用水。生活用水包括城镇居民用水与农村居民用水，生产用水包括农田灌溉用水、林果牧草灌溉用水、鱼塘补水用水、工业用水、建筑业用水、第三产业用水。2013年忻州市主要用水指标为人均取水量203 m^3/人，万元GDP取水量89 m^3，农业灌溉亩均取水量213 m^3，万元工业产值取水量9.84 m^3，城镇人均生活取水量63.4 L/d，农村人均生活取水量63.4 L/d。而同期全国水资源公报显示人均综合用水量456 m^3，万元国内生产总值（当年价）用水量109 m^3。耕地实际灌溉亩均用水量418 m^3，农田灌溉水有效利用系数0.523，万元工业增加值（当年价）用水量67 m^3，城镇人均生活用水量（含公共用水）212 L/d，农村居民人均生活用水量80 L/d。由此可见，忻州市用水量远低于全国平均水平。由表4-6可知，水资源足迹中农业灌溉用水占绝对比重，与该市用水结构密切相关。

表 4-6　2013 年忻州市水资源足迹计算用水项目

用水类别	污染类别	折算系数 (m^3/hm^2)	用水量 (万 m^3)	人口 (万人)	人均用水量 (m^3)	人均需求面积 (hm^2/人)	类型
生活用水	城镇居民	3 140	3 103	311.44	9.96	0.003 2	水资源
	农村居民	3 140	2 552	311.44	8.19	0.002 6	水资源
生产用水	农业灌溉	3 140	40 767	311.44	130.90	0.041 7	水资源
	林牧渔业	3 140	2 984	311.44	9.58	0.003 1	水资源
	工业	3 140	8 465	311.44	27.18	0.008 7	水资源
	建筑业	3 140	221	311.44	0.71	0.000 2	水资源
	三产	3 140	763	311.44	2.45	0.000 8	水资源
生态用水	生态用水	3 140	4 370	311.44	14.03	0.004 5	水资源

注:用水量数据来源于 2013 年忻州市水资源公报。

由表 4-7 可知,忻州市生态足迹达到 5.388 9 hm^2/人,各类账户中,化石能源用地生态足迹最大,为 4.1507 hm^2/人,所占比例为 77.02%;其余七类账户中,生态足迹从大到小依次为耕地、草地、污染消纳地、水资源、林地、建筑用地与水域,对应生态足迹分别为 0.455 3 hm^2/人、0. 356 4 hm^2/人、0.320 9 hm^2/人、0.064 7 hm^2/人、0.022 2 hm^2/人、0.009 8 hm^2/人、0.008 9 hm^2/人。减少生态足迹的主要方向仍是减少化石能源消耗,同时畜牧业发展的草地生态足迹,以及污染排放足迹也不容忽视。

表 4-7　2013 年忻州市人均生态足迹计算结果

类型	人均需求面积 (hm^2/人)	均衡因子	生态足迹 (hm^2/人)	占总生态足迹比例 (%)
耕地	0.055 0	2.34	0.455 3	8.45
草地	0.742 5	0.48	0.356 4	6.61
水域	0.027 7	0.32	0.008 9	0.17
林地	0.013 5	1.64	0.022 2	0.41
能源用地	2.530 9	1.64	4.150 7	77.02
建筑用地	0.004 2	2.34	0.009 8	0.18
污染消纳地	0.320 9	1.0	0.320 9	5.95
水资源	0.064 7	1.0	0.064 7	1.20
合计	—	—	5.388 9	100.00

4.2.2　生态承载力

由表 4-8 可知,忻州市生态承载力合计为 1.285 1 hm^2/人,各个账户从大到小依次为耕地、林地、水资源、建筑用地、草地、水域,承载力分别为 0.695 0 hm^2/人、0.278 5 hm^2/人、

0.192 8 hm^2/人、0.090 2 hm^2/人、0.024 8 hm^2/人、0.003 9 hm^2/人。草地虽占全市面积的38.29%，但它主要以山地荒草地为主，占到草地面积的99.3%，天然牧草地、人工牧草地极为有限。耕地主要由旱地、水浇地、水田组成，其中旱地占到耕地面积的79.04%，忻州市是山西省的农业大市，位于忻定盆地腹地的滹沱河灌区是山西省六大自流灌区之一，总面积512 km^2，有效灌溉面积为32万亩，约占全市水浇地面积的20%，年粮食产量约为1.3亿kg，是忻州市乃至全省的主要商品粮、蔬菜和牛奶生产基地。因忻州市园地主要为果园，所以林地面积中包含园地，其中有林地约占49.5%，截至2014年底，全市有5处省级自然保护区，芦芽山自然保护区为国家级保护区，面积为21 453 hm^2，其余4处分别为五台山自然保护区、臭冷杉自然保护区、云中山自然保护区、贺家山自然保护区，面积分别为3 333 hm^2、23 849.7 hm^2、39 800 hm^2、13 416 hm^2。建筑用地主要集中在建制镇、村庄、采矿、城市用地上，其中村庄面积约占68.7%，采矿占用11.2%，是今后土地整治的一个重点。水域中仅有少量河流、水库、坑塘水面。天然湖泊水面非常小，而内陆滩涂约占67.4%。

表4-8　2013年忻州市生态承载力供给

类型	土地面积(hm^2)	占全市面积比例(%)	人均实际面积(hm^2/人)	均衡因子	产量因子	均衡面积	扣除生物多样性保护面积12%	生态承载力面积(hm^2/人)
耕地	633 179.08	25.18	0.203 3	2.34	1.66	0.789 7	0.094 8	0.695 0
草地	962 627.61	38.29	0.309 1	0.48	0.19	0.028 2	0.003 4	0.024 8
水域	43 438.40	1.73	0.013 9	0.32	1.00	0.004 5	0.000 5	0.003 9
林地	660 398.25	26.27	0.212 0	1.64	0.91	0.316 5	0.038 0	0.278 5
能源用地	0	0	0	1.64	0	0	0	0
建筑用地	82 146.37	3.27	0.026 4	2.34	1.66	0.102 5	0.012 3	0.090 2
水资源	612 624.20	24.37	0.196 7	1.0	2.45	0.481 9	0.289 2	0.192 8
合计	—							1.285 1

注：土地利用数据来源于2013年忻州市国土资源局；为维持生态环境，水资源扣除面积的60%。

4.2.3　生态盈亏与压力指数

由表4-9可知，忻州市总生态赤字达到4.103 8 hm^2/人，生态压力指数为4.19，说明忻州市生态环境已超载。其中，不同类型表现出明显差异，生态足迹赤字主要来源于草地、能源用地、污染消纳地、水域，生态足迹盈余主要来源于耕地、林地、建筑用地、水资源。从生态压力指数来看，大于1的主要集中在草地、水域，说明草地、水域生态安全威胁较大。究其原因，本地滹沱河沿线、晋西北各县畜牧业比重较大，对本来脆弱的生态环境构成较大威胁；同时计算中将猪肉、禽肉划分为牧草地，在一定程度上增加了草地生态足迹，降低了耕地生态足迹。耕地、林地、建筑用地、水资源压力指数均小于1，人类活动的干扰强度还未超过特定条件下生态系统的自反馈阈值，生态安全仍有保障。

表 4-9　2013 年忻州市生态盈亏及压力指数

类型	生态足迹（hm^2/人）	承载力（hm^2/人）	生态盈亏（hm^2/人）	生态压力指数
耕地	0.455 3	0.695 0	0.239 7	0.66
草地	0.356 4	0.024 8	-0.331 6	14.37
水域	0.008 9	0.003 9	-0.005 0	2.27
林地	0.022 2	0.278 5	0.256 3	0.08
能源用地	4.150 7	0	-4.150 7	—
建筑用地	0.009 8	0.090 2	0.080 4	0.11
污染消纳地	0.320 9	0	-0.320 9	—
水资源	0.064 7	0.192 8	0.128 1	0.34
合计	5.388 9	1.285 1	-4.103 8	4.19

注：“-”代表生态赤字；该表中数据不闭合是由四舍五入引起的，下同。

4.2.4　可持续发展能力的综合分析

由前面公式计算得到忻州市万元 GDP 生态足迹及发展能力指数，如表 4-10 所示。

表 4-10　2013 年忻州市万元 GDP 生态足迹及发展能力指数

人口（万人）	国内生产总值 GDP（亿元）	万元 GDP 生态足迹（hm^2/万元）	生态足迹多样性指数	发展能力指数
311.44	654.7	2.563 5	0.855	4.609

4.3　忻州市生态足迹和承载力时间变化

4.3.1　不同账户生态足迹、承载力、盈亏时间变化

2004~2013 年忻州市人均生态足迹计算结果如表 4-11 所示。

表 4-11　2004~2013 年忻州市人均生态足迹计算结果　（单位：hm^2/人）

账户	项目	年份									
		2004	2005	2006	2007	2008	2009	2010	2011	2012	2013
生物资源	耕地	0.335 0	0.288 6	0.300 4	0.339 4	0.320 7	0.311 7	0.396 3	0.400 5	0.436 2	0.455 3
	草地	0.331 1	0.341 7	0.201 9	0.214 6	0.269 2	0.291 2	0.287 1	0.315 6	0.351 9	0.356 4
	水域	0.006 6	0.006 5	0.006 7	0.005 2	0.005 5	0.007 1	0.007 1	0.007 4	0.008 2	0.008 9
	林地	0.006 1	0.006 0	0.009 5	0.009 4	0.009 3	0.010 9	0.009 0	0.017 8	0.020 4	0.022 2
	小计	0.678 8	0.642 8	0.518 5	0.568 6	0.604 7	0.620 9	0.699 5	0.741 3	0.816 7	0.842 8

续表 4-11

账户	项目	年份									
		2004	2005	2006	2007	2008	2009	2010	2011	2012	2013
化石能源	煤炭	1.166 5	1.372 2	1.538 1	1.665 5	1.602 8	2.027 6	2.268 4	2.963 3	3.153 8	4.122 0
	天然气	0.001 1	0.001 5	0.001 7	0.001 8	0.001 9	0.001 8	0.002 3	0.004 9	0.005 0	0.005 2
	汽油	0.000 2	0.000 3	0.000 3	0.000 3	0.000 5	0.000 3	0.000 6	0.000 6	0.000 6	0.000 7
	柴油	0.004 0	0.005 0	0.005 6	0.005 9	0.008 5	0.002 8	0.010 2	0.013 8	0.018 1	0.022 9
	小计	1.171 9	1.379 1	1.545 7	1.673 6	1.613 6	2.032 6	2.281 5	2.982 6	3.177 4	4.150 7
建设用地	电力	0.002 5	0.002 8	0.003 2	0.004 0	0.003 8	0.002 9	0.004 3	0.005 3	0.006 2	0.009 8
污染排放	生活污水	0.010 6	0.010 8	0.011 0	0.010 8	0.010 5	0.009 0	0.012 3	0.016 6	0.016 8	0.017 2
	工业废水	0.031 8	0.038 3	0.040 4	0.031 7	0.024 4	0.014 7	0.012 1	0.013 1	0.013 1	0.010 0
	SO_2	0.154 7	0.326 3	0.381 6	0.331 1	0.233 2	0.254 2	0.344 6	0.339 6	0.297 9	0.290 1
	烟尘	0.001 2	0.003 8	0.003 6	0.002 3	0.003 3	0.003 3	0.002 7	0.002 6	0.002 4	0.002 3
	粉尘	0.000 4	0.000 8	0.000 8	0.000 8	0.000 4	0.000 1	0.001 2	0.001 2	0.001 1	0.001 1
	固体废物	0	0	0	0	0	0	0.000 1	0.000 1	0.000 1	0.000 1
	小计	0.198 8	0.379 9	0.437 3	0.376 7	0.271 9	0.281 4	0.372 9	0.373 3	0.331 5	0.320 9
水资源	城镇居民	0.002 0	0.002 1	0.002 1	0.002 2	0.002 2	0.001 7	0.002 2	0.002 9	0.003 1	0.003 2
	农村居民	0.004 6	0.004 6	0.004 5	0.004 3	0.003 8	0.002 3	0.002 4	0.002 6	0.002 6	0.002 6
	农业灌溉	0.028 5	0.032 3	0.035 5	0.034 4	0.031 7	0.028 4	0.032 7	0.045 6	0.041 8	0.041 7
	林牧渔业	0.001 8	0.001 8	0.001 8	0.001 7	0.001 1	0.002 2	0.002 1	0.003 3	0.003 3	0.003 1
	工业	0.008 9	0.011 3	0.012 4	0.010 7	0.008 1	0.005 8	0.007 2	0.008 4	0.008 5	0.008 7
	建筑业	0.000 2	0.000 2	0.000 2	0.000 2	0.000 2	0.000 2	0.000 2	0.000 2	0.000 2	0.000 2
	第三产业	0.000 6	0.000 6	0.000 6	0.000 6	0.000 6	0.000 6	0.000 6	0.000 8	0.000 8	0.000 8
	生态用水	0.000 1	0.000 1	0.000 1	0.000 1	0.000 1	0.000 1	0.001 1	0.004 8	0.004 6	0.004 5
	小计	0.046 8	0.053 0	0.057 3	0.054 1	0.047 8	0.041 2	0.048 5	0.068 5	0.064 9	0.064 7
总计		2.098 8	2.457 6	2.562 0	2.677 0	2.541 8	2.979 0	3.406 7	4.171 0	4.396 7	5.388 9

4.3.1.1 生态足迹时间变化

根据忻州市不同的消费类型，将生态足迹分别划分为耕地、草地、水域、林地、化石能源地、建筑用地、消纳污染地、水资源 8 类生态足迹。2004～2013 年忻州市人均生态足迹变化如图 4-1 所示，结果显示，忻州市人均生态足迹增长较为明显，由 2004 年的 2.098 8 hm^2/人增长至 2013 年的 5.388 9 hm^2/人，年均增加 17.42%，其中化石能源消耗产生的足迹占有较高比例，表明积极推进清洁能源开发利用具有重要的现实意义。生物资源账户的生态足迹呈现“先减后增”趋势，由 2004 年的 0.678 8 hm^2/人减少至 2006 年的 0.518 5 hm^2/人，2013 年增长到 0.842 8 hm^2/人，但其在人均总足迹中所占比例由 2004 年的 32.3%，下降到 2013 年 15.6%。在生物资源账户构成上，耕地类和草地类的人均生态足迹占主要地位，整体呈波动上升趋势。

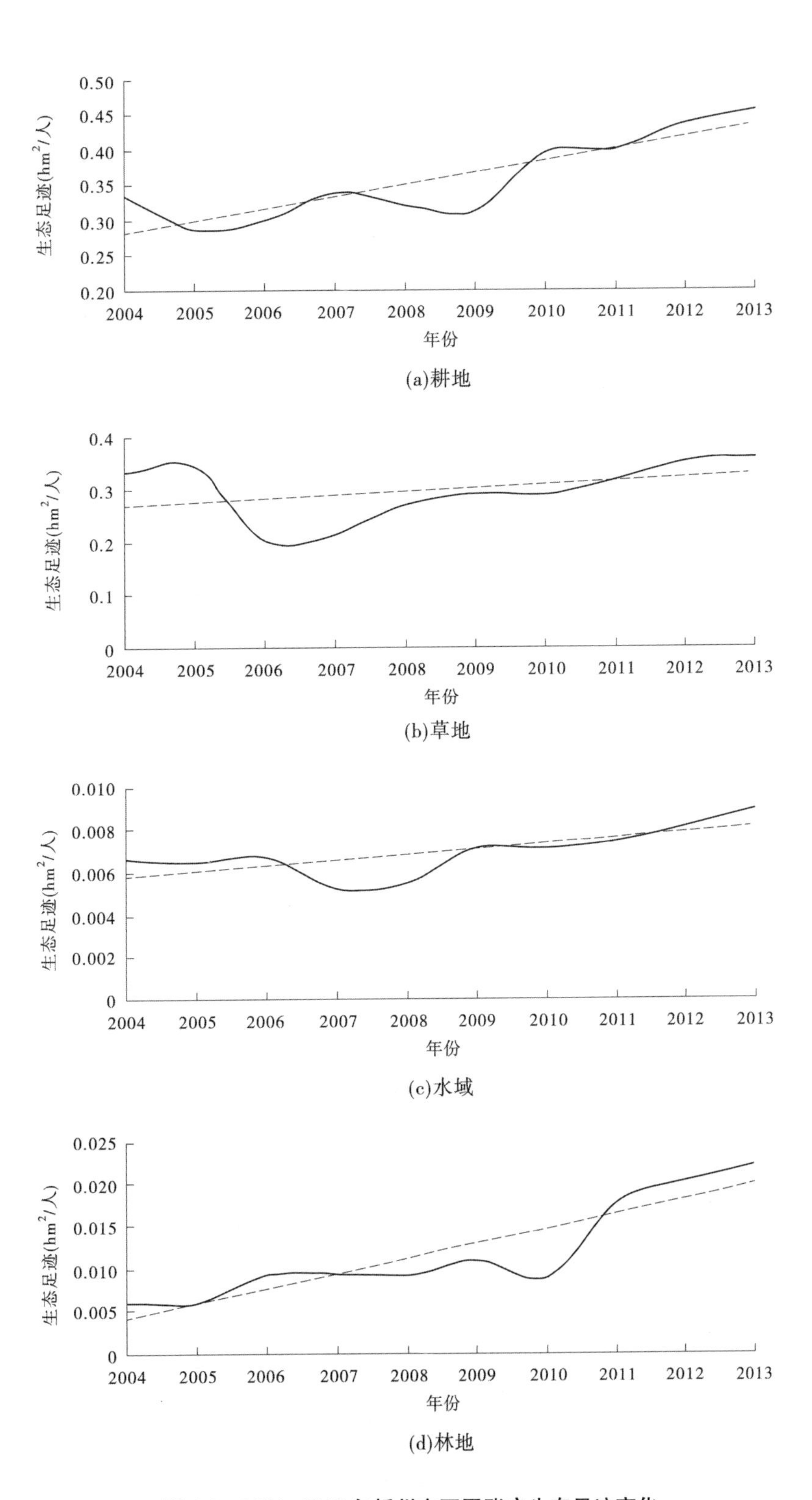

(a)耕地

(b)草地

(c)水域

(d)林地

图 4-1　2004~2013 年忻州市不同账户生态足迹变化

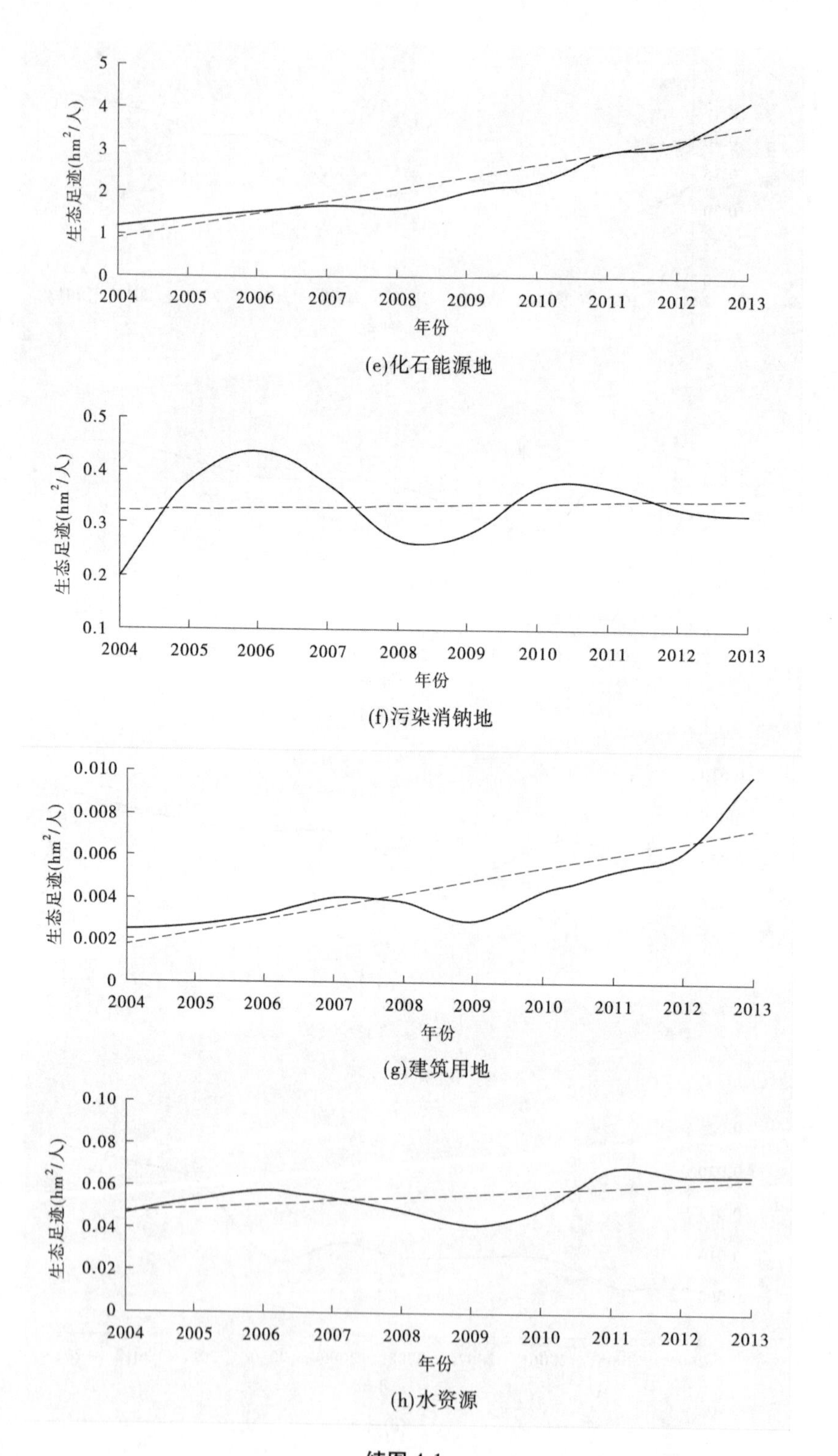

(e)化石能源地

(f)污染消纳地

(g)建筑用地

(h)水资源

续图 4-1

在化石能源与建设用地账户中，全市能源消耗生态足迹增长基本呈直线上升趋势，由2004年的1.171 9 hm^2/人增加到2013年的4.150 7 hm^2/人，增加了3.5倍，说明这个时期忻州市经济处在快速增长阶段，工业化进程加快的特点表现突出。煤、油、气等能源消耗均有明显增加，其中煤的人均生态足迹变动最为明显，由2004年的1.166 5 hm^2/人增长到2013年的4.122 0 hm^2/人，除2008年全省煤矿整合稍有波动外，其他年份增长都较快。此外有个明显特征，忻州市电力消耗的人均生态足迹较低，在2013年仅占化石能源的0.24%，一煤独大的能源消耗局面一直在持续。天然气等清洁能源使用量非常有限，能源消费结构严重失衡。

从污染排放账户生态足迹的变动情况看，其生态足迹2009年以前波动最大，2009年基本保持稳定趋势，这与近年来污染排放控制有关，说明污染治理在一定程度上降低了足迹的上升趋势。

水资源账户的生态足迹与区域水资源数量及用水量密切相关，2004~2013年水资源账户的生态足迹呈细微的波动上升趋势，农业用水的持续稳定决定了忻州市用水量总量的走势，而区域水资源数量的变化基本决定了该项足迹的变化。

4.3.1.2 生态承载力时间变化

利用忻州市土地统计数据测算了人均生态承载力，见表4-12。结果显示，人均生态承载力总体上维持在1.47 hm^2/人左右，扣除12%（水资源扣除60%）的生物多样性保护用地后，人均承载力仅为1.28 hm^2/人左右，在2009年、2010年出现小幅下降，2012年上升恢复到之前水平。从生态承载力组成结构（见图4-2）来看，主要为耕地与林地，二者之和约为1 hm^2/人，占总承载力的78%左右。从各承载力变化趋势来看，呈上升趋势的有草地资源与水资源；草地资源承载力由2004年的0.020 2 hm^2/人上升到2013年的0.024 8 hm^2/人，水资源承载力由2004年的0.128 2 hm^2/人上升到2013年的0.192 8 hm^2/人；耕地、水域、林地及建筑用地承载力波动较为复杂，总体呈下降趋势；能源用地与污染消纳地承载力为0。

表4-12 2004~2013年忻州市人均生态承载力 （单位：hm^2/人）

年份	耕地	草地	水域	林地	能源用地	建筑用地	污染消纳地	水资源	合计
2004	0.745 7	0.020 2	0.004 7	0.291 8	0	0.107 4	0	0.128 2	1.297 9
2005	0.724 2	0.019 9	0.004 8	0.289 9	0	0.108 9	0	0.134 8	1.282 5
2006	0.748 7	0.020 1	0.005 1	0.271 8	0	0.100 9	0	0.134 0	1.280 6
2007	0.722 6	0.019 7	0.005 0	0.270 4	0	0.102 6	0	0.168 8	1.289 1
2008	0.718 5	0.019 6	0.005 0	0.268 8	0	0.100 7	0	0.168 6	1.281 2
2009	0.699 7	0.025 1	0.004 0	0.280 8	0	0.087 7	0	0.142 6	1.239 9
2010	0.698 6	0.025 0	0.004 0	0.280 4	0	0.088 3	0	0.151 8	1.248 2
2011	0.701 3	0.025 1	0.004 0	0.281 4	0	0.089 2	0	0.170 1	1.271 1
2012	0.698 0	0.025 0	0.004 0	0.279 8	0	0.089 4	0	0.188 3	1.284 4
2013	0.695 0	0.024 8	0.003 9	0.278 5	0	0.090 2	0	0.192 8	1.285 1

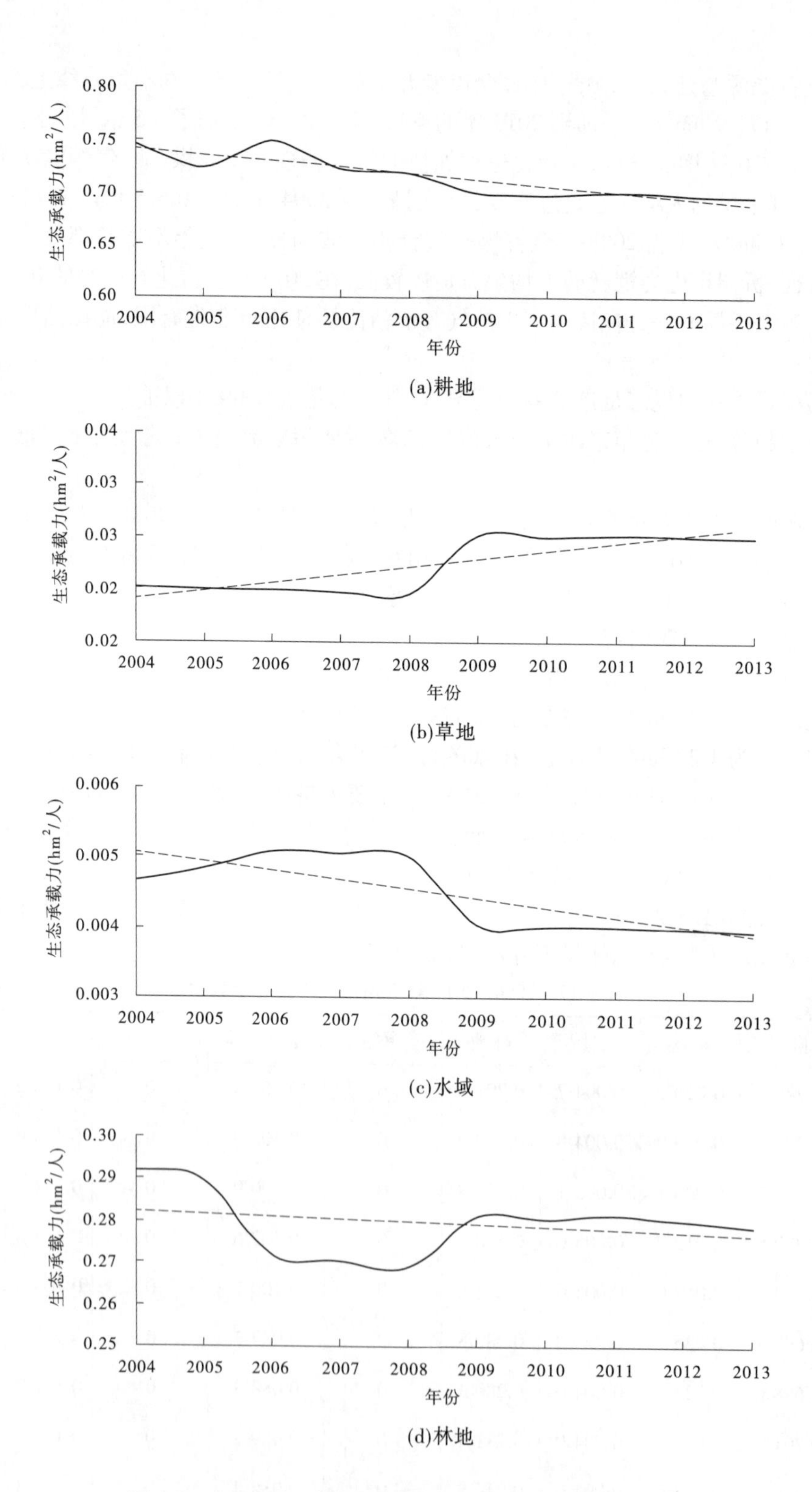

图 4-2　2004~2013 年忻州市不同账户生态承载力变化趋势

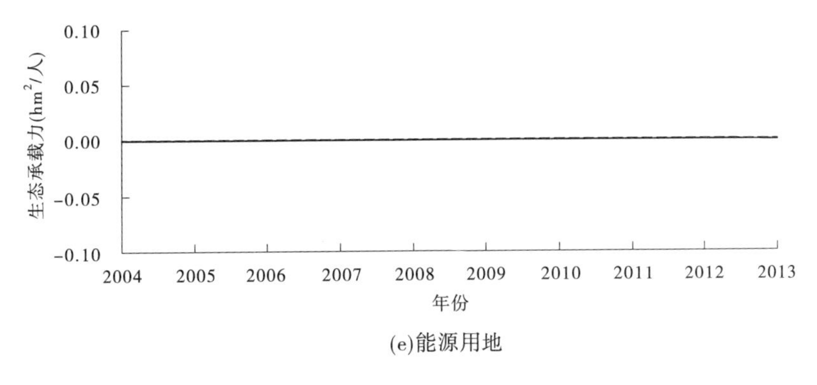

(e)能源用地

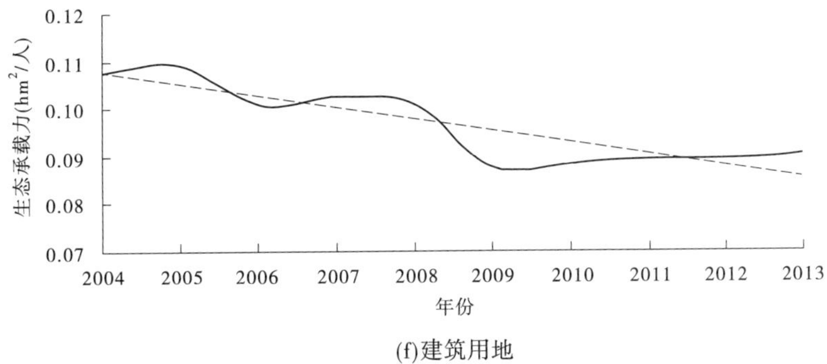

(f)建筑用地

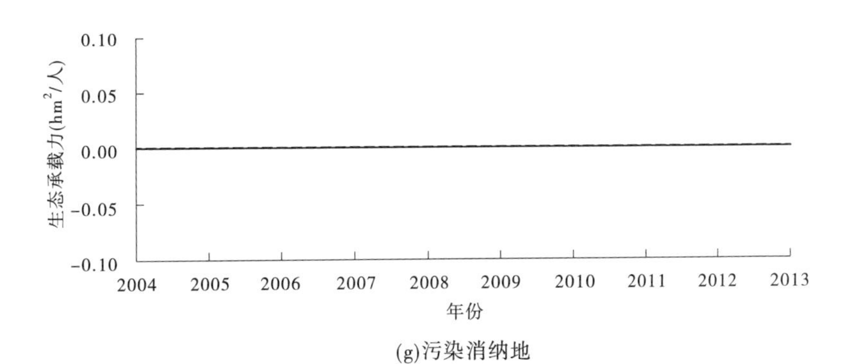

(g)污染消纳地

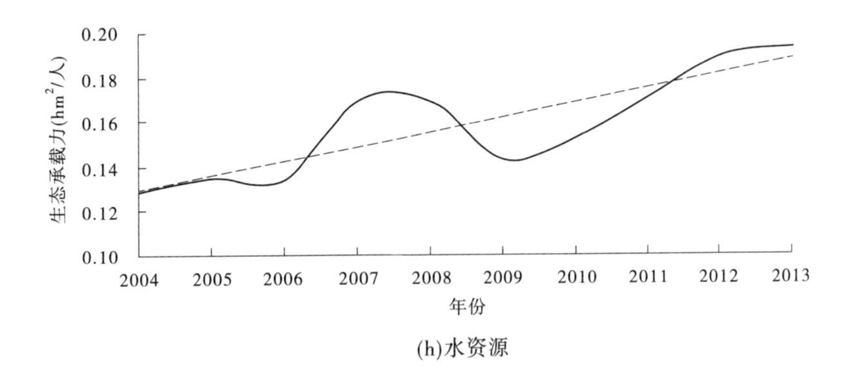

(h)水资源

续图 4-2

4.3.1.3 生态盈亏时间变化

分别计算忻州市生态盈亏,如表4-13所示,2004~2013年忻州市人均生态盈亏全部表现为生态赤字,从0.800 9 hm^2/人上升至4.103 8 hm^2/人,呈持续增长趋势,增加了5.1倍。同时发现各类项目表现出差异,如图4-3所示,具体为:一方面在10年间均表现为生态盈余的有耕地、林地、建筑用地、水资源共4类。其中,耕地、林地、建筑用地生态盈余分别由2004年的0.410 7 hm^2/人、0.285 7 hm^2/人、0.104 9 hm^2/人下降到2013年的0.239 7 hm^2/人、0.256 3 hm^2/人、0.080 4 hm^2/人;而水资源的盈余变化复杂,总体呈现上升趋势,由0.081 4 hm^2/人增加到0.128 1 hm^2/人,主要原因为,在用水量维持稳定的情况下,2004~2013年水资源总量有上升的趋势,决定了水资源生态盈余增加的趋势。这就要求在做区域发展决策时要适时保持经济稳定发展,在一定范围内有效控制生态盈余下降的趋势,努力增加上述4类生态盈余,抵消能源与污染产生的部分生态赤字,从而遏制全市生态赤字加速增加的趋势。另一方面表现为生态赤字的有草地、水域、能源用地、污染消纳地,除污染消纳地生态赤字稳定在一定范围内外,草地、水域、能源用地均表现快增加趋势。生态赤字分别由2004年的0.310 9 hm^2/人、0.001 9 hm^2/人、1.171 9 hm^2/人上升到2013年的0.331 6 hm^2/人、0.005 0 hm^2/人、4.150 7 hm^2/人;化石能源生态赤字决定了全市生态赤字变化趋势,换句话说,控制生态赤字成效主要取决于化石能源的消耗。

表4-13 2004~2013年忻州市人均生态盈亏 (单位:hm^2/人)

年份	耕地	草地	水域	林地	能源用地	建筑用地	污染消纳地	水资源	合计
2004	0.410 7	-0.310 9	-0.001 9	0.285 7	-1.171 9	0.104 9	-0.198 8	0.081 4	-0.800 9
2005	0.435 6	-0.321 8	-0.001 7	0.283 9	-1.379 1	0.106 1	-0.379 9	0.081 8	-1.175 1
2006	0.448 3	-0.181 8	-0.001 6	0.262 3	-1.545 7	0.097 7	-0.437 3	0.076 7	-1.281 4
2007	0.383 2	-0.194 9	-0.000 2	0.261 0	-1.673 6	0.098 6	-0.376 7	0.114 7	-1.387 9
2008	0.397 8	-0.249 6	-0.000 5	0.259 5	-1.613 6	0.096 9	-0.271 9	0.120 8	-1.260 6
2009	0.388 0	-0.266 1	-0.003 1	0.269 9	-2.032 6	0.084 8	-0.281 4	0.101 4	-1.739 1
2010	0.302 3	-0.262 1	-0.003 1	0.271 4	-2.281 5	0.084 0	-0.372 9	0.103 3	-2.158 5
2011	0.300 8	-0.290 5	-0.003 4	0.263 6	-2.982 6	0.083 9	-0.373 3	0.101 6	-2.899 9
2012	0.261 8	-0.326 9	-0.004 2	0.259 4	-3.177 4	0.083 2	-0.331 5	0.123 4	-3.112 3
2013	0.239 7	-0.331 6	-0.005 0	0.256 3	-4.150 7	0.080 4	-0.320 9	0.128 1	-4.103 8

注:"-"表示生态赤字。

由表4-14可知,生态压力指数从2004年的1.62增加到2013年的4.19,增加2.6倍,从生态压力指数组成来看:能源用地、污染消纳地的承载力为0,可以将其压力指数看成无限大;草地生态压力指数远高于其他类别,究其原因,忻州市畜牧业发展较快,牧草地数量偏少,质量较低,同时在计算上将畜牧产品全部归为草地,在一定程度上提高了草地生态压力指数。水域生态压力有逐年增加的趋势,与现代人们的饮食结构密切相关,需要引起重视。其余类别生态压力指数均小于1,需要说明的是,林地生态压力指数非常小,因为本地几乎没有用材林,计算中将园地并入林地,林产品主要为水果,所以显示林地生态压力指数较小。

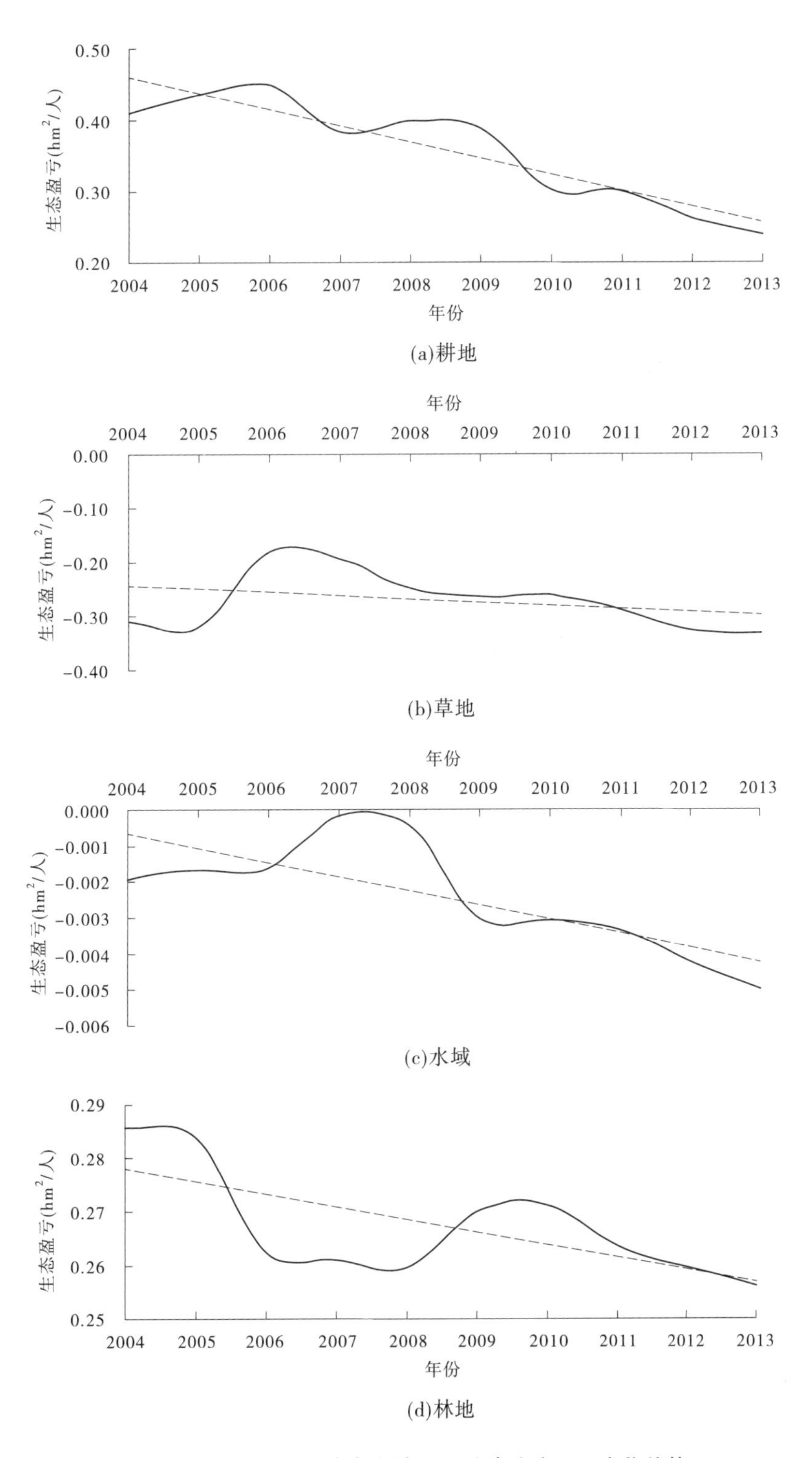

图 4-3　2004~2013 年忻州市不同账户生态盈亏变化趋势

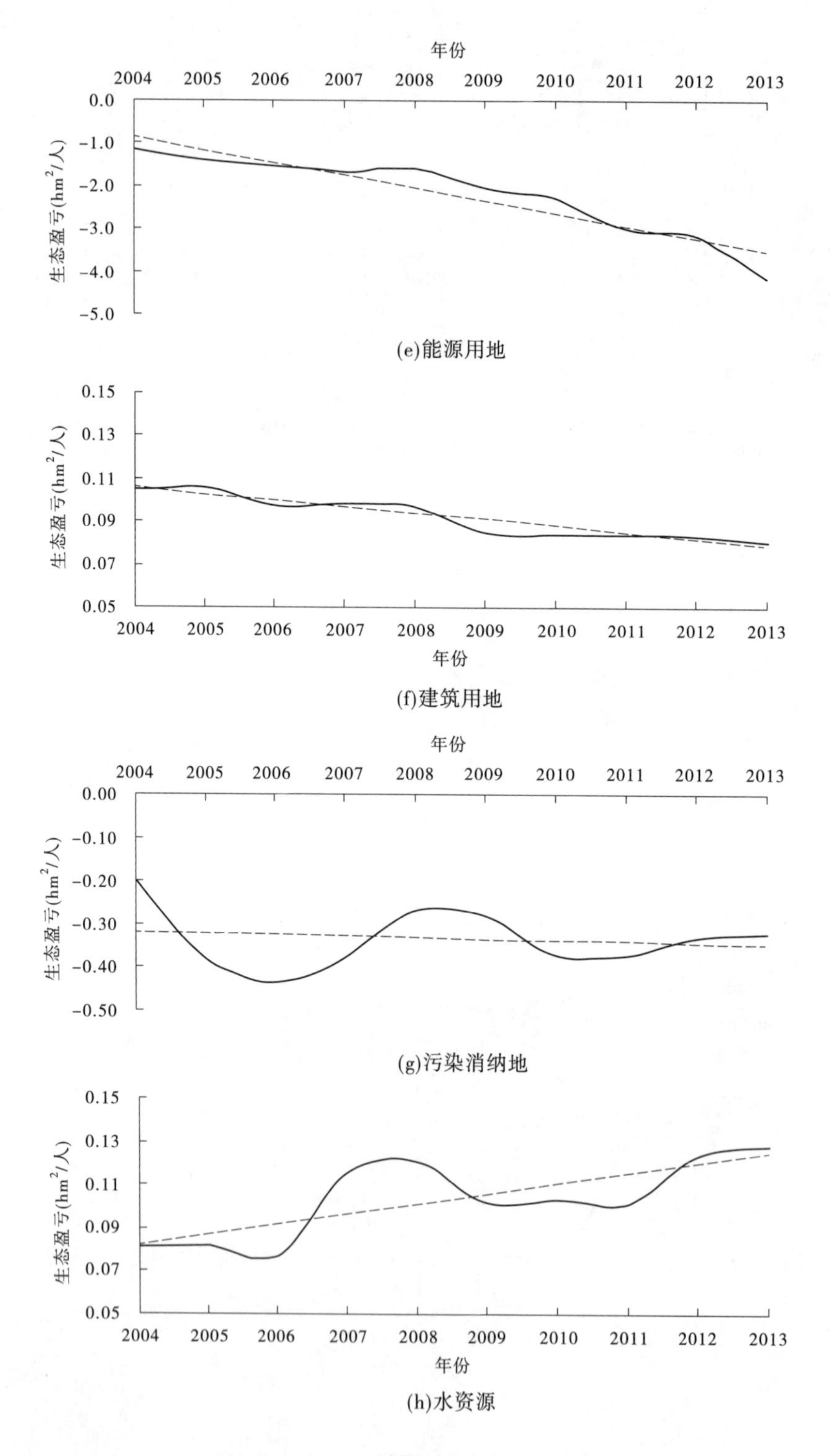

年份
2004
2005
2006
2007
2008
2009
2010
2011
2012
2013
0.0
-1.0
-2.0
-3.0
-4.0
-5.0
生态盈亏(hm²/人)
(e)能源用地
0.15
0.13
0.11
0.09
0.07
0.05
生态盈亏(hm²/人)
(f)建筑用地
0.00
-0.10
-0.20
-0.30
-0.40
-0.50
生态盈亏(hm²/人)
(g)污染消纳地
0.15
0.13
0.11
0.09
0.07
0.05
生态盈亏(hm²/人)
(h)水资源

续图 4-3

表 4-14　2004~2013 年忻州市人均生态压力指数

年份	耕地	草地	水域	林地	能源用地	建筑用地	污染消纳地	水资源	综合
2004	0.45	16.40	1.41	0.02	—	0.02	—	0.37	1.62
2005	0.40	17.15	1.35	0.02	—	0.03	—	0.39	1.92
2006	0.40	10.06	1.32	0.03	—	0.03	—	0.45	2.00
2007	0.47	10.89	1.03	0.03	—	0.04	—	0.32	2.08
2008	0.45	13.74	1.10	0.03	—	0.04	—	0.28	1.98
2009	0.45	11.61	1.76	0.04	—	0.03	—	0.29	2.40
2010	0.57	11.46	1.77	0.03	—	0.05	—	0.32	2.73
2011	0.57	12.57	1.84	0.06	—	0.06	—	0.40	3.28
2012	0.62	14.10	2.06	0.07	—	0.07	—	0.34	3.42
2013	0.66	14.37	2.27	0.08	—	0.11	—	0.34	4.19

4.3.2　总生态承载力及压力指数时间变化

根据 WWF 中国生态足迹报告对生态赤字的划分标准,表 4-15、表 4-16 显示了忻州市 2004 年生态赤字为中度赤字,2005~2009 年为较严重生态赤字,2010~2013 年为严重生态赤字。根据文献标准 $1.5<Ep_i\leqslant 2.5$(Ep_i 为生态压力指数)为生态赤字过载年份,忻州市对应的年份为 2004~2009 年;$Ep_i>2.5$ 为生态赤字严重超载年份,对应的年份为 2010~2013 年。由此可见,2009 年后生态压力进一步增大,严重超出生态承载力,生态压力凸现。

表 4-15　2004~2013 年忻州市人均生态赤字及生态压力指数

年份	生态足迹(hm^2/人)	生态承载力(hm^2/人)	生态赤字(hm^2/人)	生态压力指数
2004	2.098 8	1.297 9	−0.800 9	1.62
2005	2.457 6	1.282 5	−1.175 1	1.92
2006	2.562 0	1.280 6	−1.281 4	2.00
2007	2.677 0	1.289 1	−1.387 9	2.08
2008	2.541 8	1.281 2	−1.260 6	1.98
2009	2.979 0	1.239 9	−1.739 1	2.40
2010	3.406 7	1.248 2	−2.158 5	2.73
2011	4.171 0	1.271 1	−2.899 9	3.28
2012	4.396 7	1.284 4	−3.112 3	3.42
2013	5.388 9	1.285 1	−4.103 8	4.19

表 4-16　生态赤字年份统计

生态赤字标准	严重生态赤字($ed>2.0$)	较严重生态赤字($1.0<ed\leqslant 2.0$)	中度生态赤字($0.5<ed\leqslant 1.0$)	轻度生态赤字($0.1<ed\leqslant 0.5$)
年份	2010~2013 年	2005~2009 年	2004 年	

4.3.3 可持续发展能力的综合分析

忻州市万元 GDP 生态足迹、生态足迹多样性指数和发展能力指数见表 4-17,可以看出 2004~2013 年忻州市生态足迹多样性指数从 1.261 减少到 0.855,说明生态足迹分配越来越失衡,生态系统处于不稳定状态;万元 GDP 生态足迹从 4.355 hm^2/万元降至 2.563 hm^2/万元,表明资源利用率正在逐步提高;发展能力指数由 2.646 增加到 4.609 的事实也说明了全市可持续发展态势良好。

表 4-17 2004~2013 年忻州市万元 GDP 生态足迹及发展能力指数

年份	人口(万人)	国内生产总值(亿元)	万元 GDP 生态足迹(hm^2/万元)	生态足迹多样性指数	发展能力指数
2004	301.90	145.48	4.355	1.261	2.646
2005	303.90	167.17	4.468	1.260	3.095
2006	305.67	194.46	4.027	1.188	3.043
2007	307.26	257.28	3.197	1.154	3.090
2008	309.03	311.25	2.524	1.145	2.910
2009	309.31	346.50	2.659	1.048	3.122
2010	309.67	435.40	2.423	1.067	3.635
2011	308.55	554.50	2.321	0.987	4.115
2012	310.13	620.90	2.196	0.969	4.260
2013	311.44	654.70	2.563	0.855	4.609

4.4 忻州市生态足迹和承载力空间变化

4.4.1 生态足迹、承载力、盈亏空间变化

本节分别选取“十五”“十一五” “十二五”中的 2004 年、2009 年与 2013 年三个时间节点,比较分析忻州市域内部生态足迹、承载力、盈亏空间变化。

4.4.1.1 生态足迹空间变化

表 4-18 是忻州市各县(市、区)人均生态足迹空间分布表。总体上,2004 年以来,忻州市各县(市、区)的人均生态足迹基本上呈快速增长的趋势;其中也表现出一些特点,虚态足迹即化石能源足迹呈现明显的增长趋势,2004 年全市人均能源足迹 1.171 9 hm^2/人,其中静乐县、河曲县、保德县与原平市高于上述水平,保德县甚至达到 4.104 hm^2/人,说明社会经济系统对生态服务消费由以往的供给服务为主向调节服务为主转变。除化石能源外的足迹称为实态足迹,其变化比较缓慢。从人均生态足迹空间分布来看,三个时间节点上均表现为静乐县、河曲县、保德县、原平市高于全市平均水平,主要是这些区域能源资源相对丰富,影响能源利用规模与结构的结果。而其余 8 县(区)生态足迹又低于全市平均水平,其共同点是生物资源账户足迹达到 50%~70%,尤其在定襄县、神池县和五寨县表现突出。

从图 4-4、图 4-5 来看,空间分布上总足迹与人均足迹基本类似,忻府区总足迹要高于全市总足迹平均水平,河曲县、保德县、原平市同样高于全市平均水平,静乐县总足迹在 2009 年、2013 年低于全市平均水平。

表 4-18　忻州市人均生态足迹空间分布

（单位：hm^2／人）

账户	项目	2004 年														
		忻府区	定襄县	五台县	代县	繁峙县	宁武县	静乐县	神池县	五寨县	岢岚县	河曲县	保德县	偏关县	原平市	忻州市
生物资源	耕地	0.411 3	0.637 3	0.273 8	0.391 4	0.271 7	0.137 9	0.231 1	0.499 3	0.435 4	0.384 3	0.359 0	0.203 6	0.361 1	0.513 2	0.335 0
	草地	0.148 2	0.101 7	0.226 6	0.150 6	0.223 2	0.086 3	0.254 2	0.387 4	0.402 5	0.535 2	0.130 8	0.117 2	0.432 8	0.243 9	0.331 1
	水域	0.005 4	0.008 2	0.005 3	0.004 9	0.003 3	0.004 5	0.003 6	0.000 5	0.000 8	0.002 8	0.006 5	0.008 1	0.002 9	0.010 1	0.006 6
	林地	0.005 6	0.012 8	0.002 3	0.014 2	0.000 5	0.000 8	0.000 8	0.000 4	0.000 2	0.001 4	0.006 0	0.010 4	0.000 8	0.013 2	0.006 1
化石能源	煤油气	0.389 9	0.091 2	0.095 5	0.039 9	0.017 8	0.491 1	1.472 0	0.002 9	0.003 8	0.100 4	1.249 4	4.104 0	0.007 6	1.708 0	1.171 9
建设用地	电力	0.005 3	0.000 7	0.000 5	0.003 0	0.002 6	0.000 9	0.001 4	0.001 4	0.000 1	0.000 2	0.004 6	0.001 9	0.000 9	0.002 7	0.002 5
污染排放	三废	0.273 7	0.119 2	0.168 6	0.516 4	0.166 5	0.680 7	0.718 6	0.337 3	0.651 3	0.577 1	0.819 6	1.170 4	0.330 2	0.347 2	0.198 8
水资源	生产生活用水	0.064 9	0.062 7	0.031 4	0.081 6	0.040 9	0.017 6	0.011 6	0.005 7	0.023 4	0.020 0	0.035 6	0.024 9	0.042 9	0.072 6	0.046 8
合计		1.304 3	1.033 8	0.804 0	1.202 0	0.726 5	1.419 8	2.693 3	1.234 9	1.517 5	1.621 4	2.611 5	5.640 5	1.179 2	2.910 9	2.098 8

账户	项目	2009 年														
		忻府区	定襄县	五台县	代县	繁峙县	宁武县	静乐县	神池县	五寨县	岢岚县	河曲县	保德县	偏关县	原平市	忻州市
生物资源	耕地	0.428 0	0.651 6	0.277 6	0.251 3	0.192 4	0.116 0	0.219 9	0.898 7	0.739 4	0.353 0	0.372 0	0.190 1	0.375 7	0.450 9	0.311 7
	草地	0.189 8	0.133 7	0.340 4	0.187 7	0.372 0	0.157 5	0.154 4	0.643 9	0.249 9	0.331 0	0.212 9	0.192 7	0.739 4	0.273 4	0.291 2
	水域	0.006 6	0.008 9	0.005 5	0.004 7	0.006 2	0.006 5	0.006 1	0.001 2	0.001 7	0.013 2	0.015 0	0.017 5	0.005 8	0.011 9	0.007 1
	林地	0.006 2	0.024 5	0.001 6	0.011 8	0.001 0	0.000 9	0.000 2	0.000 4	0.000 1	0.000 8	0.008 2	0.012 9	0.001 5	0.036 0	0.010 9

续表 4-18

账户	项目	2009 年														
		忻府区	定襄县	五台县	代县	繁峙县	宁武县	静乐县	神池县	五寨县	岢岚县	河曲县	保德县	偏关县	原平市	忻州市
化石能源	煤油气	0.497 2	0.160 7	0.171 3	0.048 3	0.019 6	0.860 0	2.622 5	0.004 7	0.005 0	1.711 5	11.375 4	7.593 8	0.014 5	3.347 9	2.032 6
建设用地	电力	0.000 8	0.000 8	0.000 6	0.003 4	0.002 9	0.001 1	0.001 7	0.000 1	0.000 1	0.000 2	0.005 7	0.005 1	0.001 2	0.003 5	0.002 9
污染排放	三废	0.390 9	0.357 2	0.115 2	0.291 1	0.185 1	0.596 1	0.509 6	0.279 7	0.404 9	0.418 9	0.717 5	0.711 4	0.213 3	0.259 4	0.281 4
水资源	生产生活用水	0.062 6	0.065 6	0.018 1	0.071 4	0.024 4	0.011 6	0.013 2	0.005 8	0.013 8	0.011 3	0.061 2	0.017 0	0.008 3	0.064 2	0.041 2
合计		1.582 1	1.403 0	0.930 3	0.869 7	0.803 6	1.749 7	3.527 6	1.834 5	1.414 9	2.839 9	12.767 9	8.740 5	1.359 7	4.447 2	2.979 0

账户	项目	2013 年														
		忻府区	定襄县	五台县	代县	繁峙县	宁武县	静乐县	神池县	五寨县	岢岚县	河曲县	保德县	偏关县	原平市	忻州市
生物资源	耕地	0.503 9	0.625 3	0.342 3	0.309 7	0.240 4	0.138 0	0.234 0	1.159 0	1.410 8	0.552 8	0.396 7	0.227 4	0.395 4	0.628 9	0.455 3
	草地	0.145 7	0.157 0	0.251 4	0.175 5	0.433 8	0.282 5	0.225 1	0.949 5	0.453 1	0.821 4	0.221 4	0.305 7	0.847 2	0.453 4	0.356 4
	水域	0.008 4	0.011 5	0.009 1	0.006 1	0.012 2	0.010 2	0.010 4	0.002 0	0.005 0	0.019 3	0.019 2	0.016 9	0.009 7	0.013 3	0.008 9
	林地	0.005 7	0.021 0	0.005 8	0.030 0	0.002 2	0.000 9	0.000 8	0.000 4	0.000 1	0.004 4	0.007 2	0.067 5	0.016 5	0.073 2	0.022 2
化石能源	煤油气	0.994 1	0.332 0	0.380 2	0.175 4	0.081 4	1.755 8	5.424 1	0.004 6	0.007 2	3.402 0	23.263 8	15.273 1	0.014 5	6.635 6	4.150 7
建设用地	电力	0.002 6	0.002 6	0.002 3	0.011 1	0.009 6	0.003 5	0.005 7	0.000 1	0.000 2	0.000 7	0.017 4	0.007 0	0.003 6	0.010 5	0.009 8
污染排放	三废	0.320 0	0.352 0	0.182 8	0.362 0	0.288 5	0.540 2	0.446 6	0.220 4	0.334 8	0.352 7	0.603 1	0.586 4	0.124 4	0.213 3	0.320 9
水资源	生产生活用水	0.083 3	0.085 8	0.038 5	0.108 0	0.023 8	0.028 4	0.028 3	0.021 7	0.038 9	0.031 6	0.088 0	0.040 2	0.021 2	0.090 6	0.064 7
合计		2.063 7	1.587 2	1.212 4	1.177 8	1.091 9	2.759 5	6.375 0	2.357 7	2.250 1	5.184 9	24.616 8	16.524 2	1.432 5	8.118 8	5.388 9

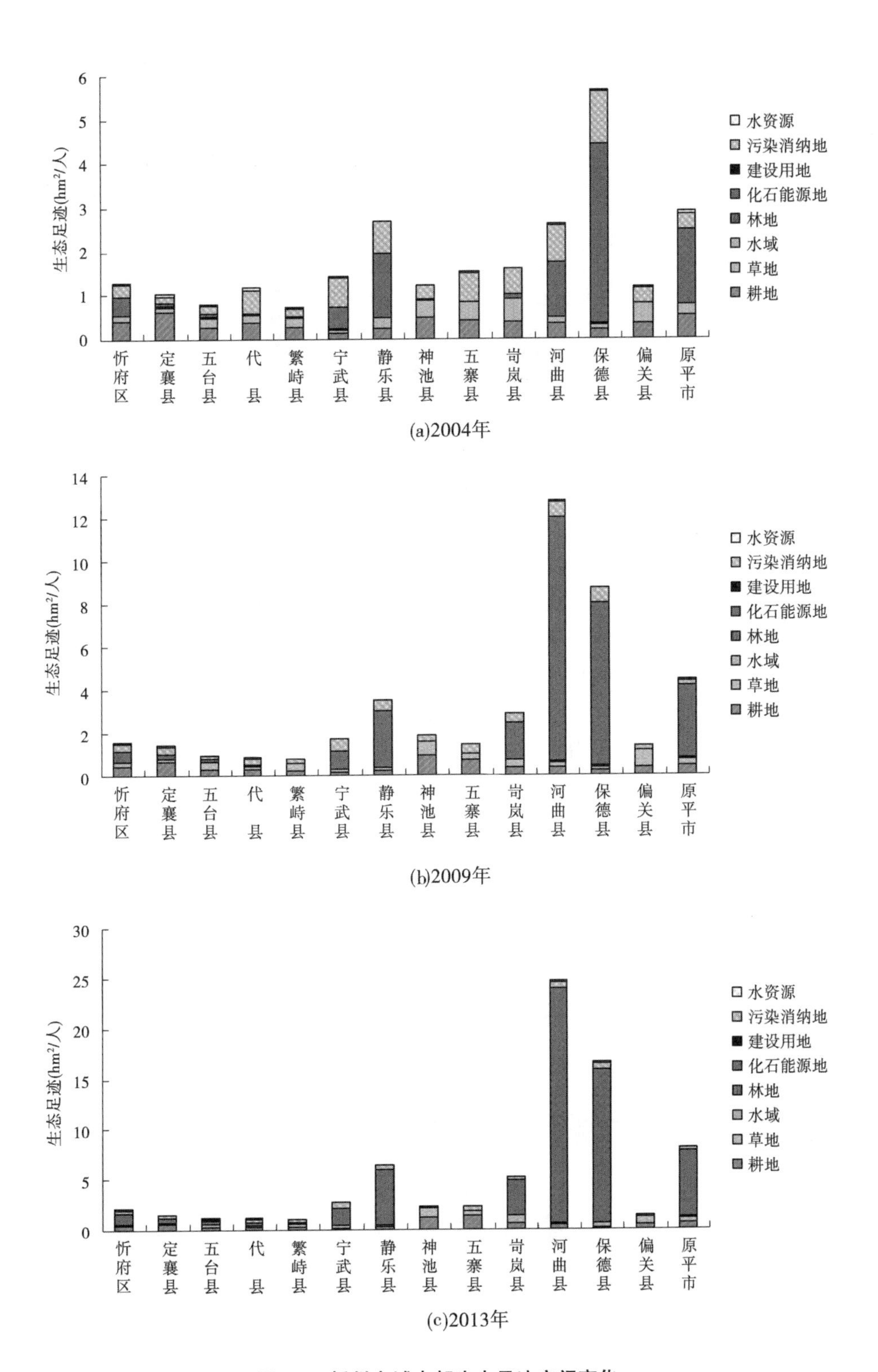

图 4-4　忻州市域内部生态足迹空间变化

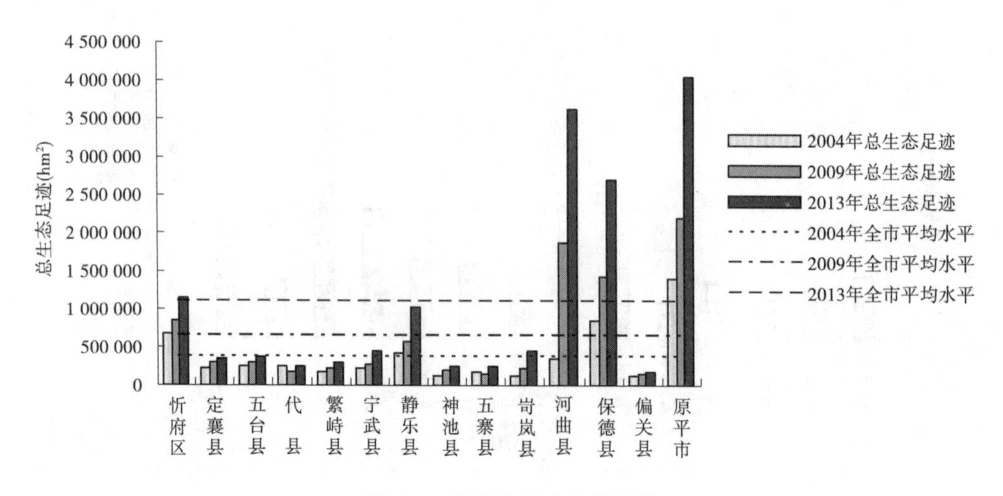

图 4-5　总生态足迹空间变化

4.4.1.2　生态承载力空间分布

由于资源禀赋不同,不同地区的6类土地类型的生态生产力不同,标准化后将这些具有不同生态承载力的生物生产性土地面积转化为具有相同生态生产力的面积,计算结果见表4-19,从承载力组成来看,忻州市生态承载力以生态资源为主,其中主要集中在耕地与林地中。耕地中表现尤其明显的是神池县、五寨县等,可以占到总承载力的70%以上,处于晋西北旱作农业区;另外滹沱河沿岸各县耕地承载力也较高,约占50%。林地承载力较高的地区主要集中在五台山与管涔山各县。水资源承载力五台县与岢岚县较高,而缺水严重的忻府区、定襄县,以及晋西北保德县、河曲县承载力较小。

从图4-6人均承载力空间分布来看,宁武县、静乐县、神池县、五寨县、岢岚县、偏关县较高。这些区域人口相对较少,但富裕人口较多,而忻定盆地各县虽为全市主要粮食主产区,人口基数较大,在一定程度上降低了人均生态承载力。

从图4-7总生态承载力空间分布来看,忻府区、五台县、繁峙县、宁武县、原平市高于全市平均水平,静乐县、神池县、五寨县、岢岚县接近或超过全市平均水平,定襄县、代县、河曲县、保德县、偏关县低于全市平均水平。

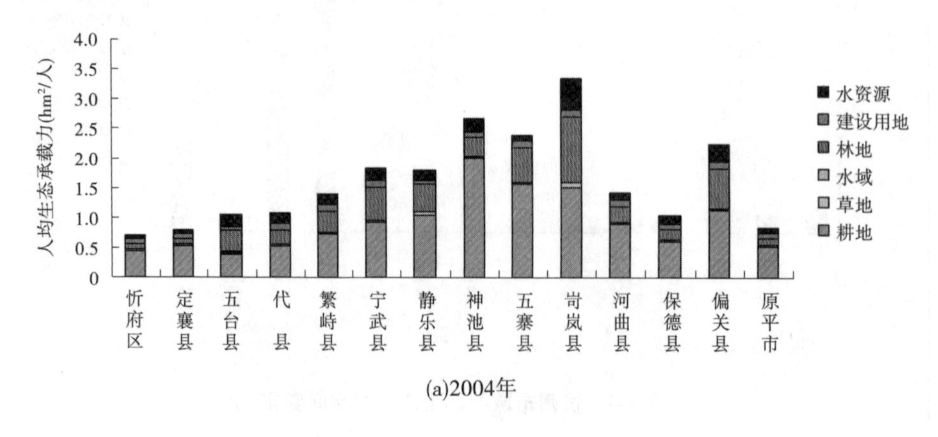

图 4-6　人均承载力空间分布

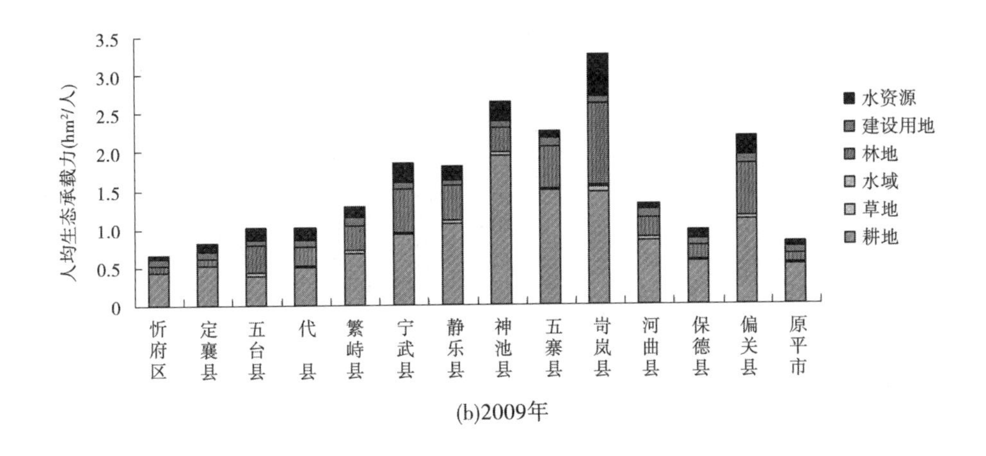

(b)2009年

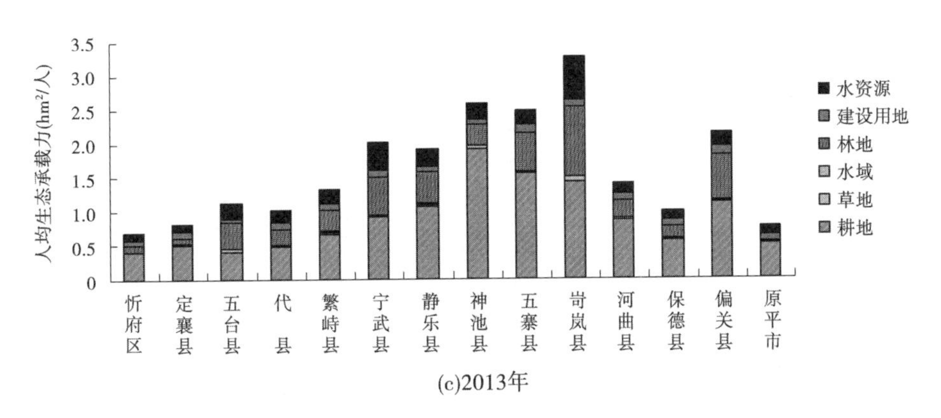

(c)2013年

续图 4-6

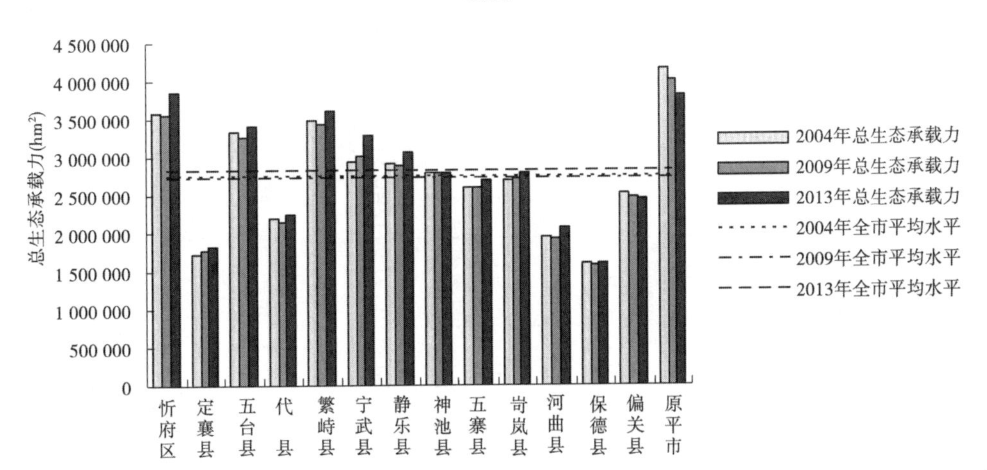

图 4-7　总生态承载力空间分布

表 4-19　忻州市人均生态承载力空间分布

（单位：hm^2／人）

账户	项目	2004 年														
		忻府区	定襄县	五台县	代县	繁峙县	宁武县	静乐县	神池县	五寨县	岢岚县	河曲县	保德县	偏关县	原平市	忻州市
生物资源	耕地	0.442 4	0.531 2	0.386 1	0.513 3	0.729 8	0.933 5	1.056 7	2.008 7	1.575 3	1.526 5	0.905 0	0.609 7	1.124 5	0.522 8	0.745 7
	草地	0.011 1	0.008 1	0.034 7	0.033 9	0.030 5	0.032 4	0.040 3	0.037 7	0.022 1	0.083 2	0.031 6	0.017 6	0.042 7	0.017 0	0.020 2
	水域	0.002 6	0.004 8	0.003 7	0.005 6	0.006 3	0.006 3	0.008 8	0.001 0	0.002 9	0.007 8	0.004 2	0.002 9	0.004 0	0.002 7	0.004 7
	林地	0.093 7	0.091 6	0.358 8	0.242 0	0.341 8	0.553 9	0.456 7	0.328 5	0.584 3	1.109 3	0.265 8	0.190 9	0.671 6	0.122 2	0.291 8
化石能源	煤油气	0	0	0	0	0	0	0	0	0	0	0	0	0	0	0
建设用地	电力	0.079 2	0.082 8	0.066 0	0.098 9	0.111 5	0.102 9	0.071 3	0.085 4	0.111 0	0.098 4	0.119 4	0.096 1	0.109 0	0.091 5	0.107 4
污染 排放	三废	0	0	0	0	0	0	0	0	0	0	0	0	0	0	0
水资源	生产生活用水	0.074 1	0.079 4	0.191 1	0.190 2	0.183 0	0.220 6	0.186 9	0.236 6	0.104 6	0.546 8	0.097 8	0.141 6	0.288 8	0.101 1	0.128 2
合计		0.703 1	0.797 9	1.040 5	1.084 0	1.403 0	1.849 6	1.820 7	2.698 0	2.400 2	3.372 1	1.423 9	1.058 8	2.240 5	0.857 3	1.297 9

账户	项目	2009 年														
		忻府区	定襄县	五台县	代县	繁峙县	宁武县	静乐县	神池县	五寨县	岢岚县	河曲县	保德县	偏关县	原平市	忻州市
生物资源	耕地	0.421 2	0.518 0	0.389 4	0.490 1	0.686 7	0.918 6	1.057 4	1.952 5	1.481 9	1.464 3	0.840 3	0.564 1	1.116 0	0.513 2	0.699 7
	草地	0.010 6	0.007 9	0.035 0	0.032 4	0.028 7	0.031 9	0.040 3	0.036 6	0.020 8	0.079 8	0.029 4	0.016 3	0.042 4	0.016 7	0.025 1
	水域	0.002 5	0.004 7	0.003 8	0.005 4	0.006 0	0.006 2	0.008 8	0.001 0	0.002 7	0.007 5	0.003 9	0.002 7	0.003 9	0.002 6	0.004 0
	林地	0.089 2	0.089 3	0.361 9	0.231 1	0.321 6	0.545 0	0.457 0	0.319 3	0.549 7	1.064 1	0.246 8	0.176 6	0.666 6	0.120 0	0.280 8

续表 4-19

账户	项目	2009 年														
		忻府区	定襄县	五台县	代县	繁峙县	宁武县	静乐县	神池县	五寨县	岢岚县	河曲县	保德县	偏关县	原平市	忻州市
化石能源	煤油气	0	0	0	0	0	0	0	0	0	0	0	0	0	0	0
建设用地	电力	0.075 4	0.080 7	0.066 6	0.094 4	0.104 9	0.101 2	0.071 3	0.083 0	0.104 4	0.094 4	0.110 9	0.088 9	0.108 1	0.089 8	0.087 7
污染排放	三废	0	0	0	0	0	0	0	0	0	0	0	0	0	0	0
水资源	生产生活用水	0.064 2	0.105 9	0.166 8	0.157 5	0.146 0	0.254 1	0.171 0	0.246 0	0.109 1	0.549 6	0.086 8	0.114 4	0.245 6	0.069 9	0.142 6
合计		0.663 0	0.806 5	1.023 5	1.010 9	1.293 8	1.857 0	1.805 9	2.638 4	2.268 5	3.259 7	1.318 1	0.963 1	2.182 6	0.812 3	1.239 9

账户	项目	2013 年														
		忻府区	定襄县	五台县	代县	繁峙县	宁武县	静乐县	神池县	五寨县	岢岚县	河曲县	保德县	偏关县	原平市	忻州市
生物资源	耕地	0.407 5	0.521 1	0.410 9	0.476 3	0.669 7	0.915 5	1.069 1	1.926 5	1.553 2	1.422 5	0.859 3	0.565 0	1.114 1	0.508 7	0.695 0
	草地	0.010 3	0.007 9	0.036 9	0.031 4	0.027 9	0.031 6	0.040 6	0.035 7	0.021 7	0.077 5	0.029 9	0.016 3	0.042 3	0.016 4	0.024 8
	水域	0.002 4	0.004 7	0.003 8	0.005 2	0.005 7	0.006 1	0.008 8	0.000 9	0.002 9	0.007 3	0.003 9	0.002 5	0.003 9	0.002 6	0.003 9
	林地	0.086 8	0.091 0	0.381 5	0.223 8	0.313 0	0.542 0	0.461 5	0.313 3	0.575 7	1.033 8	0.251 9	0.177 6	0.665 4	0.011 8	0.278 5
化石能源	煤油气	0	0	0	0	0	0	0	0	0	0	0	0	0	0	0
建设用地	电力	0.076 4	0.083 5	0.072 6	0.094 6	0.104 3	0.106 4	0.074 1	0.085 6	0.112 6	0.091 7	0.116 1	0.099 9	0.107 9	0.092 0	0.090 2
污染排放	三废	0	0	0	0	0	0	0	0	0	0	0	0	0	0	0
水资源	生产生活用水	0.110 9	0.115 7	0.225 8	0.198 1	0.204 7	0.418 7	0.274 5	0.229 4	0.204 2	0.629 2	0.146 3	0.131 3	0.220 2	0.131 2	0.192 8
合计		0.694 2	0.823 9	1.131 5	1.029 5	1.325 3	2.020 4	1.928 6	2.591 4	2.470 2	3.262 0	1.407 4	0.992 7	2.154 0	0.762 7	1.285 1

4.4.2 生态盈亏及压力空间分布

4.4.2.1 生态盈亏空间分布

表4-20为计算出的生态盈亏结果,发现在2004年、2009年、2013年三个时间上,14个县级行政区域显示出不同的特征。2004年生态盈余或保持平衡的共有7个县,分别为五台县、繁峙县、宁武县、神池县、五寨县、岢岚县、偏关县。其中,岢岚县、神池县、偏关县生态盈余排在前3位,分别为1.750 7 hm^2/人、1.463 1 hm^2/人、1.061 3 hm^2/人。按照WWF中国生态足迹报告标准生态赤字区共有4个级别(见表4-21),分布有7个县,其中保德县、原平市生态赤字分别为4.581 7 hm^2/人、2.053 6 hm^2/人,达到严重生态赤字区级别。2009年生态盈余或保持平衡的共有8个县,分别为五台县、代县、繁峙县、宁武县、神池县、五寨县、岢岚县、偏关县,但生态盈余均有所下降,其中五寨县、偏关县、神池县生态盈余排在前三位分别为0. 853 6 hm^2/人、0.822 9 hm^2/人、0.803 9 hm^2/人,生态赤字区虽数量较2004年减少1个,但整体上有向严重赤字区集中的倾向。2013年生态盈余或持平区有5个,赤字区进一步扩大达到8个,其中严重生态赤字级别扩展到河曲县、保德县、原平市、静乐县,生态赤字分别为23.209 4 hm^2/人、15.531 5 hm^2/人、7.356 1 hm^2/人、4.446 4 hm^2/人。由此可见,忻州市生态盈亏空间分布上极不均匀,表现为生态赤字高度集中,且数值已达到严重生态赤字区下限的数倍。而盈余区向平衡区过渡,最终进入生态赤字区,如五台县、代县、宁武县、岢岚县属于此类,由2009年的盈余区变成2013年的赤字区。

从图4-8、图4-9人均与总生态盈亏来看,2013年忻府区、五台县、繁峙县、原平市高于全市平均水平,而河曲县、保德县低于全市平均水平,人口基数和人均生态足迹大小同时决定着总生态盈亏。

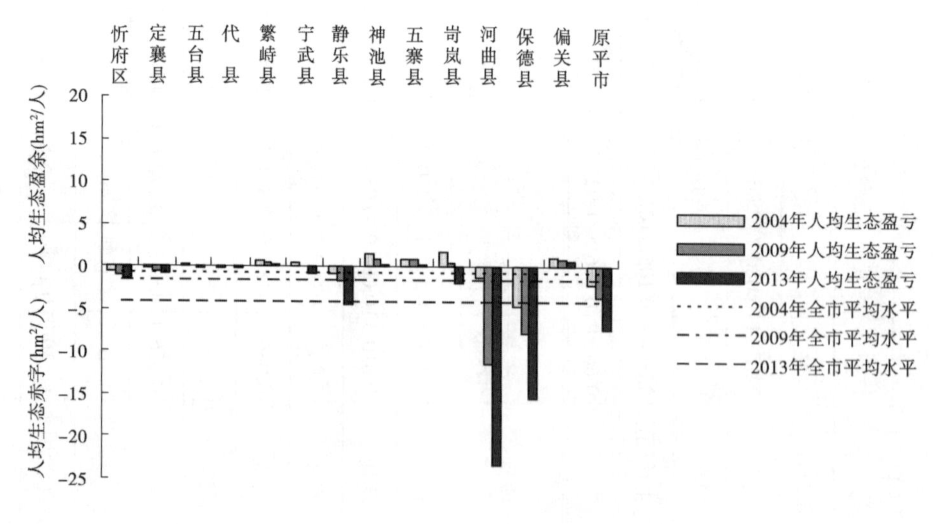

图4-8 忻州市人均生态盈亏空间分布

表 4-20 忻州市人均生态盈亏空间分布

（单位：hm^2/人）

账户	项目	2004 年														
		忻府区	定襄县	五台县	代县	繁峙县	宁武县	静乐县	神池县	五寨县	岢岚县	河曲县	保德县	偏关县	原平市	忻州市
生物资源	耕地	0.031 1	−0.106 1	0.112 3	0.121 9	0.458 1	0.795 6	0.825 6	1.509 4	1.139 9	1.142 2	0.546 0	0.406 1	0.763 4	0.009 6	0.410 7
	草地	−0.137 1	−0.093 6	−0.191 9	−0.116 7	−0.192 7	−0.053 9	−0.213 9	−0.349 7	−0.380 4	−0.452 0	−0.099 2	−0.099 6	−0.390 1	−0.226 9	−0.310 9
	水域	−0.002 8	−0.003 4	−0.001 6	0.000 7	0.003 0	0.001 8	0.005 2	0.000 5	0.002 1	0.005 0	−0.002 3	−0.005 2	0.001 1	−0.007 4	−0.001 9
	林地	0.088 1	0.078 8	0.356 5	0.227 8	0.341 3	0.553 1	0.455 9	0.328 1	0.584 1	1.107 9	0.259 8	0.180 5	0.670 8	0.109 0	0.285 7
化石能源	煤油气	−0.389 9	−0.091 2	−0.095 5	−0.039 9	−0.017 8	−0.491 1	−1.472 0	−0.002 9	−0.003 8	−0.100 4	−1.249 4	−4.104 0	−0.007 6	−1.708 0	−1.171 9
建设用地	电力	0.073 9	0.082 1	0.065 5	0.095 9	0.108 9	0.102 0	0.069 9	0.084 0	0.110 9	0.098 2	0.114 8	0.094 2	0.108 1	0.088 8	0.104 9
污染排放	三废	−0.273 7	−0.119 2	−0.168 6	−0.516 4	−0.166 5	−0.680 7	−0.718 6	−0.337 3	−0.651 3	−0.577 1	−0.819 6	−1.170 4	−0.330 2	−0.347 2	−0.198 8
水资源	生产生活用水	0.009 2	0.016 7	0.159 7	0.108 6	0.142 1	0.203 0	0.175 3	0.230 9	0.081 2	0.526 8	0.062 2	0.116 7	0.245 9	0.028 5	0.081 4
合计		−0.601 2	−0.235 9	0.236 5	−0.118 0	0.676 5	0.429 8	−0.872 6	1.463 1	0.882 7	1.750 7	−1.187 6	−4.581 7	1.061 3	−2.053 6	−0.800 9

账户	项目	2009 年														
		忻府区	定襄县	五台县	代县	繁峙县	宁武县	静乐县	神池县	五寨县	岢岚县	河曲县	保德县	偏关县	原平市	忻州市
生物资源	耕地	−0.006 8	−0.133 6	0.111 8	0.238 8	0.494 3	0.802 6	0.837 5	1.053 8	0.742 5	1.111 3	0.468 3	0.374 0	0.740 3	0.062 3	0.388 0
	草地	−0.179 2	−0.125 8	−0.305 4	−0.155 3	−0.343 3	−0.125 6	−0.114 1	−0.607 3	−0.229 1	−0.251 2	−0.183 5	−0.176 4	−0.697 0	−0.256 7	−0.266 1
	水域	−0.004 1	−0.004 2	−0.001 7	0.000 7	−0.000 2	−0.000 3	0.002 7	−0.000 2	0.001 0	−0.005 7	−0.011 1	−0.014 8	−0.001 9	−0.009 3	−0.003 1
	林地	0.083 0	0.064 8	0.360 3	0.219 3	0.320 6	0.544 1	0.456 8	0.318 9	0.549 6	1.063 3	0.238 6	0.163 7	0.665 1	0.084 0	0.269 9

续表 4-20

账户	项目	2009 年														
		忻府区	定襄县	五台县	代县	繁峙县	宁武县	静乐县	神池县	五寨县	岢岚县	河曲县	保德县	偏关县	原平市	忻州市
化石能源	煤油气	-0.497 2	-0.160 7	-0.171 3	-0.048 3	-0.019 6	-0.860 0	-2.622 5	-0.004 7	-0.005 0	-1.711 5	-11.375 4	-7.593 8	-0.014 5	-3.347 9	-2.032 6
建设用地	电力	0.074 6	0.079 9	0.066 0	0.091 0	0.102 0	0.100 1	0.069 6	0.082 9	0.104 3	0.094 2	0.105 2	0.083 8	0.106 9	0.086 3	0.084 8
污染排放	三废	-0.390 9	-0.357 2	-0.115 2	-0.291 1	-0.185 1	-0.596 1	-0.509 6	-0.279 7	-0.404 9	-0.418 9	-0.717 5	-0.711 4	-0.213 3	-0.259 4	-0.281 4
水资源	生产生活用水	0.001 6	0.040 3	0.148 7	0.086 1	0.121 6	0.242 5	0.157 8	0.240 2	0.095 3	0.538 3	0.025 6	0.097 4	0.237 3	0.005 7	0.101 4
合计		-0.919 1	-0.596 5	0.093 2	0.141 2	0.490 2	0.107 3	-1.721 7	0.803 9	0.853 6	0.419 8	-11.449 8	-7.777 4	0.822 9	-3.634 9	-1.739 1

账户	项目	2013 年														
		忻府区	定襄县	五台县	代县	繁峙县	宁武县	静乐县	神池县	五寨县	岢岚县	河曲县	保德县	偏关县	原平市	忻州市
生物资源	耕地	-0.096 4	-0.104 2	0.068 6	0.166 6	0.429 3	0.777 5	0.835 1	0.767 5	0.142 4	0.869 7	0.462 6	0.337 6	0.718 7	-0.120 2	0.239 7
	草地	-0.135 4	-0.149 1	-0.214 5	-0.144 1	-0.405 9	-0.250 9	-0.184 5	-0.913 8	-0.431 4	-0.743 9	-0.191 5	-0.289 4	-0.804 9	-0.437 0	-0.331 6
	水域	-0.006 0	-0.006 8	-0.005 3	-0.000 9	-0.006 5	-0.004 1	-0.001 6	-0.001 1	-0.002 1	-0.012 0	-0.015 3	-0.014 4	-0.005 8	-0.010 7	-0.005 0
	林地	0.081 1	0.070 0	0.375 7	0.193 8	0.310 8	0.541 1	0.460 7	0.312 9	0.575 6	1.029 4	0.244 7	0.110 1	0.648 9	-0.061 4	0.256 3
化石能源	煤油气	-0.994 1	-0.332 0	-0.380 2	-0.175 4	-0.081 4	-1.755 8	-5.424 1	-0.004 6	-0.007 2	-3.402 0	-23.263 8	-15.273 1	-0.014 5	-6.635 6	-4.150 7
建设用地	电力	0.073 8	0.080 9	0.070 3	0.083 5	0.094 7	0.102 9	0.068 4	0.085 5	0.112 4	0.091 0	0.098 7	0.092 9	0.104 3	0.081 5	0.080 4
污染排放	三废	-0.320 0	-0.352 0	-0.182 8	-0.362 0	-0.288 5	-0.540 2	-0.446 6	-0.220 4	-0.334 8	-0.352 7	-0.603 1	-0.586 4	-0.124 4	-0.213 3	-0.320 9
水资源	生产生活用水	0.027 6	0.029 9	0.187 3	0.090 1	0.180 9	0.390 3	0.246 2	0.207 7	0.165 3	0.597 6	0.058 3	0.091 1	0.199 0	0.040 6	0.128 1
合计		-1.369 5	-0.763 3	-0.080 9	-0.148 3	0.233 4	-0.739 1	-4.446 4	0.233 7	0.220 1	-1.922 9	-23.209 4	-15.531 5	0.721 5	-7.356 1	-4.103 8

注：“-”表示生态赤字。

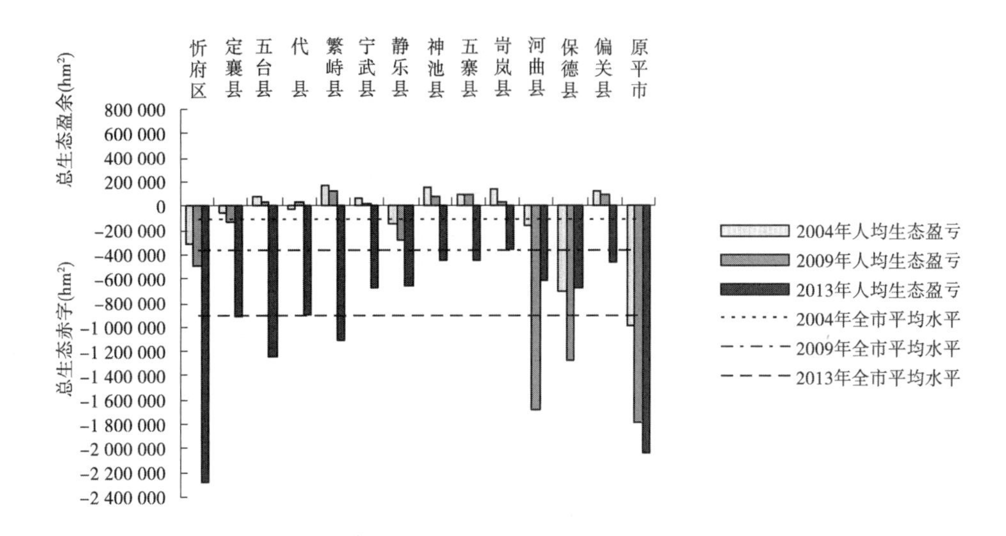

图 4-9　忻州市总生态盈亏空间分布

表 4-21　忻州市不同年代处于生态赤字区的县(市、区)个数

区域	2004 年	2009 年	2013 年
生态赤字区	7	6	9
严重生态赤字区 $(ed<-2.0)$	2	3	4
较严重生态赤字区 $(-2.0\leqslant ed<-1.0)$	1	1	2
中度生态赤字区 $(-1.0\leqslant ed<-0.5)$	2	2	2
轻度生态赤字区 $(-0.5\leqslant ed<-0.1)$	2	0	1
生态盈余或持平区	7	8	5
生态基本持平区 $(-0.1\leqslant ed<0.1)$	0	1	1
生态盈余区 $(ed\geqslant 0.1)$	7	7	4

注:划分标准来源于 WWF 中国生态足迹报告。

4.4.2.2　生态压力空间分布

表 4-22 为计算出的生态压力结果,发现在 2004 年、2009 年、2013 年 3 个时间上,14 个县级行政区域显示出与生态赤字分布相同的特征。由此可见,忻州市生态压力空间分布上极不均匀,表现为生态由盈余区向平衡区过渡,最终进入生态赤字区。

从图 4-10 所示 14 个县(市、区)在 $Ep_i=1$ 分布的情况,保德县、河曲县远离中心线。2004~2013 年生态压力指数大于 1 的区域出现的县明显增多。

表 4-22　忻州市生态压力空间分布

（单位：hm^2/人）

账户	项目	2004 年														
		忻府区	定襄县	五台县	代县	繁峙县	宁武县	静乐县	神池县	五寨县	岢岚县	河曲县	保德县	偏关县	原平市	忻州市
生物资源	耕地	0.93	1.20	0.71	0.76	0.37	0.15	0.22	0.25	0.28	0.25	0.40	0.33	0.32	0.98	0.45
	草地	13.31	12.50	6.52	4.44	7.32	2.66	6.31	10.27	18.23	6.43	4.14	6.67	10.14	14.32	16.40
	水域	2.10	1.70	1.41	0.87	0.52	0.71	0.41	0.49	0.27	0.36	1.55	2.78	0.73	3.76	1.41
	林地	0.06	0.14	0.01	0.06	0	0	0	0	0	0	0.02	0.05	0.00	0.11	0.02
化石能源	煤油气	—	—	—	—	—	—	—	—	—	—	—	—	—	—	—
建设用地	电力	0.07	0.01	0.01	0.03	0.02	0.01	0.02	0.02	0	0	0.04	0.02	0.01	0.03	0.02
污染排放	三废	—	—	—	—	—	—	—	—	—	—	—	—	—	—	—
水资源	生产生活用水	0.88	0.79	0.16	0.43	0.22	0.08	0.06	0.02	0.22	0.04	0.36	0.18	0.15	0.72	0.37
合计		1.86	1.30	0.77	1.11	0.52	0.77	1.48	0.46	0.63	0.48	1.83	5.33	0.53	3.40	1.62
账户	项目	2009 年														
		忻府区	定襄县	五台县	代县	繁峙县	宁武县	静乐县	神池县	五寨县	岢岚县	河曲县	保德县	偏关县	原平市	忻州市
生物资源	耕地	1.02	1.26	0.71	0.51	0.28	0.13	0.21	0.46	0.50	0.24	0.44	0.34	0.34	0.88	0.45
	草地	17.91	16.86	9.72	5.80	12.97	4.94	3.83	17.57	12.03	4.15	7.25	11.85	17.46	16.35	11.61
	水域	2.69	1.90	1.46	0.88	1.04	1.05	0.69	1.22	0.62	1.77	3.85	6.49	1.47	4.51	1.76
	林地	0.07	0.27	0	0.05	0	0	0	0	0	0	0.03	0.07	0	0.30	0.04
化石能源	煤油气	—	—	—	—	—	—	—	—	—	—	—	—	—	—	—
建设用地	电力	0.01	0.01	0.01	0.04	0.03	0.01	0.02	0	0	0	0.05	0.06	0.01	0.04	0.03

续表 4-22

账户	项目	2009 年														
		忻府区	定襄县	五台县	代县	繁峙县	宁武县	静乐县	神池县	五寨县	岢岚县	河曲县	保德县	偏关县	原平市	忻州市
污染排放	三废	—	—	—	—	—	—	—	—	—	—	—	—	—	—	—
水资源	生产生活用水	0.97	0.62	0.11	0.45	0.17	0.05	0.08	0.02	0.13	0.02	0.70	0.15	0.03	0.92	0.29
合计		2.39	1.74	0.91	0.86	0.62	0.94	1.95	0.70	0.62	0.87	9.69	9.08	0.62	5.48	2.40

账户	项目	2013 年														
		忻府区	定襄县	五台县	代县	繁峙县	宁武县	静乐县	神池县	五寨县	岢岚县	河曲县	保德县	偏关县	原平市	忻州市
生物资源	耕地	1.24	1.20	0.83	0.65	0.36	0.15	0.22	0.60	0.91	0.39	0.46	0.40	0.35	1.24	0.66
	草地	14.12	19.95	6.81	5.59	15.57	8.94	5.54	26.57	20.92	10.59	7.40	18.70	20.04	27.63	14.37
	水域	3.56	2.46	2.39	1.18	2.16	1.67	1.18	2.11	1.75	2.66	4.96	6.66	2.47	5.09	2.27
	林地	0.07	0.23	0.02	0.13	0.01	0	0	0	0	0	0.03	0.38	0.02	6.19	0.08
化石能源	煤油气	—	—	—	—	—	—	—	—	—	—	—	—	—	—	—
建设用地	电力	0.03	0.03	0.03	0.12	0.09	0.03	0.08	0	0	0.01	0.15	0.07	0.03	0.11	0.11
污染排放	三废	—	—	—	—	—	—	—	—	—	—	—	—	—	—	—
水资源	生产生活用水	0.75	0.74	0.17	0.55	0.12	0.07	0.10	0.09	0.19	0.05	0.60	0.31	0.10	0.69	0.34
合计		2.97	1.93	1.07	1.14	0.82	1.37	3.31	0.91	0.91	1.59	17.49	16.65	0.67	10.64	4.19

注:生态压力指数小于1,表明人类活动的干扰强度还未超过特定条件下区域生态系统的自反馈阈值,生态安全仍有保障;反之将影响生态系统平衡。生态压力指数越大,干扰生态系统平衡的强度越大,对生态安全的威胁也越大。

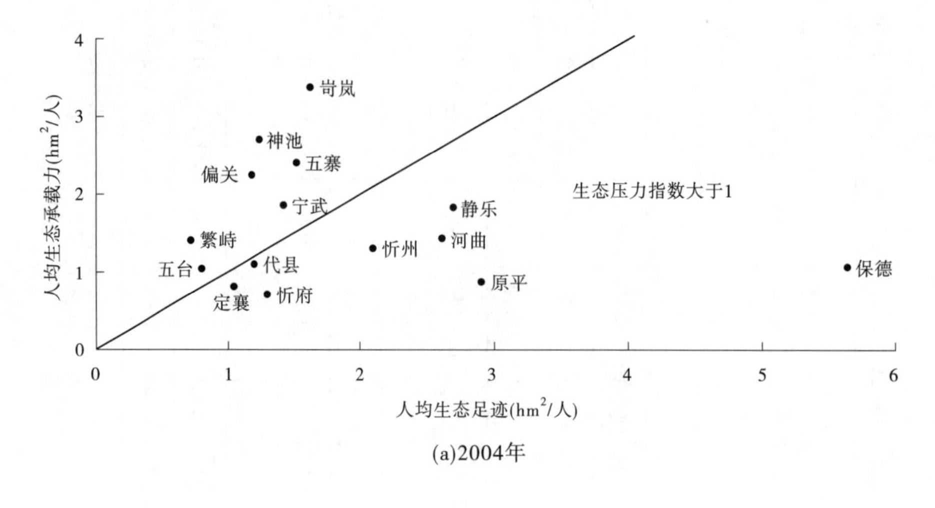

(a)2004年

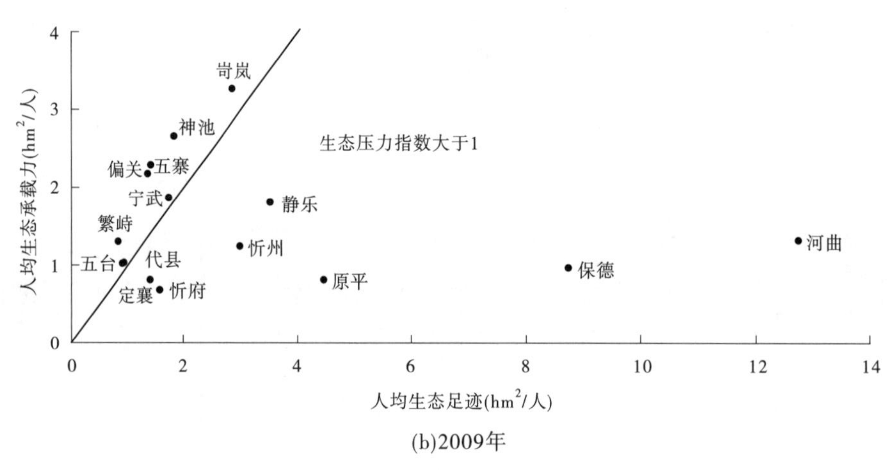

(b)2009年

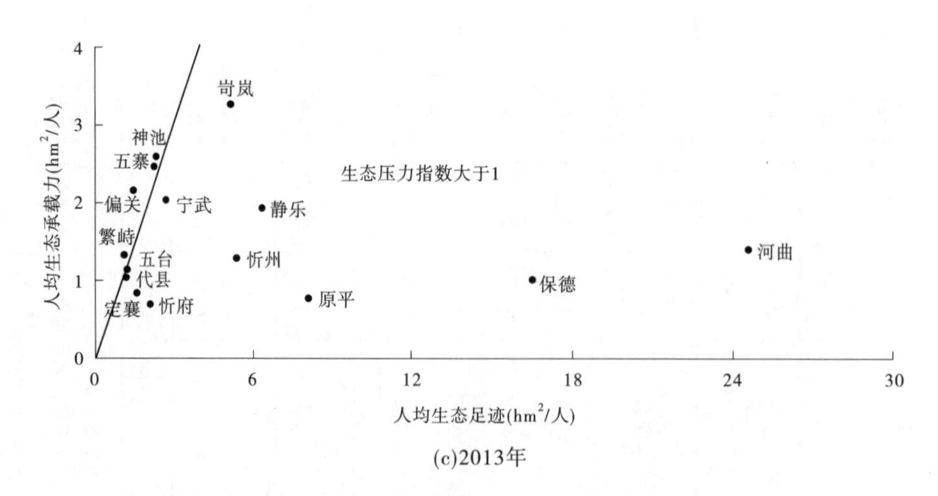

(c)2013年

图 4-10 忻州市域内人均生态承载力空间分布

根据生态压力指数计算结果，对忻州市 2004 年、2009 年、2013 年生态供需平衡空间格局进行全面分析。参考谢高地等《中国生态资源承载力研究》中的划分标准，将全市县域分为 3 大片区（生态盈余区、生态平衡区和生态赤字区）8 个级别，详细分级标准见表 4-23。

表 4-23　土地承载力分类标准

类型	土地承载状况	Ep_i	各年分配状况		
			2004 年	2009 年	2013 年
生态盈余区	富富有余	$Ep_i \leqslant 0.5$	2	0	0
	富裕	$0.5 < Ep_i \leqslant 0.7$	3	4	1
	盈余	$0.7 < Ep_i \leqslant 0.9$	2	2	1
生态平衡区	平衡有余	$0.9 < Ep_i \leqslant 1$	0	2	2
	临界超载	$1 < Ep_i \leqslant 1.1$	0	0	1
赤字区	超载	$1.1 < Ep_i \leqslant 1.5$	3	0	2
	过载	$1.5 < Ep_i \leqslant 2.5$	2	3	3
	严重超载	$Ep_i > 2.5$	2	3	5

注：谢高地，曹淑艳，鲁春霞等著《中国生态资源承载力研究》，科学出版社，2011。

4.4.3　综合可持续发展能力空间变化

表 4-24、图 4-11、图 4-12 为忻州市各县（市、区）万元 GDP 生态足迹及发展能力指数。生态足迹的大小受该地区的人口、经济发展和技术水平等因素的影响，为了利用生态足迹概念分析生态、经济和社会之间的关系，引入 IPAT 等式加以推导和分析。美国斯坦福大学的著名人口学家埃里希（Paulr.Ehrlich）于 1971 年提出了关于环境冲击（impact）与人口（population）、富裕度（affluence）和技术（technology）三因素的等式：

$$I = P \times A \times T \tag{4-10}$$

经过学者们不断努力将其发展，更有力地解释了生态、经济和社会之间的复杂关系。应用简单的 IPAT 等式加以推导应用，可以得到关于生态、经济和社会协调发展的简明而有力的证据。赋予等式左边的 I 为一个地区的总生态足迹 EF，表示该地区对生态环境造成的冲击；P 为该地区的总人口；A 为该地区的人均 GDP，表示该地区人们的富裕度；T 为万元 GDP 占用足迹面积，代表该地区的技术水平。用公式表示如下：

$$EF = P \times \frac{GDP}{P} \times \frac{EF}{GDP} \tag{4-11}$$

假定在一定阶段内忻州市的人口继续增加，随着经济的发展人们越来越富裕，即人均 GDP 在不断增加，要使环境压力减小或维持不变，只有依靠提高技术减少单位经济产值对环境的压力。为此，再假定人均的环境压力为常数，表示人类社会的可持续发展模式，公式可变形为

$$\frac{EF}{GDP} = \frac{EF}{P} / \frac{GDP}{P} \tag{4-12}$$

表 4-24　忻州各县(市、区)万元 GDP 生态足迹及发展能力指数

项目		忻府区	定襄县	五台县	代县	繁峙县	宁武县	静乐县	神池县	五寨县	岢岚县	河曲县	保德县	偏关县	原平市	忻州市
2004 年	人口(万人)	50.98	21.64	32.15	20.20	24.93	15.97	16.08	10.33	10.78	7.99	13.64	15.17	11.30	48.32	301.92
	国内生产总值(亿元)	26.69	13.87	8.40	8.89	8.20	5.20	4.51	3.07	3.70	3.41	12.53	11.17	6.05	22.40	145.48
	万元 GDP 生态足迹	2.4913	1.6129	3.0772	2.7312	2.2087	4.3604	9.6027	4.1552	4.4213	3.7991	2.8428	7.6604	2.2025	6.2792	4.3557
	生态足迹多样性指数	1.517	1.257	1.485	1.374	1.371	1.198	1.155	1.137	1.158	1.319	1.328	0.806	1.265	1.223	1.261
	发展能力指数	1.980	1.300	1.194	1.652	0.996	1.701	3.110	1.404	1.758	2.139	3.232	4.545	1.492	3.560	2.646
2009 年	人口(万人)	53.55	22.19	31.88	21.16	26.49	16.23	16.06	10.63	11.46	8.33	14.69	16.39	11.38	49.22	309.31
	国内生产总值(亿元)	66.43	28.76	20.20	21.75	21.93	17.90	11.54	8.14	8.22	7.13	37.39	38.47	13.7	51.40	311.62
	万元 GDP 生态足迹	1.275 3	1.082 5	1.468 2	0.846 1	0.970 7	1.586 5	4.909 3	2.395 7	1.972 6	3.317 9	5.016 3	3.723 9	1.129 4	4.258 6	2.956 9
	生态足迹多样性指数	1.493	1.427	1.424	1.530	1.300	1.175	0.846	1.044	1.078	1.147	0.478	0.532	1.094	0.905	1.048
	发展能力指数	2.363	2.002	1.323	1.331	1.045	2.056	2.984	1.916	1.525	3.258	6.098	4.652	1.487	4.023	3.122
2013 年	人口(万人)	55.42	22.14	30.23	21.77	27.17	16.30	15.91	10.78	10.94	8.57	14.74	16.30	11.4	49.77	311.44
	国内生产总值(亿元)	113.8	42.7	37.1	58.6	60.1	41.5	21.3	16.3	20.7	17.1	63.9	75.8	25.7	118.1	654.7
	万元 GDP 生态足迹	1.005 0	0.823 0	0.987 9	0.437 6	0.493 6	1.083 9	4.761 8	1.559 3	1.189 2	2.598 5	5.678 4	3.553 4	0.635 4	3.421 4	2.563 5
	生态足迹多样性指数	1.349	1.518	1.516	1.665	1.433	1.069	0.605	1.000	1.002	1.049	0.286	0.371	1.087	0.731	0.855
	发展能力指数	2.784	2.410	1.838	1.961	1.565	2.905	3.857	2.358	2.255	5.439	7.051	6.139	1.558	5.939	4.609

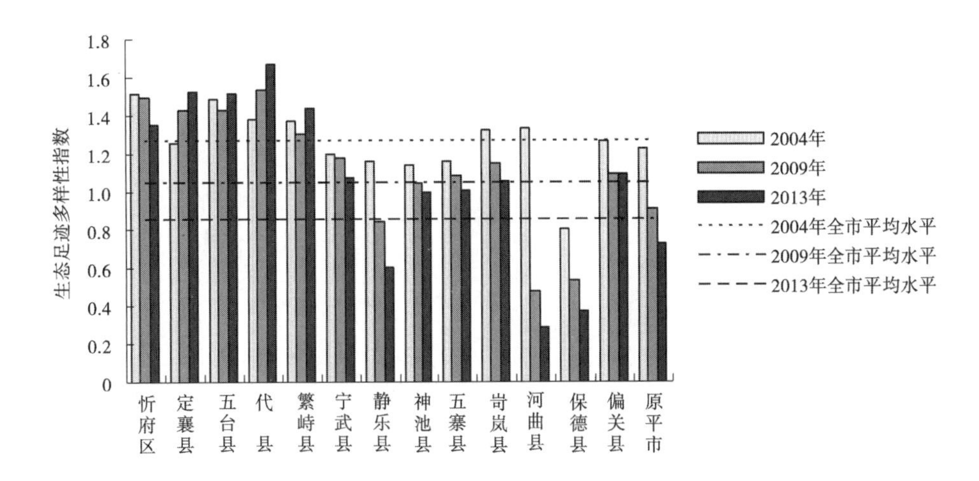

图 4-11　忻州市 2004 年、2009 年、2013 年各地生态足迹多样性指数

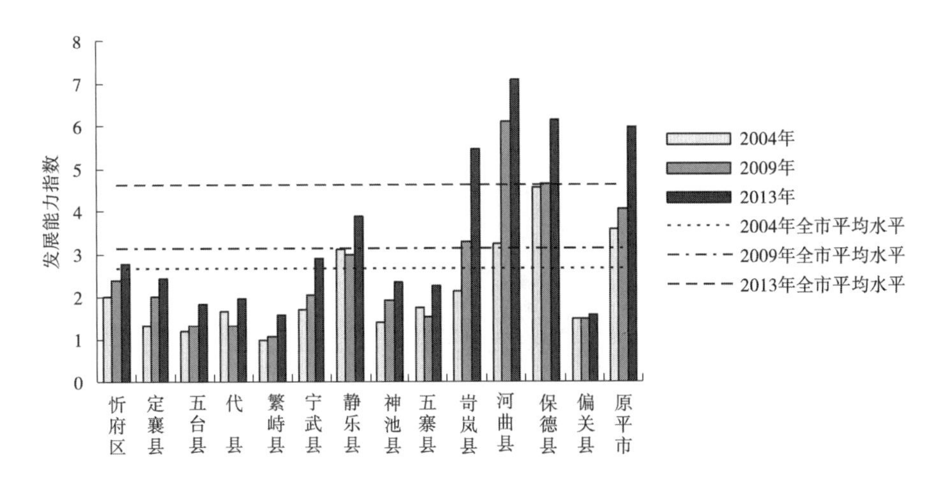

图 4-12　忻州市 2004 年、2009 年、2013 年各地发展能力指数

其中，将$\frac{EF}{GDP}$作为因变量 y；$\frac{GDP}{P}$作为自变量 x；$\frac{EF}{P}$为常数，取 k，则式(4-12)可表示为 $y=\frac{k}{x}$，即 y 是 x 的反比例函数。当 k 取不同的常数时，代表人均环境压力的不同值，k 值越小表示对环境的压力就越小，则该地区可看作是处于相对可持续状态；x 越大，相应的 y 值越小，其实际含义是，随着经济的发展，人类应该也有能力增加更多的投入以提高技术水平，替代原来的高消耗、高消费和高排放的经济发展模式，变为主要以技术创新带来经济增长的发展模式。

分别以 2004 年、2009 年、2013 年忻州市总体人均生态足迹为定值，来考察各个地市的生态、经济和社会协调状况（见图 4-13）。图 4-13 中的曲线表示忻州市对环境的冲击不变的情况下，经济发展程度（富裕度）与经济活动的自然空间占用率（技术水平）之间的动态关系，在某种程度上可视为忻州市生态、经济和社会协调发展状态。若处在曲线以下区域则表明，在相同的经济水平上，该地区的经济活动对自然空间的占用率比忻州市平均水平更低，其技术水平较高，对生态环境的冲击更小；反之则表明，在相同的经济水平上，该地区的资源能源利用率比忻州市平均水平更低，其技术水平较低，对生态环境的冲击更大。

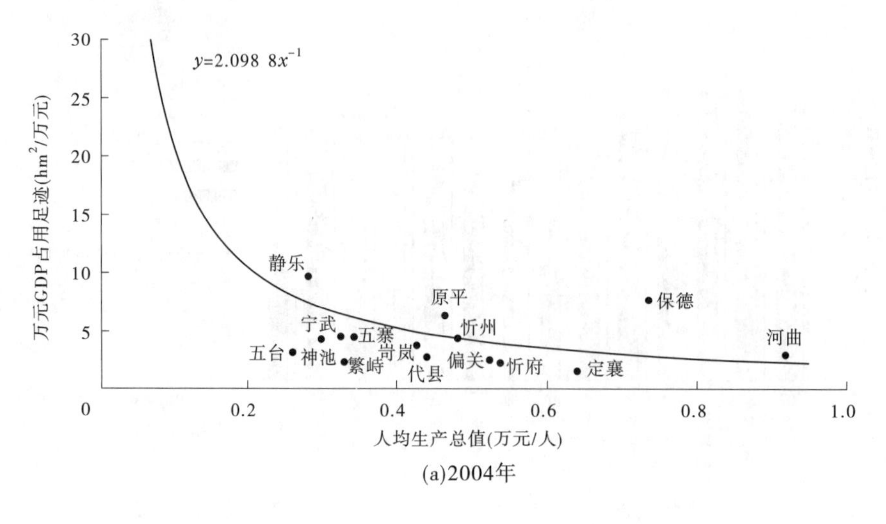

(a)2004年

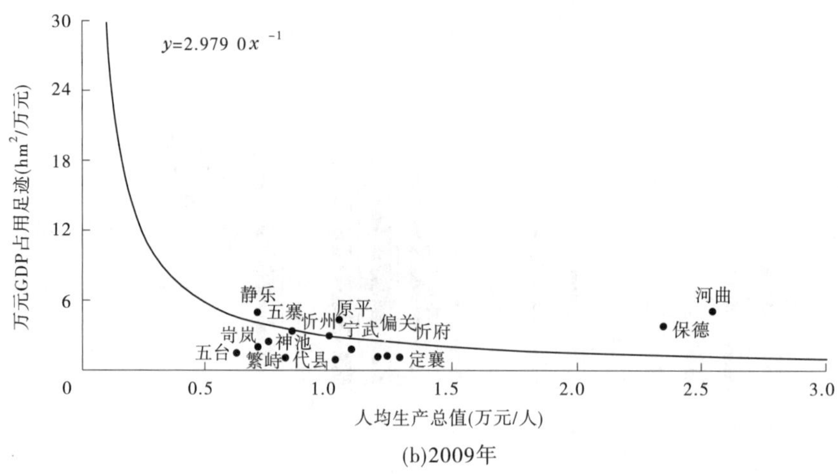

(b)2009年

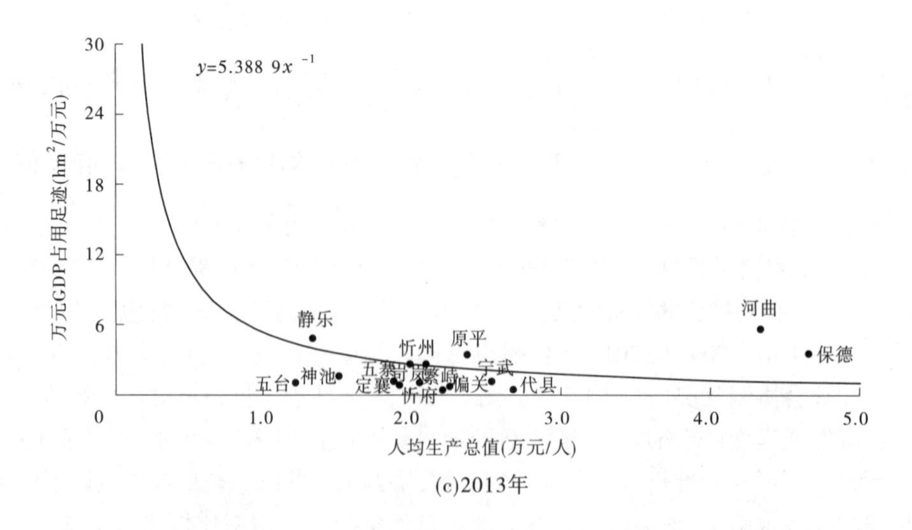

(c)2013年

图 4-13　忻州市 2004 年、2009 年、2013 年各地生态、经济和社会 IPAT 分析

河曲县、保德县、原平市、静乐县等4个地区在三个时间节点上都不同程度地处于曲线以上区域。这些地区在其所处的经济发展水平上，经济活动的自然空间占用率比忻州市平均水平高，其经济活动中的技术水平还没达到全市的平均值，资源利用效率较低，因此造成了更大的环境冲击。资源、能源利用效率和经济发展程度不匹配，资源和能源会成为这些地区经济可持续发展的瓶颈，为了达到经济又好又快的发展，这些地区必须投入更多的资金和人力等要素提升其技术水平，促使技术进步成为推动经济增长的新动力，包括产业结构提升，知识、技术的积累和制度创新。而忻州市其余县域在曲线下方，在其相应的经济条件下，资源利用效率较忻州市平均水平高，或者说其经济活动中技术要素贡献率较大，所以这些地区应当在确保当前技术水平不降低的前提下，快速发展当地经济，保护好环境的同时不断提高人民生活的富裕度。

4.5 同类研究结果比较

研究结果与同时期更大尺度的计算结果相比，不相上下，处于合理范围，见表4-25。

表4-25 与同期研究比较

年份	全球		中国		山西省		忻州		资料来源
	人均生态足迹	人均生态承载	人均生态足迹	人均生态承载	人均生态足迹	人均生态承载	人均生态足迹	人均生态承载	
2010	2.6	1.7	—	—	—	—	3.41	1.25	地球生命力报告2014版
2008	2.7	1.8	2.1	0.87	—	—	2.54	1.28	中国生态足迹报告2012
2005	—	—	—	—	3.1	0.5	2.46	1.28	谢高地
2003	2.2	1.8	—	—	—	—	—	—	中国生态足迹报告2012
2011	—	—	—	—	5.68	0.76	4.17	1.27	逯砚秋，王国梁

4.6 忻州市生态足迹发展趋势预测

为了定量地了解忻州市生态环境可持续发展的变化趋势，本书拟从生态足迹、生态承载力和生态盈亏三个方面对该地区未来10年的发展趋势进行预测。

4.6.1 灰色模型预测

社会经济统计数据中很难找到统计规律，因为随机过程中典型分布是十分有限的，普通的分析方法往往难以处理这类数据。灰色预测是通过对原始数据的挖掘、整理来寻求其变化规律的,通过灰色序列的生成,弱化其随机性,显示其规律性。灰色预测也是基于累加生成的数列的 GM(1,1)模型。

建立 GM(1,1)模型的基本步骤如下:

第 1 步:对数据序列 $X^{(0)}=\{X^{(0)}(1),X^{(0)}(2),\cdots,X^{(0)}(N)\}$ 做一次累加生成,得到

$$X^{(1)}=\{x^{(1)}(1),x^{(1)}(2),\cdots,X^{(1)}(N)\}$$

其中
$$x^{(1)}(t)=\sum_{k=1}^{t}x^{(0)}(k)$$

第 2 步:构造累加矩阵 B 与常数项向量 Y_N,即

$$B=\begin{bmatrix} -\frac{1}{2}[x^{(1)}(1)+x^{(1)}(2)] & 1 \\ -\frac{1}{2}[x^{(1)}(2)+x^{(1)}(3)] & 1 \\ \vdots & \vdots \\ -\frac{1}{2}(x^{(1)}[N-1)+x^{(1)}(N)] & 1 \end{bmatrix}$$

$$Y_N=[x_1^{(0)}(2),x_1^{(0)}(3),\cdots,x_1^{(0)}(N)]^{\mathrm{T}}$$

第 3 步:用最小二乘法解灰参数 $\hat{a}$,即

$$\hat{a}=\begin{bmatrix} a \\ u \end{bmatrix}=(B^{\mathrm{T}}B)^{-1}B^{\mathrm{T}}Y_N \tag{4-13}$$

第 4 步:将灰参数代入时间函数:

$$\hat{x}^{(1)}(t+1)=[x^{(0)}(1)-\frac{u}{a}]\mathrm{e}^{-at}+\frac{u}{a} \tag{4-14}$$

第 5 步:对 $\hat{X}^{(1)}$ 求导还原,得到

$$\left.\begin{aligned} \hat{x}^{(0)}(t+1)&=-a[x^{(0)}(1)-\frac{u}{a}]\mathrm{e}^{-at} \\ \hat{x}^{(0)}(t+1)&=\hat{x}^{(1)}(t+1)-\hat{x}^{(1)}(t) \end{aligned}\right\} \tag{4-15}$$

第 6 步:计算 $x^{(0)}(t)$ 与 $\hat{x}^{(0)}(t)$ 之差 $\varepsilon^{(0)}(t)$ 及相对误差 $e(t)$:

$$\left.\begin{aligned} \varepsilon^{(0)}(t)&=x^{(0)}(t)-\hat{x}^{(0)}(t) \\ e(t)&=\varepsilon^{(0)}(t)/x^{(0)}(t) \end{aligned}\right\} \tag{4-16}$$

第 7 步:模型诊断及应用模型进行预报,对于预测模型,预测精度是十分重要的,该预测公式是否能达到精度要求,需要进行检验。分别计算方差比 $c=s_1/s_2$ 和小误差概率,参照表 4-26标准检验,其中 s_1 为观察数据的标准差, s_2 为残差值的标准差。

$$p=\{|\varepsilon^{0}(t)-\varepsilon^{-(0)}|<0.674\,5s_1\} \tag{4-17}$$

上述 7 步为整个建模、预测的分析过程。当所建立的模型残差较大、精度不够理想时,为提高精度,一般可以对其残差过行残差 GM(1,1)模型建模分析,以修正预报模型。

表 4-26　灰色预测精度检验等级标准

精度等级	小误差概率 P	方差比 C
好	>0.95	<0.35
合格	>0.80	<0.5
勉强	>0.70	<0.65
不合格	≤0.70	≥0.65

4.6.2　预测结果分析

以忻州市 2004~2013 年人均生态足迹为原始数据，建立灰色系统 GM(1,1)模型。应用 DPS 数据处理软件得到：

$$a = 0.200\ 427, u = 0.782\ 327$$

人均生态足迹的预测模型为

$$M^{(1)}(t+1) = -3.822\ 290 e^{-0.200\ 427\ t} + 3.903\ 305 \quad (4\text{-}18)$$

式中：x 为预测年份的人均生态足迹；t 为年份变化。

用此模型对忻州市 2014~2023 年人均生态足迹进行模拟拟合。预测值的相对误差都小于 3%，平均相对误差为 1.441%，说明模型精度比较理想；模型评价参数后验方差比 C= 0. 196 7，小误差概率 P=1.000 0，说明预测模型精度为一级（好）。

4.7　本章小结

采用修正后的生态足迹模型测算了 2004~2013 年忻州市生态足迹和生态承载力。生态足迹模型中增加了包括废气、废水和固体废弃物科目的污染排放账户和水资源账户，重新确定了忻州市各项生物账户全球平均产量与生产性土地均衡因子。测算了各账户的生态足迹与生态承载力。

生态足迹和生态承载力动态演变特征如下：

(1)忻州市人均生态足迹增长较为明显，由 2004 年的 2.098 8 hm^2/人增长至 2013 年的 5.388 9 hm^2/人，人均生态承载力维持在 1.28 hm^2/人左右；人均生态盈亏全部表现为生态赤字，从 0.800 9 hm^2/人上升至 4.103 8 hm^2/人。

(2)生态足迹账户上表现出差异性：近 10 年间均表现为生态盈余的有耕地、林地、建筑用地、水资源，共 4 类，除水资源外，其余 3 类生态盈余呈下降趋势；而草地、水域、能源用地、污染消纳地均表现为生态赤字，除污染生态赤字稳定在一定范围内外，草地、水域、能源用地均表现为快速增加趋势，导致了生态赤字的增加。

(3)忻州市生态压力指数从 2004 年的 1.62 增长到 2013 年的 4.19，生态多样性指数从 1.261 减少到 0.855，万元 GDP 生态足迹从 4.355 hm^2/万元降至 2.563 hm^2/万元，表明生态足迹分配越来越失衡，生态系统处于不稳定状态。同时，资源利用率正在逐步提高，发展能力指数由 2.646 增加到 4.609 的事实，也说明了全市可持续发展态势良好。

生态承载力空间分布特征如下：

（1）人均生态足迹集中于能源资源相对丰富县域，如静乐县、河曲县、保德县、原平市。忻州市生态承载力主要来自耕地与林地，人均生态承载力主要集中于相对资源富裕、人口较多的县域，如宁武县、静乐县、神池县、五寨县、岢岚县、偏关县。2004~2009年间生态赤字县域数量呈上升趋势，且整体上向严重赤字区、压力指数大于1的区域集中。

（2）从资源、能源利用效率和经济发展程度的匹配上，可以分为两类区域，河曲县、保德县、原平市、静乐县等4县经济活动的自然空间占用率高于全市平均水平。从能源利用与城镇发展提出空间差异产生的原因，研究结果可为矿粮复合区与重点生态功能区生态环境治理提供科学依据。

（3）生态承载足迹与承载力与同期计算结果相比较，并利用灰色模型进行了预测，精度较理想。

参考文献

[1] Wackernagel M, Monfreda C, Erb K H, et al.Ecological footprint time series of Austria, the Philippines and South Korea for 1961-1999：comparing the conventional approach to an' acturl land area' approach[J].Land Use Policy,2003,21(3)：261-269.

[2] Rees W E.Ecological footprints and appropriated carrying capacity：what urban economics leaves out[J].Environment and Urbanization,1992,4(2)：120-130.

[3] 谢高地，曹淑艳，鲁春霞，等.中国生态资源承载力研究[M].北京：科学出版社，2011.

[4] 周涛，王云鹏，龚健周，等.生态足迹的模型修正与方法改进述评[J].生态学报，2015，35(14)：1-17.

[5] 方恺.足迹家族：概念、类型、理论框架与整合模式[J].生态学报，2015，35(6)：2741-2748.

[6] 张恒义，刘卫东，林育欣，等.基于改进生态足迹模型的浙江省域生态足迹分析 [J].生态学报，2009，29(5)：2738-2748.

[7] 郭晓娜，李泽红，董锁成，等.基于改进生态足迹因子的区域可持续性动态评估——以陕西省为例[J].水土保持通报，2014，34(2)：142-146.

[8] Shannon C E, Weaver W. The Mathematical Theory of Communication[M]. Urbana：University of Illinois Press,1949.

[9] Ulanowicz R E.Growth and Development：Ecosystems Phenomenology[M].New York：Springer-Verlag,2000.

[10] 刘乐冕.炎陵县生态足迹动态分析与变化趋势研究[D].长沙：湖南农业大学，2009.

[11] 杨屹，加涛.21世纪以来陕西生态足迹和承载力变化[J].生态学报，2015，12(24)：1-11.

[12] 谢鸿宇，叶慧珊.中国主要农产品全球平均产量的更新计算[J].广州大学学报(自然科学版)，2008，7(1)：76-80.

[13] 张家其，王佳，吴宜进，等.恩施地区生态足迹和生态承载力评价[J].长江流域资源与环境，2014，23(5)：603-608.

[14] 郭荣中，申海建，杨敏华.基于灰色模型的长沙市生态足迹与生态承载力预测分析[J].水土保持研究，2015，22(4)：195-200.

[15] 焦雯珺，闵庆文，李文华.基于生态系统服务的生态足迹模型构建与应用[J].资源科学，2014，36(11)：2392-2340.

[16] 汪霞，张洋洋，怡欣，等.基于生态足迹模型的舟曲县生态承载力空间差异[J].兰州大学学报(自然科学版)，2014，50(5)：687-688.

[17] 山西省统计局.忻州统计年鉴 [DB/OL].(2014-04-011)[2016-06-09] http://www.stats-sx.gov.cn/tjsj/

tjnj/.

[18] 忻州市统计局国家统计局忻州调查队.忻州市 2013 年国民经济和社会发展统计公报[EB/OL].(2014-04-08)[2016-05-15] http://www.statssx.gov.cn/tjsj/tjgb/201706/t20170627_82919.shtml.

[19] 忻州市环境保护局.忻州市环境状况公报[EB/OL].(2015-09-16)[2016-05-19] http://hbj.sxxz.gov.cn/xxgk/hjzlgb/.

[20] 山西省水利厅.山西水资源公报[EB/OL].(2016-01-18)[2016-05-27] http://www.sxwater.gov.cn/zncs/szyc/szygb/.

[21] 联合国粮食及农业组织.全球主要农作物产量报告[EB/OL].(2000-01-18)[2015-01-24] http://www.fao.org/home/en/.

[22] 世界自然基金会.中国生态足迹报告 2012[R].北京:中国科学院,2012.

[23] 赵鹏宇,步秀芹,崔嫱,等.2004—2013 年忻州市生态足迹和承载力变化[J].水土保持研究,2017,24(4):373-378.

[24] 赵鹏宇,郭劲松,刘秀丽,等.基于生态足迹模型修正的忻州市生态承载力空间差异变化[J].干旱地区农业研究,2019.37(1):41-50.

第5章　忻州市生态安全预警研究

生态安全预警是指在一定时空领域内,人类社会赖以生存的系统处于良性循环,并能满足该区域人类社会可持续发展的状态。目前,生态安全预警研究在不同尺度取得了一批重要实践成果,为区域生态环境管理、决策提供科学的依据。区域生态安全评价是对人类活动影响而产生的,对区域生态系统威胁状态的评价,其目的是通过研究区域生态安全状况,为可持续发展提供参考,实施有效的生态与环境的系统管理。

5.1　生态安全预警指标体系建立的概念模型

目前,国内外生态评价的模型框架通常有经济合作发展组织(Organization for Economic Coperation and Development)提出的PSR模型(Pressure-State-Response,压力—状态—影响,1994)和DSR模型(Driving force-State-Response,驱动力—状态—影响,1996)、Corvdan和他的同事提出的DPSEEA模型(Driving force-Press-State-Exposure-Effect-Action,驱动力—压力—状态—暴露—影响—响应,1996)、EEA(European Environment Agency,欧洲环境署,1998)提出的DPSIR(Driving force-Pressure-State-Impact-Response,驱动力—压力—状态—影响—响应)等。这些模型从不同程度上考虑了人类活动对环境的压力,自然资源的质与量的变化,以及人们对这些变化的响应,即采取相应的减少、预防和缓解自然环境不理想变化的措施。我国众多学者对这些模型进行细化和补充,在响应部分细分,将响应分为观念意识响应和行动措施响应,构建4个层次的城市生态安全评价指标体系:第一层次是目标层,即生态安全评价综合指数;第二层次是项目层,由生态安全意识、生态安全政策、生态安全防控体系、社会状态、资源状态组成;第三层次是评价因素层;第四层次是指标层。本章以PSR模型为例构建区域生态安全的评价模型框架。

5.1.1　预警指标体系的建立

生态系统是一个由众多因子构成的、涵盖领域广泛的复杂大系统,而且这些因子之间相互影响、相互制约。为此,在建立指标体系之前,应该确定指标选择原则。

5.1.1.1　评价指标选取的原则

城市生态系统是一个由众多因子构成、涵盖领域广泛的复杂大系统,而且这些因子之间相互影响、相互制约。为此,在建立城市生态安全指标体系之前,应该确定指标选择原则。城市生态安全指标筛选必须达到三个目标;一是指标体系能完整、准确地反映城市生态安全状况,并能够提供现状的代表性信息;二是对生态环境的生物物理状况和人类干扰进行监测,寻求自然压力、人为压力与生态安全变化之间的联系,并探求生态与环境安全的主要原因与重要过程;三是定期为政府决策、科研及公众要求等提高年份城市生态安全现状、变化及趋势的统计总结和解释报告。因此,筛选指标应该遵循以下原则。

1. 科学性

在评价时，指标体系一定要建立在科学的基础上，能客观和真实地反映系统发展的状态、各个子系统和指标时间的相互联系，并能较好地度量研究目标的实现程度。

2. 目的性

指标体系应是对评估对象的本质特征、结构及其构成要素的客观描述，应为评估活动目的服务，针对评估任务的要求，指标体系应能够支撑更高层次的评估准则，为评估结构判定提供依据。目的性原则是建立指标的出发点和根本，衡量指标体系是否合理有效的一个重要标准就是能否满足评估目的。

3. 整体性

由于系统是一个有机整体，评价指标应是能真实反映系统的综合体。在选择评价指标的时候，必须是评价指标有机地联系起来，组成一个层次分明的整体，这样才能保证评价结果的真实可靠性。

4. 引导性

指标体系能服务于生态系统安全总体战略目标，以规范和引导未来发展的行为和方向。

5. 可操作性和实用性

所选指标的数据是可以获取的，即通过调查、统计、遥感等方法可获得。并且必须概念清楚，意义明确，易于定量计算。同时，所建立的指标体系应考虑到现实中的可能性，应符合国家相关政策并适应于指标使用者对指标的理解接受能力和判断能力，适应于信息基础。生态安全评价活动是实践性很强的工作，指标体系的实用性是确保评估活动实施效果的重要基础。

6. 层次性

根据评价需要和生态系统安全的复杂程度，指标体系可分解为若干层次结构，以保证指标体系在一定时期内的稳定性，便于评价。

7. 动态性和稳定性

指标是一种随时空变动的参数，不同发展水平应采取不同的指标体系，同时应保持指标在一定时间内的稳定性，便于进行评价。

基于对生态安全内涵的认识，同时由于生态安全是一个全新的领域，尤其是生态安全的定量评价，更是一个崭新的课题，它是多科学的交叉与综合。因此，建立生态安全评价指标体系除要遵循建立指标体系的一般基本原则外，最重要的就是遵循公众参与原则，也就是说要让生态安全指标体系生成的生态安全信息成为广大社会公众日常生活的一部分，而不仅仅是决策者、研究者可以利用的重要信息。

5.1.1.2 指标体系框架

本章基于 PSR 概念模型框架和指标的选择原则，从生态安全的内涵出发，并考虑到目前国内外有关安全评价的各种方法，按照上述指导思想和构建原则，采用自上而下、逐层分解的方法，把城市生态安全分为四个层次，每个层次又分别选择反映其主要特征的要素作为评价指标。

1. 目标层(target layer)

以城市生态安全综合指数(urban ecological security integrated index ,UESII)作为总目标层，综合表征城市生态安全势态、质量及总体水平。

2. 标准层(criteria layer)

标准层是城市生态安全因果关系的体现,包括系统压力、系统状态和系统响应。

3. 要素层(factor layer)

要素层是反映准则层的组成要素。体现压力来自人口压力、土地压力、经济压力、资源压力等;系统状态包括资源状态、环境状态等;系统响应选取环境响应、经济响应和社会响应作为评判依据。

4. 指标层(index layer)

指标层由可直接度量的指标构成,是城市生态安全综合指标体系最基本的层面,根据要素层各项目的特征和含义,城市生态安全综合指标可由各个指标值,通过一定的模型或方法计算得到。

1)生态安全评价的压力指标体系

人类社会的日益发展,使得人类活动对自然资源无节制的索取行为愈演愈烈,从而对整个生态系统形成了巨大的压力,这种压力的形成与发展和生态系统的状态紧密相关。因此,对人类活动的压力指标进行监测,可以有效地了解生态系统所处的状态;而对人类社会活动的控制,可以有效地掌握生态系统的变化情况。比如,随着人口不断增长和工业化的飞速发展,人类社会对于自然资源的大量索取与大规模开采消耗,已经造成了资源的退化乃至枯竭,进而影响到整个社会经济系统的可持续发展进程。因此,可以构建压力指标体系来反映人类经济社会活动作用于生态系统所产生的影响(张志强等,2002)。

压力指标体系主要包含两个方面的内容:一是表征直接压力的指标,能够直接反映生态系统自身变化的原因,如资源开采量、森林砍伐量、工业污染量等;二是表征间接压力的指标,经济系统与社会系统还可以通过间接的方式对生态系统产生影响,比如人口增长率、人口密度、贫富差距指数、城市化水平、就业率、人均 GDP 等。这些因素虽不会直接改变生态系统,但会通过其他的途径,潜移默化地对生态系统产生影响。例如,农村的贫困人口出于生计因素,往往会对周边脆弱的生态系统进行开发,使原本就脆弱的生态系统无法继续维持平衡的状态,从而对生态系统产生不利影响。

2)生态安全评价的状态指标体系

文明、健康的生态系统标志着人类的文明与社会的进步,同时为其提供了有力的保障,是迈向可持续发展道路的重要前提条件;生态恶化、资源枯竭和环境污染,制约着社会的进步和可持续发展的有效推进。评价、监测目前生态系统的状况和变化趋势,可以为国家生态安全规划的全面实施提供科学依据,为相关的人类社会活动提供基本信息,这也是构建生态安全评价指标体系的一个关键目的所在。因此,状态指标体系用以反映和衡量生态系统的现状和发展趋势。

3)生态安全评价的响应指标体系

人类社会与生态系统之间有着密切的关系,两者相互影响;当人类社会对生态系统采用不正确的开发利用方式时,就会产生生态危机和生态破坏。因此,实现区域的生态安全、保护良好的生态系统,人类社会有必要为维护生态环境和维持生态安全采取一定措施,并构建一套完善的制度来保障执行。响应指标体系反映了整个社会经济系统为缓减生态危机、构建和谐生态环境所做出的努力,如资金的投入、相关政策的出台和制度的建立、相关国际条约的制定等。由于目前国际上还没有达成统一的指标体系和相应的规范,本章以"世界发展指标”(世界银行为世界各国年度经济、社会、环境等各方面设计的统计指标)为基础进行指标的选取工作,从而构筑“状态—压力—响应”的指标体系,对忻州市的生态安全水平进行预警和比较,进而评估忻州市生态安全所处的状态及其变化趋势,以及与理想安全状态的比较(左伟等,2002)。本章选取的指标及构建的指标体系如表 5-1 所示。

表 5-1　忻州市生态安全预警指标体系

目标层	准则层	要素层	指标层	测算方法	属性
忻州市生态安全预警指标体系	系统压力	人口压力指数	人口密度(人/km^2)	年末总人口/区域土地面积	−
			人口自然增长率(‰)	(年出生人数 − 年死亡人数)/年平均人数 ×1 000‰	−
		资源压力指数	万元 GDP 用水量(m^3/万元)	用水量/GDP ×10 000	−
			万元 GDP 能耗(tce/万元)	能耗量/GDP ×10 000	−
		经济发展指数	人均 GDP(元)	GDP/人口数	+
			GDP 年均增长幅度(%)	(本年 GDP − 上年 GDP)/上年 GDP ×100%	+
		环境压力指数	万元 GDP 废污水排放量(m^3/万元)	(废水排放量 + 污水排放量)/GDP ×10 000	−
			万元 GDP SO_2 排放量(t/万元)	SO_2 排放量/GDP ×10 000	−
			万元 GDP 氮氧化物排放量(t/万元)	氮氧化物排放量/GDP ×10 000	−
			万元 GDP 烟粉尘排放量(t/万元)	(烟尘排放量 + 粉尘排放量)/GDP ×10 000	−
	系统状态	生态状态指数	水土流失治理率(%)	已治理面积/水土流失总面积 ×100%	+
			水土协调度(%)	耕地有效灌溉面积/耕地面积 ×100%	+
			人类干扰指数(%)	(耕地面积 + 建设用地面积)/区域土地面积 ×100%	−
		资源状态指数	人均水资源(m^3)	水资源总量/人口数	+
			人均矿产资源量(t)	年产矿量/年末总人口	+
			人均粮食产量(kg)	年产粮食量/年末总人口	+
	系统响应	环境响应指数	空气综合污染指数	年度环境状况公报	−
			环保投资率(%)	环保投资额/GDP ×100%	+
		社会响应指数	农民人均纯收入(元)	年度统计年鉴	+
			农业机械化水平(kW/hm^2)	农业机械总动力/耕地面积	+
			城市化水平(%)	城镇人口/总人口 ×100%	+

注:其中,“ + ”代表正向指标,指标值越大,生态安全状况越好;“ − ”代表负向指标,情况相反。

在具体的评价过程中,各项指标的计算均是相对值,与其各自的绝对大小无关。如表 5-1 所示,由于忻州市经济的发展依赖于本地矿产资源的开发,而伴随着资源的不断开发，城市面临着各个方面的巨大压力，有来自系统内部的，也有来自系统外部的。因此，本章将其分为人口、资源、经济、环境四个方面来构建压力指标体系。其中，人口压力涉及人口密度、自然增长率等方面；资源压力主要反映能源与水资源的供给能力；环境压力是指人类生活生产过程中所产生的废弃物对环境的影响；经济发展压力体现了经济发展水平；状态指标体现了忻州市在当前时期内能够反映或是直接威胁到生态安全方面的指标所处的状态，分为生态状态以及资源状态，基本上包括了忻州市生态状况的主要内容；响应指标则是表征整体的经济发展实力与资源可持续利用的综合指标，包括环境响应指标和社会响应指标。

5.1.2 评价指标的生态学意义

5.1.2.1 压力系统

人口密度：区域内单位面积的人口数量，表征人口压力。

人口自然增长率：指一定时间内人口自然增长数（出生人数－死亡人数）与年平均人口数之比，通常以年为单位计算，用千分比来表示。影响人口自然增长率的主要原因是社会经济条件、医疗卫生水平和生育观念等。

万元 GDP 用水量：其值为区域用水量（t）/地区 GDP（万元），是反映生态产业和资源消耗类的经济技术进步水平核心指标之一。

万元 GDP 能耗：其值为区域能源总消耗（以吨标煤计）/区域国内生产总值（万元），表示能源的利用效率，是反映生态产业和资源消耗类的经济技术进步水平核心指标之一。

人均 GDP：以当年价格计算，人均 GDP 越高，生态与环境建设能力越强。

GDP 年均增长率：其值为 GDP 当年变化的部分与上一年的比值，反映了地区经济发展稳定性指标。GDP 年均增长率越高，生态与环境建设能力越强。

万元 GDP 废污水排放量、万元 GDP SO_2 排放量、万元 GDP 氮氧化物排放量、万元 GDP 烟粉尘排放量即区域某一年的污染物排放量（t）/地区 GDP（万元），该类指标为逆向指标，表征生产生活对土地生态系统的污染压力，其值越大，生态系统被污染的程度也越大。

5.1.2.2 状态系统

水土流失治理率：水土流失治理面积占区域总面积的比重，该指标为正向指标，其值越大，区域生态越安全。

水土协调度：耕地有效灌溉面积/耕地面积×100%，说明一个区域水土资源的协调发展状况，其值越大，水土协调发展的状况越好，耕地资源抗旱能力越强，土地生态系统越安全。

人类干扰指数：测算方法为（耕地面积＋建设用地面积）/区域土地总面积，该指标反映了生态系统受干扰的程度。

人均水资源、人均矿产资源、人均粮食产量表征为生态资源状况，该类指标为正向指标，其值越大，生态越安全。

5.1.2.3 响应系统

空气综合污染指数：表示区域空气质量状况和变化趋势，该指标为逆向指标，反映了环境治理成效。

环保投资率：按照环境保护的要求以投资方式参与国民收入的分配和再分配过程，比值越大，表明用于保护生态环境、开展区域污染治理及防治的投入就越多，反映了经济的发展与环境保护间的合理性，是衡量区域生态可持续发展的指标。

农民人均纯收入：表征维护土地生态安全的收入水平，该指标为正向指标，其值高低还可直接、有效地反映土地的产出水平。

农业机械化水平：其计算公式为农业机械总动力/耕地面积，表征维护土地生态安全的科技水平。该指标为正向指标，其值越大，表明耕地利用的科技水平和效益越高，越有利于土地生态安全的维护和土地生态系统的健康运行。

城市化水平：城镇人口占总人口的比重，城镇化是采用集约、智能、绿色、低碳的发展方式，有利于系统的健康运行。

5.1.3 预警模型及判别标准

5.1.3.1 预警模型

1. 数据标准

预警方法采用熵值法，利用极差标准化方法对参评指标进行量化统一。

对于正向指标：

$$X'_{ij} = (X_{ij} - X_{j\min})/(X_{j\max} - X_{j\min}) \tag{5-1}$$

对于逆向指标：

$$X'_{ij} = (X_{j\max} - X_{ij})/(X_{j\max} - X_{j\min}) \tag{5-2}$$

式中：X_{ij}为 i 地区的第 j 个指标值；X'_{ij}为数据标准化后的指标值；$X_{j\min}$为所有地区 j 指标的最小值；$X_{j\max}$为所有地区 j 指标的最大值。

2. 指标信息熵值 e 和信息效用值 d

第 j 项指标的信息熵值 e_j 为

$$e_j = -K\sum_{i=1}^{m} p_{ij}\ln(p_{ij}) \tag{5-3}$$

$$p_{ij} = X'_{ij}/\sum_{i=1}^{m} X'_{ij} \tag{5-4}$$

式中，常数 K 与系统的地区数 m 有关。对于一个信息完全无序的系统，有序度为零，其熵值最大，$e_j = 1$。m 个样本处于完全无序分布状态时 K，为

$$K = 1/\ln m \tag{5-5}$$

某项指标的信息效用价值取决于该指标的信息熵值 e_j 与 1 之间的差值：

$$d_j = 1 - e_j \tag{5-6}$$

3. 指标权重

利用熵值法估算各指标的权重，可以得到第 j 项指标的权重为

$$W_j = d_j/\sum_{j=1}^{n} d_j \tag{5-7}$$

4. 预警值计算

X_{ij}的评价值f_{ij}为

$$f_{ij} = W_j \cdot X'_{ij} \tag{5-8}$$

最终，第 i 个地区的预警值为

$$f_i = \sum_{j=1}^{n} f_{ij} \tag{5-9}$$

5.1.3.2　**判别标准**

运用熵值法得出的生态安全预警值实际上是各地区生态安全的一个综合得分,其分值为0~1,分值越大,表明该地区生态安全状况越理想;分值越接近于0,表明生态安全警度越大。国内生态安全预警评判标准划分基本为2类,平均分段与不等分段,警度等级4级至6级的均有。为了便于预警结果的归类分析,与同类研究成果比较,在参考相关文献的基础上,确定生态安全预警评判标准。将忻州市14县(市、区)生态安全预警评判标准划分为重警、中警、轻警、无警和理想5个等级,见图5-1。不同的预警值对应不同级别的安全预警状况。生态安全预警等级越高,说明区域的生态安全状况越好;反之,说明区域的生态安全状态越差。

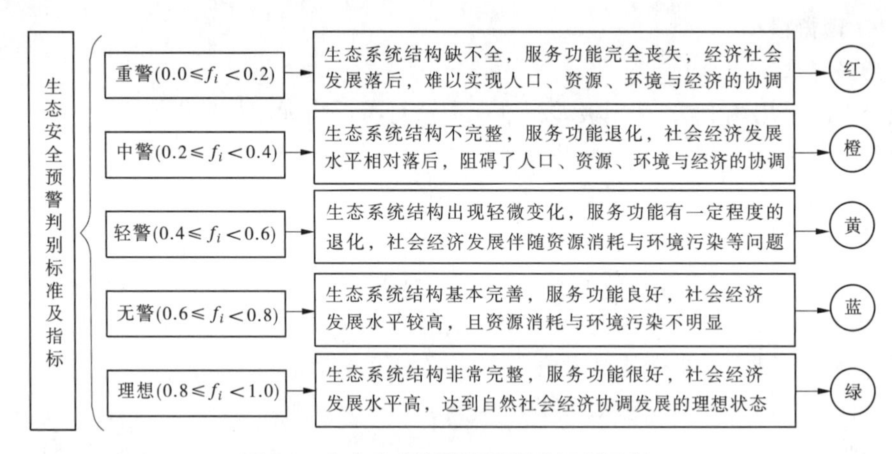

图5-1　生态安全预警判别标准及指示灯

5.1.3.3　**数据收集和处理**

(1)年鉴类:山西省经济与社会统计年鉴、忻州市统计年鉴(2010—2015年)、《走向富裕文明的忻州——忻州60年发展回顾》、忻州水利志、忻州煤炭志、忻州农田水利统计年鉴。

(2)政府公报类:忻州市国民经济与社会发展统计公报、忻州市环境状况公报、忻州市水资源公报。

(3)城市政府部门调研数据及网络搜索。

在数据的整理搜集过程中,由于所有变量都需要一个特定时间系列数据作为支持,可能会遇到某一年份的指标,因为统计口径和统计项发生变化而在年鉴中没有统计,主要采用以下办法处理:一是根据已有基础资料,使用插值法计算;二是通过换算统一单位口径,以补充数据的完整性。

5.2　忻州市现状年生态安全警情状况

以2014年为现状年分析忻州市生态安全警情,由表5-2~表5-5、图5-2、图5-3可知,全市14县(市、区)综合预警值为0.354 8~0.492 2,平均值为0.425 8,预警等级处于中警至轻警范围内。其中,忻府、定襄、五台、繁峙、静乐5县(区)警情为中警状态,其余7县(市)均为轻警状态,没有无警或理想的区域。由此可见,忻州市整体生态安全并不乐观,生态安全等级较低。

表 5-2 忻州市 14 县(市、区)生态安全评价指标值(2014 年)

指标(单位)	忻府区	原平市	定襄县	五台县	代县	繁峙县	静乐县	宁武县	神池县	五寨县	偏关县	岢岚县	河曲县	保德县
人口密度(人/km^2)	285.11	194.48	257.32	105.79	127.21	115.29	77.38	83.24	74.22	79.72	68.07	43.50	111.94	166.79
人口自然增长率(‰)	5.23	4.82	4.59	3.68	4.86	5.38	3.56	3.70	2.91	5.18	4.39	3.96	4.49	3.65
万元 GDP 用水量(m^3/万元)	141.04	128.12	153.02	78.37	140.36	99.83	67.58	30.99	57.36	77.24	39.08	56.58	55.03	28.96
万元 GDP 能耗(tce/万元)	0.61	5.85	0.55	0.60	54.09	24.35	6.62	23.31	0.20	0.30	2.19	0.59	11.76	17.90
人均 GDP(元)	19 960.51	21 960.00	17 137.15	12 919.85	24 132.29	19 478.19	12 966.68	24 749.00	16 472.48	17 465.02	22 707.42	21 712.88	47 133.18	38 380.68
GDP 年均增长幅度(%)	-2.30	-7.00	-10.79	4.26	-9.88	-11.51	-3.50	-2.50	9.40	-6.89	1.09	9.10	5.92	-17.14
万元 GDP 废污水排放量(m^3/万元)	7.24	5.42	3.73	5.03	6.48	6.90	3.14	3.83	3.93	5.05	4.04	3.26	2.82	2.09
万元 GDP SO_2 排放量(kg/万元)	0.65	5.36	13.98	8.91	1.09	10.49	5.30	8.87	4.43	1.08	0.90	3.68	2.37	7.98
万元 GDP 氮氧化物排放量(kg/万元)	0.20	6.00	4.28	3.92	0.90	2.50	6.85	2.78	2.71	0.80	0.30	2.07	19.12	4.19
万元 GDP 烟粉尘排放量(kg/万元)	0.90	4.00	11.49	4.36	0.60	7.93	6.85	32.14	4.73	0.90	3.25	4.30	5.38	17.90

续表 5-2

指标(单位)	忻府区	原平市	定襄县	五台县	代县	繁峙县	静乐县	宁武县	神池县	五寨县	偏关县	岢岚县	河曲县	保德县
水土流失治理率(%)	0.00	0.00	11.49	4.36	0.00	7.93	6.85	32.14	4.73	0.00	3.25	4.30	5.38	17.90
水土协调度(%)	54.59	44.27	66.62	17.04	50.43	26.02	2.55	3.94	1.48	7.79	3.14	5.12	16.75	9.20
人类干扰指数(%)	33.60	28.81	39.05	12.67	17.64	22.47	24.12	22.21	41.71	36.04	22.09	18.04	27.29	27.79
人均水资源(m^3)	250.76	301.00	251.43	603.44	456.41	486.63	535.83	910.76	687.86	477.56	704.19	1 684.90	433.52	336.87
人均矿产资源量(t)	0.49	18.00	0.13	2.06	183.71	75.46	12.51	83.17	4.55	0.09	6.93	0.27	78.00	116.54
人均粮食产量(kg)	569.21	725.81	714.57	377.13	343.39	276.97	282.70	155.04	1 208.55	1 666.98	467.26	612.70	435.73	282.53
空气综合污染指数	2.30	1.45	1.75	1.40	1.85	1.25	1.80	1.75	1.25	1.20	1.55	1.00	1.90	1.35
环保投资率(%)	1.75	1.29	2.48	5.03	2.42	1.96	6.06	3.01	7.38	6.30	5.37	4.52	1.65	1.55
农民人均纯收入(元)	6 988.00	7 321.00	9 035.00	4 555.00	4 098.00	5 381.00	4 566.00	3 777.00	5 353.00	5 121.00	4 753.00	4 541.00	4 535.00	5 108.00
农业机械化水平(kW/hm^2)	5.27	5.80	3.82	4.11	6.45	3.85	1.79	1.82	3.00	3.29	4.10	3.43	2.70	5.73
城市化水平(%)	54.39	48.04	36.78	33.84	41.39	41.85	36.12	46.85	36.09	43.49	44.89	45.82	46.98	38.56

表 5-3　忻州市生态安全评价指标值(2008 ~ 2014 年)

指标(单位)	2008 年	2009 年	2010 年	2011 年	2012 年	2013 年	2014 年
人口密度($人/km^2$)	122.72	122.72	122.98	122.54	123.11	123.51	124.25
人口自然增长率(‰)	5.70	4.60	5.40	4.80	4.60	4.86	4.50
万元 GDP 用水量(m^3/万元)	146.33	114.98	108.36	119.70	101.86	96.57	94.58
万元 GDP 能耗(tce/万元)	6.96	5.68	5.26	5.96	6.35	6.20	5.50
人均 GDP(元)	10 071.79	11 212.41	14 060.13	17 971.16	20 026.95	21 021.71	21 729.96
GDP 年均增长幅度(%)	20.97	11.33	25.66	27.35	11.97	5.44	3.83
万元 GDP 废污水排放量(m^3/万元)	12.65	7.72	6.32	6.04	5.46	4.72	4.90
万元 GDP SO_2排放量(kg/万元)	20.53	32.90	21.73	16.74	13.19	12.23	11.00
万元 GDP 氮氧化物排放量(kg/万元)	19.18	17.22	14.52	11.85	9.66	8.57	8.57
万元 GDP 烟粉尘排放量(kg/万元)	37.75	43.12	27.91	21.19	20.63	16.40	15.80
水土流失治理率(%)	42.75	42.88	44.90	45.69	43.59	45.69	48.09
水土协调度(%)	14.82	14.82	17.17	18.36	18.97	19.97	23.02
人类干扰指数(%)	28.08	29.06	29.09	29.10	29.16	29.29	29.49
人均水资源(m^3)	540.23	457.30	486.51	544.85	603.39	618.53	469.39
人均矿产资源量(t)	9.82	8.91	10.36	14.99	17.80	18.25	16.74
人均粮食产量(kg)	378.61	369.47	477.60	481.41	527.11	544.46	565.78
空气综合污染指数	1.64	1.60	1.44	1.42	1.50	1.60	1.56
环保投资率(%)	4.12	4.33	4.25	3.61	12.92	18.08	16.24
农民人均纯收入(元)	2 830.00	3 028.00	3 446.00	4 135.00	4 776.00	5 426.00	6 140.00
农业机械化水平(kW/hm^2)	2.85	3.16	3.42	3.57	3.74	3.94	4.10
城市化水平(%)	36.71	37.52	37.86	39.80	41.43	43.04	44.02

表 5-4　忻州市 14 县(市、区)生态安全评价指标权重(2000 ~2014 年)

指标(单位)	2000 年	2001 年	2002 年	2003 年	2004 年	2005 年	2006 年	2007 年	2008 年	2009 年	2010 年	2011 年	2012 年	2013 年	2014 年
人口密度(人/km^2)	0.027 7	0.022 4	0.023 7	0.020 6	0.022 9	0.023 1	0.024 3	0.022 8	0.022 1	0.022 1	0.022 0	0.020 8	0.020 1	0.019 7	0.020 5
人口自然增长率(‰)	0.027 5	0.037 3	0.038 8	0.073 5	0.068 7	0.054 4	0.039 7	0.053 6	0.035 3	0.067 4	0.044 4	0.066 9	0.045 5	0.080 2	0.072 3
万元 GDP 用水量(m^3/万元)	0.026 9	0.021 8	0.022 7	0.019 7	0.022 0	0.026 1	0.029 5	0.026 2	0.041 1	0.023 1	0.033 2	0.021 7	0.027 6	0.030 9	0.031 8
万元 GDP 能耗(tce/万元)	0.012 6	0.011 6	0.011 8	0.012 3	0.012 5	0.027 0	0.036 0	0.036 9	0.036 2	0.034 8	0.022 3	0.034 8	0.032 5	0.032 3	0.034 3
人均 GDP(元)	0.055 9	0.053 9	0.052 3	0.049 8	0.055 6	0.050 9	0.061 9	0.063 5	0.061 8	0.063 5	0.046 2	0.050 6	0.050 2	0.047 6	0.055 8
GDP 年均增长幅度(%)	0.082 8	0.045 3	0.065 2	0.117 8	0.047 0	0.081 5	0.060 4	0.069 9	0.065 4	0.043 8	0.073 2	0.061 3	0.081 1	0.063 0	0.0566
万元 GDP 废污水排放量(m^3/万元)	0.012 8	0.010 6	0.011 1	0.009 7	0.010 8	0.010 8	0.011 7	0.015 6	0.013 9	0.011 3	0.019 9	0.019 7	0.016 3	0.028 8	0.028 5
万元 GDP SO_2 排放量(kg/万元)	0.012 8	0.010 6	0.011 4	0.009 8	0.010 9	0.010 9	0.011 4	0.010 6	0.010 3	0.010 4	0.010 8	0.008 1	0.018 1	0.016 9	0.021 7
万元 GDP 氮氧化物排放量(kg/万元)	0.033 1	0.028 3	0.030 4	0.024 3	0.029 5	0.031 0	0.032 6	0.031 2	0.034 4	0.034 0	0.036 2	0.038 3	0.039 5	0.037 1	0.041 4
万元 GDP 烟粉尘排放量(kg/万元)	0.022 2	0.018 2	0.019 1	0.017 1	0.018 9	0.018 7	0.019 5	0.018 1	0.017 6	0.017 6	0.018 1	0.019 6	0.030 0	0.027 2	0.013 0
压力系统	0.314 3	0.26	0.286 5	0.354 6	0.298 8	0.334 4	0.327 0	0.348 4	0.338 1	0.328 0	0.326 3	0.341 8	0.360 9	0.383 7	0.375 9
水土流失治理率(%)	0.019 1	0.057 9	0.070 5	0.090 7	0.078 1	0.088 1	0.089 5	0.080 3	0.074 6	0.076 2	0.081 0	0.070 5	0.060 5	0.054 3	0.057 3
水土协调度(%)	0.108 3	0.097 1	0.100 2	0.090 1	0.099 6	0.099 2	0.101 6	0.094 5	0.089 4	0.099 8	0.095 9	0.088 5	0.082 5	0.082 9	0.078 3
人类干扰指数(%)	0.034 2	0.028 3	0.029 9	0.026 2	0.029 1	0.029 4	0.031 1	0.029 2	0.028 4	0.028 9	0.030 0	0.011 9	0.011 5	0.029 1	0.026 9
人均水资源(m^3)	0.073 9	0.061 2	0.064 4	0.056 2	0.062 4	0.046 8	0.042 7	0.054 5	0.058 4	0.058 6	0.054 2	0.077 0	0.066 5	0.068 5	0.068 2
人均矿产资源量(t)	0.160 8	0.133 3	0.132 4	0.114 9	0.130 6	0.122 2	0.133 1	0.125 0	0.121 7	0.132 5	0.135 6	0.119 1	0.111 9	0.112 3	0.117 2
人均粮食产量(kg)	0.051 1	0.093 7	0.041 9	0.040 8	0.027 3	0.025 4	0.030 6	0.040 4	0.046 7	0.038 1	0.048 8	0.053 7	0.049 6	0.051 0	0.053 2
状态系统	0.447 4	0.471 5	0.439 3	0.418 9	0.427 1	0.411 1	0.428 6	0.423 9	0.419 2	0.434 1	0.445 5	0.420 7	0.382 5	0.398 1	0.401 1
空气综合污染指数	0.051 5	0.043 6	0.045 9	0.040 1	0.044 5	0.044 8	0.047 2	0.044 2	0.043 1	0.043 3	0.044 9	0.057 3	0.056 4	0.042 1	0.040 9
环保投资率(%)	0.042 6	0.046 8	0.062 1	0.064 8	0.077 9	0.060 6	0.052 5	0.070 6	0.064 9	0.057 1	0.043 2	0.060 2	0.074 6	0.060 8	0.063 4
农民人均纯收入(元)	0.045 7	0.087 9	0.065 9	0.045 5	0.061 2	0.060 0	0.059 4	0.039 4	0.040 5	0.045 9	0.047 5	0.050 1	0.048 2	0.046 6	0.048 7
农业机械化水平(kW/hm^2)	0.044 4	0.036 9	0.042 3	0.030 9	0.038 2	0.033 9	0.033 4	0.029 1	0.042 6	0.040 3	0.035 7	0.037 0	0.043 1	0.034 5	0.036 0
城市化水平(%)	0.053 9	0.053 4	0.058 0	0.045 2	0.052 4	0.055 2	0.052 1	0.044 3	0.051 5	0.051 2	0.057 0	0.032 7	0.034 3	0.034 3	0.034 0
响应系统	0.238 1	0.268 6	0.274 2	0.226 5	0.274 2	0.254 5	0.244 6	0.227 6	0.242 6	0.237 8	0.228 3	0.237 3	0.256 6	0.218 3	0.223 0

表 5-5　忻州市 14 县(市、区)生态安全评价预警值(2014 年)

县(市、区)	压力系统	状态系统	响应系统	综合预警值	预警等级	指示灯
忻府区	0.160 7	0.108 5	0.099 7	0.368 9	中警	橙
原平市	0.183 7	0.113 6	0.119 0	0.416 3	轻警	黄
定襄县	0.140 3	0.125 3	0.101 5	0.367 0	中警	橙
五台县	0.228 6	0.071 5	0.095 2	0.395 3	中警	橙
代县	0.145 9	0.237 9	0.083 2	0.467 0	轻警	黄
繁峙县	0.122 7	0.149 2	0.086 6	0.358 6	中警	橙
静乐县	0.225 0	0.053 3	0.076 5	0.354 8	中警	橙
宁武县	0.229 7	0.132 7	0.057 0	0.419 5	轻警	黄
神池县	0.291 1	0.075 6	0.125 6	0.492 2	轻警	黄
五寨县	0.194 6	0.114 8	0.128 7	0.438 0	轻警	黄
偏关县	0.257 1	0.114 4	0.114 1	0.485 6	轻警	黄
岢岚县	0.277 3	0.117 6	0.116 2	0.511 0	轻警	黄
河曲县	0.251 1	0.141 2	0.053 2	0.445 5	轻警	黄
保德县	0.233 0	0.120 0	0.088 1	0.441 1	轻警	黄

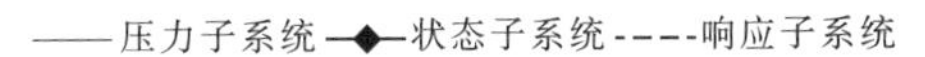

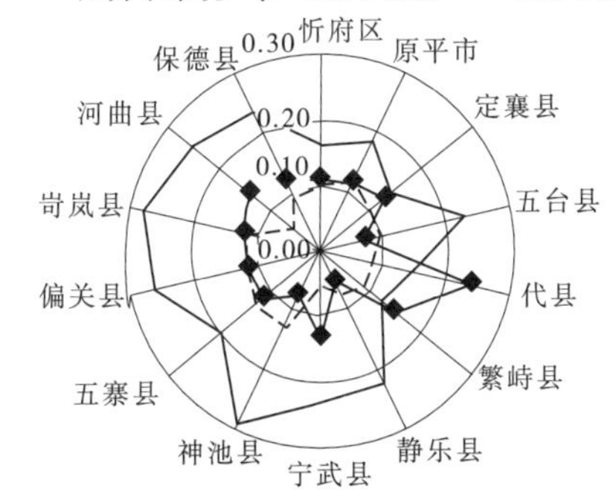

图 5-2　2014 年忻州市各县(市、区)子系统生态安全预警格局

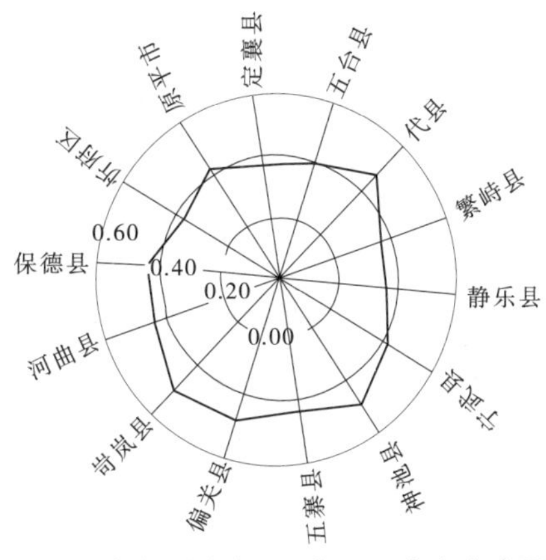

图 5-3　2014 年忻州市各县(市、区)生态安全预警格局

从系统压力来看,预警值小于0.2的县(市、区)有忻府区、原平市、定襄县、代县、繁峙县、五寨县。预警值越小,警情越重。上述6县(区)除五寨外均处于滹沱河流域内,该区域自古人口稠密,约占全市人口的56.1%,人口密度大于全市平均水平。地处忻定盆地腹地,滹沱河灌区为全省六大自流灌区之一,水资源消耗中约70%用于农业灌溉,万元GDP用水量达140 m^3/万元,高于全市平均水平94 m^3/万元。从全省生态功能区划来看,该区域为滹沱河农业发展与城镇聚集区,人均GDP与GDP年均增长率相对较高,是全市社会经济发展较高的区域。从环境压力指数来看,忻府区、原平市、定襄县、代县、繁峙县万元GDP废污水排放量分别为7.24 m^3/万元、5.42 m^3/万元、3.73 m^3/万元、6.48 m^3/万元、7.90 m^3/万元,高于全市平均水平(全市为4.90 m^3/万元),2014年原平市与代县SO_2排放量分别为25 283 t和11 437 t,忻府区与原平市氮氧化物排放量10 538 t和18 853 t,忻府区与原平市烟粉尘排放量20 709 t和23 824 t,上述地区污染物排放量绝对数量位于全市前列。由此可见,滹沱河区为全市生态安全压力最大的区域。

从系统状态来看,警情相对严重的区域为五台县、静乐县、神池县,系统状态预警值小于0.1。生态状态要素表现为:静乐县、神池县水土协调率指标分别为2.55%、1.48%,两县农业以旱作农业和畜牧业为主,水浇地极少。五台县水土流失治理率为全市最低,仅为36.21%,从人类干扰指数看,神池县也最大值达到41.71%,神池县以种植粗粮和旱作蔬菜为主,地势平缓,形成了集中连片种植区,面积达到6.07万hm^2。资源状态要素表现为:神池县粮食人均产量达到1 208 kg/人,全市相对较高。由此可见,上述三县为全市生态安全状态警情最大的区域。

从系统响应来看,警情相对严重的区域为忻府区、五台县、代县、繁峙县、静乐县、宁武县、河曲县、保德县,系统响应预警值小于0.1。以环境响应指数表现最为显著,根据2014年忻州市环境保护状况公报显示,上述8县(区)空气综合污染指数分别为2.30、1.40、1.85、1.25、1.80、1.75、1.90、1.35,全市平均为1.56,大部分县高于平均值。环保投资率随逐年上升,但整体比例偏低,系统响应警情相对较大。

5.3 忻州市生态安全预警趋势分析

由图5-4、表5-6、表5-7可知,2000~2014年忻州市生态安全预警值呈波动缓慢上升趋势,整体上预警值从0.4线下上升超过0.4,预警级别由中警下降到轻警,但社会经济发展伴随资源消耗与环境污染等问题依然存在。2014年预警等级中轻警县达到10个,中警有4个,没有无警、理想等级。说明全市整体生态安全警情趋于改善,且生态安全等级较低。

从时间序列来看,2000年忻州市社会经济发展开始进入快速增长期,预警值为0.25~0.48,其中代县、静乐县、宁武县、神池县、五寨县、偏关县、河曲县、保德县等8县达到中警等级。到了2005年,预警值为0.25~0.48,中警等级县达到10个,生态环境恶化趋势空间范围扩大。2010年预警值范围为0.32~0.45,中警等级县下降至8个,随着2013年煤炭能源市场的不景气,全市煤炭市场黄金10年开始结束,经济下行压力增大,以及退耕还林草工程十五年的实施。到2014年时生态安全预警值整体上升，为0.35～0.51，中警等级的县(区)减少到4个。全市整体生态安全警情趋于改善。生态安全预警值的变化主要取决于系统压力变化，而系统状态、响应较为稳定。2000～2014年忻州市14县(市、区)经济有了长足发展，GDP年均增长、人均GDP有了很大提升。万元GDP用水量、能耗、废污水排放量、SO_2排放量、氮氧化物排放量、烟粉尘排放量有所减少。响应层的空气综合污染指数有所下降，环保投资率有所提升，生态环境有所改善。

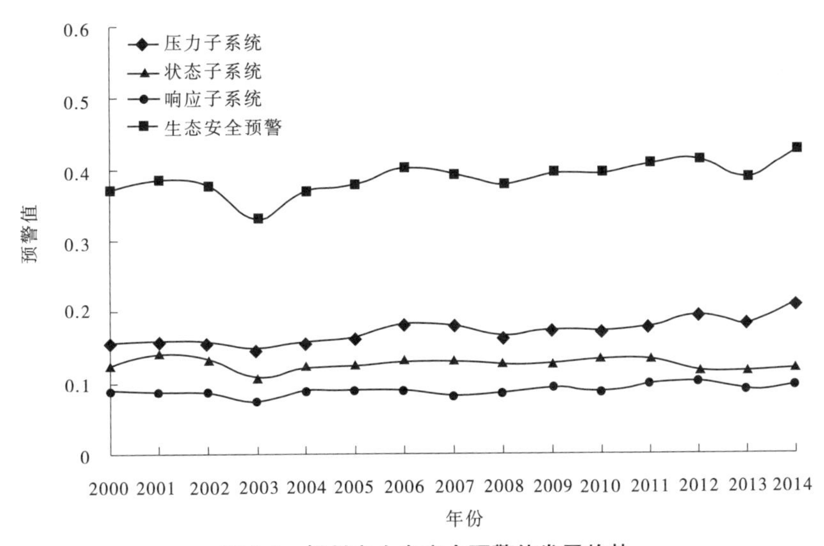

图5-4 忻州市生态安全预警值发展趋势

表5-6 忻州市14县(市、区)生态安全预警值

县(市、区)	2000年		2005年		2010年		2014年	
	预警值	等级	预警值	等级	预警值	等级	预警值	等级
忻府	0.48	轻警	0.39	中警	0.38	中警	0.37	中警
原平	0.40	轻警	0.38	中警	0.38	中警	0.42	轻警
定襄	0.45	轻警	0.46	轻警	0.39	中警	0.37	中警
五台	0.40	轻警	0.31	中警	0.33	中警	0.40	轻警
代县	0.38	中警	0.38	中警	0.44	轻警	0.47	轻警
繁峙	0.41	轻警	0.39	中警	0.36	中警	0.36	中警
静乐	0.27	中警	0.28	中警	0.32	中警	0.35	中警
宁武	0.39	中警	0.39	中警	0.35	中警	0.42	轻警
神池	0.35	中警	0.38	中警	0.42	轻警	0.49	轻警
五寨	0.39	中警	0.34	中警	0.44	轻警	0.44	轻警
偏关	0.32	中警	0.40	轻警	0.42	轻警	0.49	轻警
岢岚	0.42	轻警	0.35	中警	0.45	轻警	0.51	轻警
河曲	0.25	中警	0.42	轻警	0.37	中警	0.45	轻警
保德	0.28	中警	0.41	轻警	0.45	轻警	0.44	轻警

表 5-7　2000～2014 年忻州市生态安全警度指示灯状况

年份	生态安全子系统						生态安全总系统	
	压力子系统		状态子系统		响应子系统			
	预警等级	指示灯	预警等级	指示灯	预警等级	指示灯	预警等级	指示灯
2000	重警	红	重警	红	重警	红	中警	橙
2001	重警	红	重警	红	重警	红	中警	橙
2002	重警	红	重警	红	重警	红	中警	橙
2003	重警	红	重警	红	重警	红	中警	橙
2004	重警	红	重警	红	重警	红	中警	橙
2005	重警	红	重警	红	重警	红	中警	橙
2006	重警	红	重警	红	重警	红	轻警	黄
2007	重警	红	重警	红	重警	红	中警	橙
2008	重警	红	重警	红	重警	红	中警	橙
2009	重警	红	重警	红	重警	红	中警	橙
2010	重警	红	重警	红	重警	红	中警	橙
2011	重警	红	重警	红	重警	红	轻警	黄
2012	重警	红	重警	红	重警	红	轻警	黄
2013	重警	红	重警	红	重警	红	中警	橙
2014	中警	橙	重警	红	重警	红	轻警	黄

5.4　忻州市生态安全预警的空间格局

忻州市县域生态安全预警格局见图 5-5。

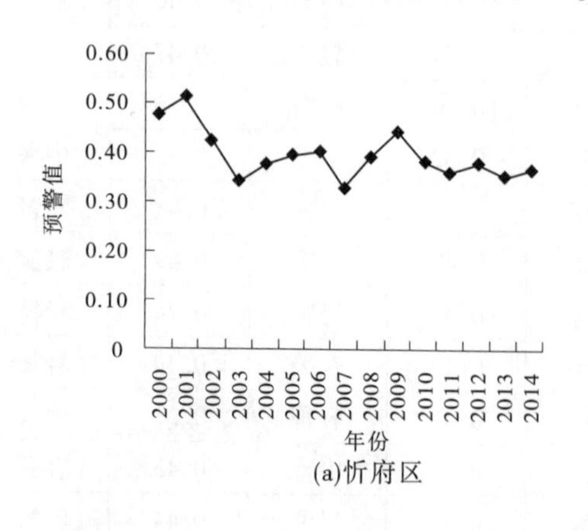

(a)忻府区

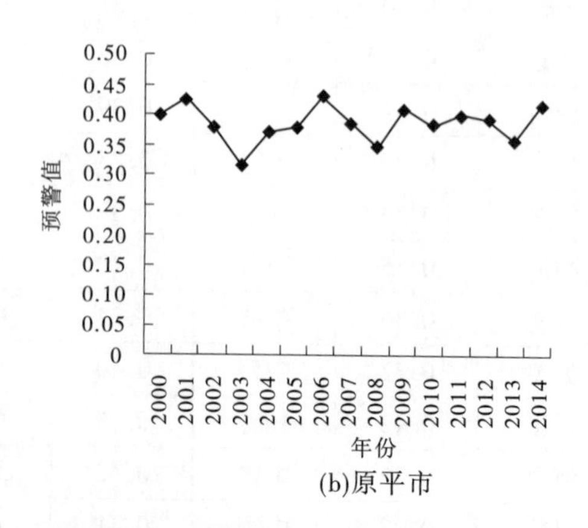

(b)原平市

图 5-5　忻州市生态安全预警值发展趋势

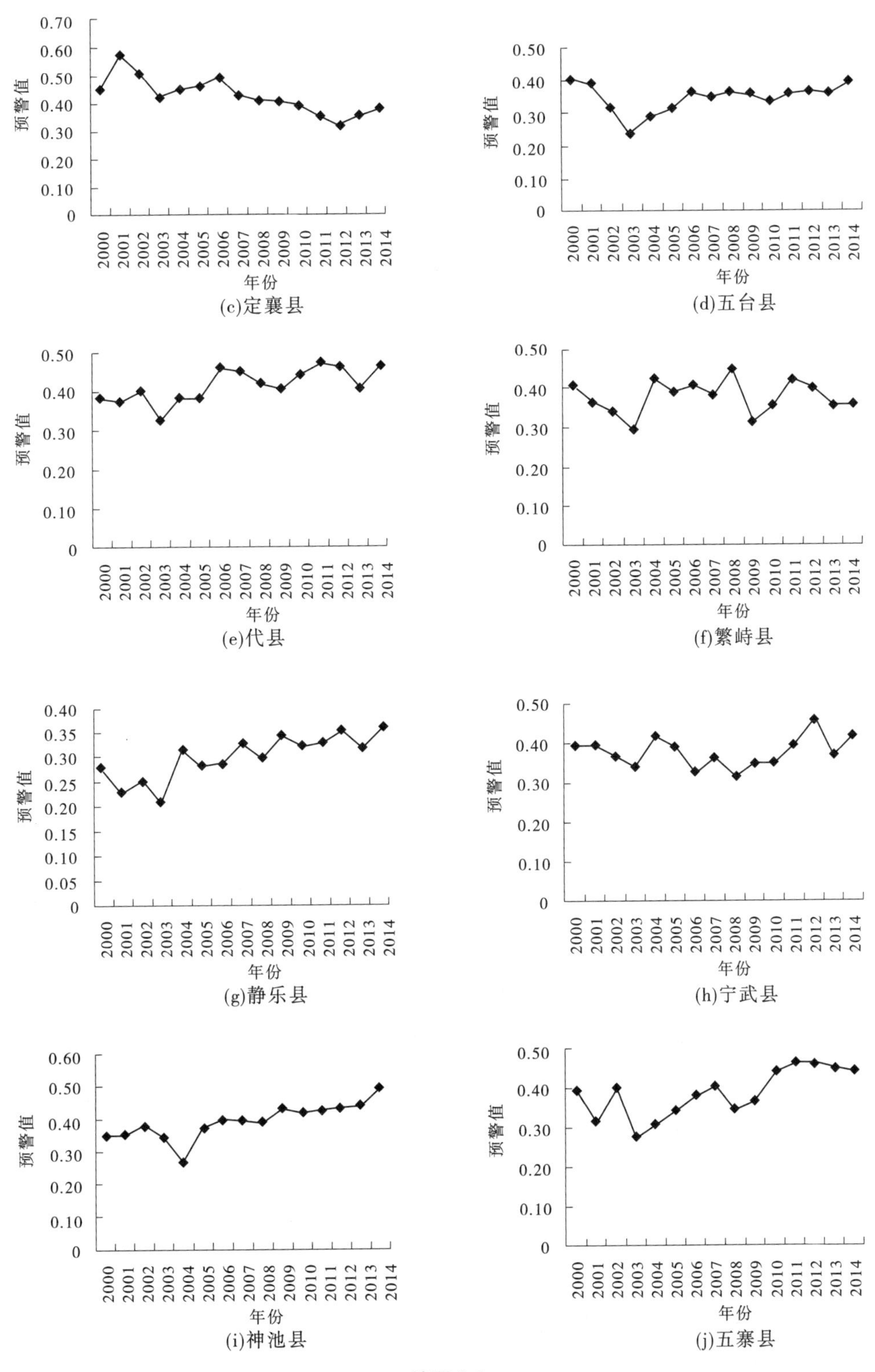

续图 5-5

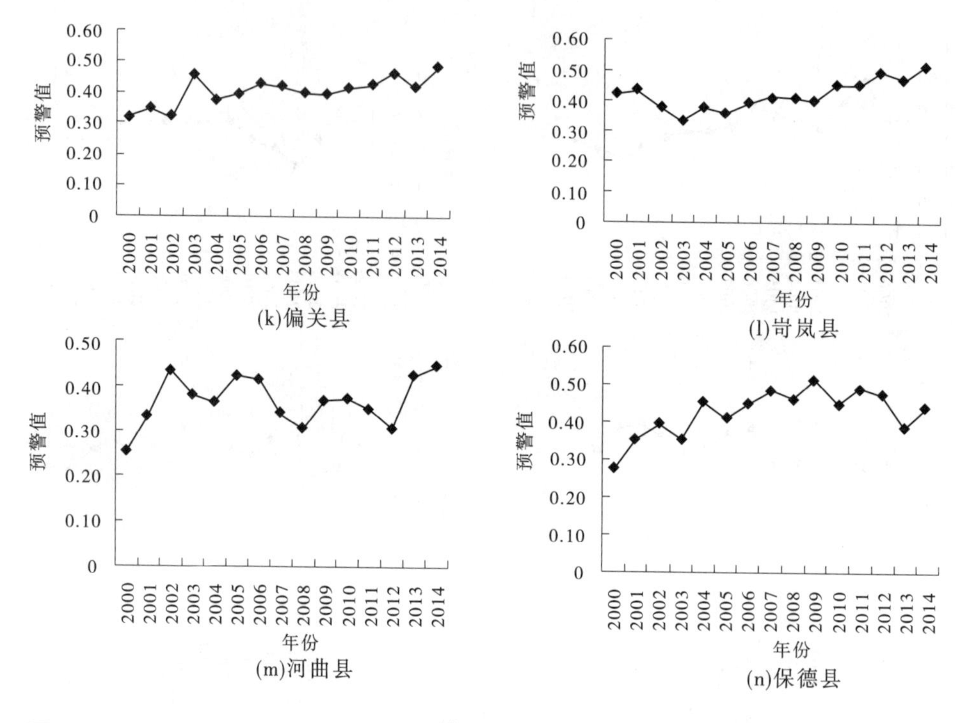

续图 5-5

5.5 本章小节

基于 PSR 概念模型框架从人口、资源、经济、环境、生态要素选取 21 个指标建立了评价指标体系,对忻州市 2000 ~2014 年生态安全预警进行分析。

(1)2014 年忻州市 14 县(市、区)综合预警值为 0.354 8 ~0.492 2,平均值为 0.425 8,预警等级处于中警至轻警范围内。其中,忻府、定襄、五台、繁峙、静乐 5 县(区)警情为中警状态,其余 7 县(市)均为轻警状态。忻州市整体生态安全并不乐观,生态安全等级较低。

(2)2000 ~2014 年忻州市生态安全预警值呈波动缓慢上升趋势,警情为中警等级的县(市、区)减少,轻警等级的县(市、区)增加。警情趋于改善主要取决于系统压力中的经济、资源、环境压力趋缓。空气综合污染指数有所下降,环保投资率有所提升,综合环境管理能力提升,生态环境有所改善。

本章仅对当前的生态安全预警进行讨论,未对未来几年进行有效预测。在以后实证研究中可应用神经网络模型中的 BP 模型和径向基函数模型对未来一段时间预测。

忻州市的生态环境得到了改善,但总体形式仍不容乐观,且区域内部差异明显,为了更好地优化全市 14 县(市、区)生态环境,可以对不同的发展区域分别采取相应的措施。

滹沱河流域 6 县(市、区)忻府、原平、定襄、五台、代县、繁峙应采取合理的人口政策,优化城镇结构,限制无节制的农业用水,提升第二、第三产业用水与生态用水量;优化产业结构,持续降低经济发展能耗,重点发展温泉旅游、关隘文化旅游、佛教文化旅游等绿色经济;重点治理三废排放企业,确保不越环保红线;统筹土地资源的开发利用,积极开展土地整治,缩小人类干扰范围,探寻生态农业发展的新思路;结合京津风沙源治理工程,提升水土流失治理率,加大环保水利投资率,忻定盆地持续提升农业机械化水平。黄河流域 8 县可分为两类，静乐县、宁武县、河曲县、保德县为忻州市煤炭主产区，克服艰难改变一煤独大的不合理经济结构，减轻对资源的依赖，统筹经济发展与环境保护的关系，注重生态恢复与重建，对采矿塌陷区和水土流失区进行治理；对晋西北旱作农业种植区神池县、五寨县、偏关县、岢岚县生态安全警情相对较小，着重引进先进的农业生产技术，提高农业产品附加值；结合退耕还林政策，减少人类对土地的干扰，提高生态用地面积；发展风电能源，持续保持低环境压力。总体上，全市应对已有生态功能区进一步细化，建立快速有效的监测体系，提升脆弱区的生态安全预警。

参考文献

[1] 陈东方，陈建国. 建设工程进度预警及其模型构建的研究与应用工程管理学报[J]. 工程管理学报，2010，24(3)：318-322.

[2] Munn R E. Global environmental monitoring system(GEMS)：Action plan for phasle[M]. California：Available from SCOPE Secretariat，1973.

[3] 高春泥，程金花，陈晓冰，等. 基于灰色关联法的北京山区水土保持生态安全评价[J]. 自然灾害学报，2016，25(2)：71-77.

[4] 庄伟，廖和平，杨伟，等. 城郊土地生态安全预警系统设计与关键技术研究——以重庆市长生桥镇为例[J]. 西南大学学报，2014，36(2)：117-123.

[5] 吴大放，姚漪颖，刘艳艳，等. 耕地生态安全动态变化研究——以广州市番禺区为例[J]. 生态科学，2016，35(5)：160-168.

[6] 徐美. 湖南省土地生态安全预警及调控研究[D]. 长沙：湖南师范大学，2013.

[7] 陈美婷，匡耀求，黄宁生，等. 基于 RBF 模型的广东省土地生态安全时空演变预警研究[J]. 水土保护研究，2015，22(3)：217-224.

[8] 周迎雪，孙仪阳，李进涛，等. 基于 PSR-TOPSIS 模型的山东省土地生态安全评价[J]. 农业资源与环境学报，2016，33(2)：1-7.

[9] 马耘秀，董翼驹. 基于 PSR 模型的太原市土地资源生态安全评价[J]. 山西农业科学，2016，44(6)：817-821.

[10] 黄海，谭晶今，陈春，等. 基于 TOPSIS 方法的山东省土地生态安全动态评价[J]. 水土保持研究. 2016(23)：220-224.

[11] 张玉泽，任建兰，刘凯，等. 山东省生态安全预警测度及时空格局[J]. 经济地理，2015，32(11)：166-171.

[12] 徐成龙，程钰，任建兰，等. 黄河三角洲地区生态安全预警测度及时空格局[J]. 经济地理，2014，34(3)：149-155.

[13] 高宇，曹明明，邱海军，等. 榆林市生态安全预警研究[J]. 干旱区资源与环境，2015，29(9)：57-62.

[14] 张秋霞，张合兵，刘文锴. 新郑市耕地生态安全动态预警研究[J]. 水土保持研究，2017，24(1)：256-264.

[15] 刘小波，秦天彬，周宝同，等. 基于改进 SPA 的乐山市耕地生态安全评价[J]. 西南师范大学学报(自然科学版)，2016，41(3)：147-154.

[16] 张永利，吴宜进，王小林，等. 内蒙古贫困地区生态安全评价及空间格局分析[J]. 地球信息科学学报，2016，18(3)：325-333.

[17] 樊鹏飞，段朋辉，刘志丹，等. 土地生态安全评价与障碍因子诊断——以河南省周口市为例[J]. 山东农业大学学报(自然科学版)，2016，47(2)：207-213.

[18] 赵鹏宇,郭劲松,崔嫱,等.忻州市相对资源承载力的时空动态变化[J].水土保持研究,2017,24(2):341-347.

[19] 赵莉,葛京凤,梁彦庆,等.河北省山区生态安全预警及调控对策——以燕山东段为例[J].资源与产业,2012,14(3):128-133.

[20] 朱卫红,苗承玉,郑小军,等.基于3S技术的图们江流域湿地生态安全评价与预警研究[J].生态学报,2014,34(6):1381-1390.

[21] 欧定华,夏建国,欧晓芳,等.基于GIS和RBF的城郊区生态安全评价及变化趋势预测——以成都市龙泉驿区为例[J].2017,33(1):50-58.

[22] 陈美婷,匡耀求,黄宁生,等.基于RBF模型的广东省土地生态安全时空演变预警研究[J].水土保持研究,2015,22(3):218-224.

[23] 赵宏波,马延吉,等.基于变权-物元分析模型的老工业基地区域生态安全动态预警研究——以吉林省为例[J].水土保持研究,2015,22(3):218-224.

[24] 李祎琛,何亚伯,汪洋.基于粗糙集RBF神经网络村镇山洪灾害损失预测研究——以神农架林区为例[J].灾害学,2017,32(2):228-234.

[25] 苗承玉.基于景观格局的图们江流域湿地生态安全评价与预警研究[D].延边:延边大学,2014.

[26] 何玲,贾启建,李超,等.基于生态系统服务价值和生态安全格局的土地利用格局模拟[J].农业工程学报,2016,32(3):275-284.

[27] 雷艳锦,帅红.基于物元模型的张家界市生态安全预警研究[J].环境科学与管理,2015,40(11):147-152.

[28] 潘竟虎,刘晓.疏勒河流域景观生态风险评价与生态安全格局优化构建[J].经济地理,2015,35(11):167-189.

[29] 王佳.我国沿海地区旅游环境承载力预警研究[J].经济地理,2015,35(11):188-194.

[30] 张秋霞,张合兵,刘文锴,等.新郑市耕地生态安全动态预警研究[J].水土保持研究,2017,24(1):257-264.

[31] 熊善高,万军,龙花楼,等.重点生态功能区生态系统服务价值时空变化特征及启示——以湖北省宜昌市为例,2016,23(1):297-302.

[32] 赵鹏宇,郭劲松,刘秀丽,等.基于生态足迹模型修正的忻州市生态承载力空间差异变化[J].干旱地区农业研究,2019,37(1):41-50.

[33] 薛慧敏.忻州市生态安全预警与调控研究[D].临汾:山西师范大学,2019.

第6章　忻州市生态安全调控研究

在生态安全预警基础上进行调控研究，是预警研究的实际意义所在，本章结合忻州市生态安全的现状警情及演变趋势，对其警情调控问题进行系统探讨，以期为忻州市生态安全的有效调控与管理提供决策参考。

6.1　调控目标

遵循当地自然地理环境演变的规律，综合考虑区域社会经济发展目标和生态系统保护要求，采取一系列方案和措施对土地生态安全的不正常状态进行干预，推动生态系统功能朝正向的方向发展演替，减轻生态安全警情，缓解生态安全压力，促进生态系统逐步向不受生态环境制约与威胁的健康、平衡的安全状态转变，推动资源开发利用与社会经济发展的协调，促进土地资源有效支撑社会经济的发展，实现人地和谐。

6.2　调控模拟

当前，关于生态安全调控模拟的定量方法不多，而目前国内外广泛运用于社会经济预测领域的情景分析法，通过情景设定和描述来考察和分析系统，依据事件的逻辑连贯性，基于逻辑推理、思维判断和构想，并结合定量分析方法，弄清从现状到未来的情景转移过程，描述可能出现的情况及其特征，有利于展示未来可能的发展方向，为调控措施和方案的制订提供依据。基于此，本章尝试借鉴该方法，设定不同调控方案对忻州市生态安全调控进行分析，以期准确反映不同调控方案下生态安全的变化趋势，为忻州市制订正确的调控方案和措施提供参考。

6.2.1　调控情景设置

根据2008～2014年指标值可计算得出下列资料：人口密度年均增长0.18%，人口自然增长率年均下降3.0%，万元GDP用水量年均下降5.05%，万元GDP能耗年均下降3.0%，人均GDP年均增长16.53%，GDP增长幅度年均下降11.67%，年均万元GDP废污水排放量下降8.75%，年均万元GDP SO_2排放量下降6.63%，年均万元GDP氮氧化物排放量下降7.90%，年均万元GDP烟粉尘排放量下降8.31%，年均水土流失治理率增长1.79%，水土协调度年均增长7.90%，人类干扰指数年均增长0.72%，人均水资源年均下降1.87%，人均矿产资源量年增长10%，人均粮食产量年增长7.06%，空气综合污染指数年均下降0.69%，环保投资率年增长42.02%，农民人均纯收入年增长16.71%，农业机械化水平年均增长6.26%，城市化水平年均增加2.85%。

依据忻州市生态安全的实际，在参考国内外有关情景分析研究成果的基础上，结合《忻州市国民经济和社会发展“十三五”规划》及《忻州市农业农村经济发展“十三五”规划》内容，见表6-1、表6-2，设置如下四个情景，对生态安全调控问题进行模拟。

表6-1　忻州市"十三五"规划指标体系（部分）

指标	2015年实际	2020年目标	年均增长或累计（%）	指标属性
地区生产总值（亿元）	681.2	950	7左右	预期性
城镇化率（%）				
常住人口城镇化率（%）	46.31	54.81	1.7	预期性
户籍人口城镇化率（%）	26.6	32.6	{6}	预期性
居民人均可支配收入（元）				
城镇常住人口人均可支配收入（元）	23 452	32 893	7左右	预期性
农村常住人口人均可支配收入（元）	6 550	9 187	7以上	预期性
农村贫困人口脱贫（万人）	8.90	35.33	—	约束性
耕地保有量（万亩）	978	962.27	—	约束性
新增建设用地规模（万亩）	9.38	10.38	10.2	约束性
万元地区生产总值用水量（m^3）	94.50	50.1	—	约束性
单位地区生产总值能源消耗降低（%）	4.51	—	控制在山西省政府下达的目标内	约束性
非化石能源占一次能源消费比重（%）	10.00	—	—	约束性
单位地区生产总值二氧化碳排放降低（%）	3.50（预测）	—	控制在山西省政府下达的目标内	约束性
地级及以上城市空气质量优良天数比例（%）	69.9	75	—	约束性
主要污染物排放总量减少（%）				
二氧化硫（万t、%）	7.90	—	控制在山西省政府下达的目标内	约束性
化学需氧量（万t、%）	3.58	—		约束性
氮氧化物（万t、%）	4.96	—		约束性
氨氮（万t、%）	0.38	—		约束性
烟、粉尘（万t、%）	10.45	—		约束性

表 6-2 “十三五”农业和农村经济发展指标体系(部分)

类别	指标	2015 年	2020 年	年均增长(%)
农产品供给水平	粮食综合生产能力(亿 kg)	15.025	15	1.27
	农田有效灌溉面积(万亩)	200	220	1.92
	农作物耕种收综合机械化水平(%)	57.94	63	[5.06]
	农机总动力(万 kW)	268.9	300	2.21
农业可持续发展水平	耕地保有量(万亩)		962.27	
	农业灌溉用水有效利用系数	0.5	0.6	[0.1]
农民收入水平	农村居民人均可支配收入(元)	6 550	9 624	8.00

注:带[ ]为五年累计数。

6.2.1.1 **情景一:经济发展和民生福祉情景**

社会经济发展和民生福祉是生态系统出现压力的重要根源,为保护土地生态,此情景强调在保证经济发展速度与效率的同时,注重内涵式发展。在《忻州市国民经济和社会发展“十三五”规划》《忻州市“十三五”新型城镇化发展规划》确定的社会经济发展和民生福祉范围内,减轻对生态系统产生的压力。

人口抽样调查数据推算,2016 年年末,全市常住人口总量达到 315.5 万,自然增长率 4.44‰,这是由于“全面二孩”政策放开生育后,现已生育了一孩的夫妇也可以生育二孩了,未来几年,全市人口出生率还将保持在 10‰以上,与此同时,受老龄化的影响,全市人口死亡率也将保持相对稳步并缓慢上升趋势,人口再生产继续保持“高出生率、高死亡率、低自然增长率”的模型。“十三五”规划中并未对人口自然增长率设定约束目标,因此结合二孩政策及“十二五”规划约束的 6‰计算。

按照“十三五”规划计算的指标有,常住人口城镇化率年均增长 1.7% 计算,农村常住人口人均可支配收入年均增长 7% 计算,地区生产总值 7% 计算,涉及单位 GDP 与单位人口的指标相应计算,其他指标假定保持 2008 ~ 2014 年年均变化速度,见表 6-3。

6.2.1.2 **情景二:生态建设情景**

此情景强调土地生态保护,积极保护农用地特别是耕地资源,尽量减少建设占用。控制新增建设用地规模,同时加大生态用水量,降低万元地区生产总值用水量。

在该情景下,为保护土地生态,“十三五”规划中 2020 年耕地保有量保持在 962.27 万亩以上,2020 年新增建设用地规模 10.38 万亩内,万元 GDP 用水量下降到 50.1 m^3。涉及的指标为人类干扰指数与万元 GDP 用水量,推算年均变化数值为 -0.3%、-9.3%。依据《忻州市农业农村经济发展“十三五”规划》,到“十三五”期末,全市水土保持生态建设新增治理面积 2 500 km^2,累计治理面积达到 11 156.817 km^2,累计治理度达到 58.3%。粮食综合生产能力达到 16 亿 kg,年均增长 1.27%。新增农田有效灌溉面积 20 万亩,农田有效灌溉面积 220 万亩,年均增长 1.92%;农机总动力达到 300 万 kW,年均增长 2.21%。其他指标假定保持 2008 ~ 2014 年年均变化速度,见表 6-3。

表6-3　忻州市生态安全调控主要指标情景分析参数设置

指标(单位)	2008～2014年年均变化率(%)	经济发展和民生福祉情景	生态建设情景	环境保护情景	统筹协调情景
人口密度	0.21	依据人口数测算	0.21	0.21	依据人口数测算
人口自然增长率	-3.16	依据二孩政策及十二五规划6‰计算	-3.16	-3.16	依据二孩政策及“十二五”规划6‰计算
万元GDP用水量	-6.48	依据GDP测算	-4	-6.48	-4
万元GDP能耗	-3.26	依据GDP测算	-3.26		依据GDP测算
人均GDP	14.05	依据人口数和GDP测算	14.05	14.05	依据人口数和GDP测算
GDP年均增长幅度	14.5	按年均增长7%计算	14.5	14.5	按年均增长7%计算
万元GDP废污水排放量	-13.48	依据GDP测算	-13.48	-3.52	-3.52
万元GDP SO_2 排放量	-5.87	依据GDP测算	-5.87	-4	-4
万元GDP氮氧化物排放量	-12.34	依据GDP测算	-12.34	-4	-4
万元GDP烟粉尘排放量	-11.99	依据GDP测算	-11.99	-2	-2
水土流失治理率	2.04	2.04	3.3	2.04	3.3
水土协调度	3.81	3.81	1.78	3.78	1.78
人类干扰指数	0.83	0.83	-0.3	0.83	-0.3
人均水资源	-1.31	依据人口数测算	-1.31	-1.31	依据人口数测算
人均矿产资源量	10.78	依据人口数测算	10.78	10.78	依据人口数测算
人均粮食产量	7.39	依据人口数测算	7.39	7.39	依据人口数测算
空气综合污染指数	-0.67	-0.67	-1.4	-0.67	-0.67
环保投资率	45.97	45.97	45.97	10	10
农民人均纯收入	13.84	7%	13.84	13.84	7%
农业机械化水平	6.28	2.1	6.28	6.28	2.1
城镇化率	3.08	1.7%	3.08	3.08	1.7%

6.2.1.3　情景三:环境保护情景

此情景强调环境保护,主要污染物排放总量减少,涉及二氧化硫、化学需氧量、氮氧化物、氨氮、烟、粉尘排放控制。“十二五”期间,上述污染物排放量已降到规划目标内。以忻州市环境保护“十三五”规划指标体系中控制在山西省政府下达的目标内为准,化学需氧量、氨氮(废污水)、二氧化硫、氮氧化物、烟粉尘排放量比2015年分别减少17.6%、20%、20%、10%,来推算年均减少率。其他指标假定保持2008～2014年年均变化速度,见表6-3。

6.2.1.4 情景四:统筹协调情景

此情景注重人、经济、社会、发展与土地资源和土地生态环境保护的统筹协调,始终坚持环境保护的基本国策,自觉推动绿色发展、循环发展和低碳发展,着力改善生态环境,加快形成节约资源和保护环境的空间格局、产业结构、生产方式和生活方式,全面增强可持续发展能力,促进人与自然和谐共生。

在此情景下,经济发展和民生福祉情景、生态建设情景、环境保护情景同时达到设定的标准要求。其他指标假定保持 2008 ~2014 年年均变化速度,见表 6-3。

6.2.2 基于情景分析的忻州市生态安全警情演变趋势分析

根据设置的各情景下生态安全调控相关指标变化率参数及前述预警方法,分别计算得各调控情景下忻州市土地生态安全压力、状态、响应系统及生态安全总系统 2015 ~2025 年的预警指数(见图 6-1 ~图 6-4),由此分析各调控情景下生态安全各子系统及土地生态系统的警情演变趋势如下。

6.2.2.1 压力系统生态安全警情演变趋势分析

分析图 6-1 可知,在四种情景下,压力系统预警指数均有上升,且上升的幅度从大到小排序为统筹协调情景、经济发展和民生福祉情景、环境保护情景、生态建设情景。到 2025 年, 上述四类情景下的压力系统预警值分别为 0.276、0.254、0.232、0.221。在统筹协调情景下,生态安全压力系统预警指数呈逐步上升趋势,警情有所缓和,在一定程度上达到了排警调控的目的,说明缓解忻州市生态安全压力系统态势,关键在于缓解环境压力指标。同时,统筹调控其他社会经济指标,对忻州市生态安全压力系统警情的缓和具有重要意义。

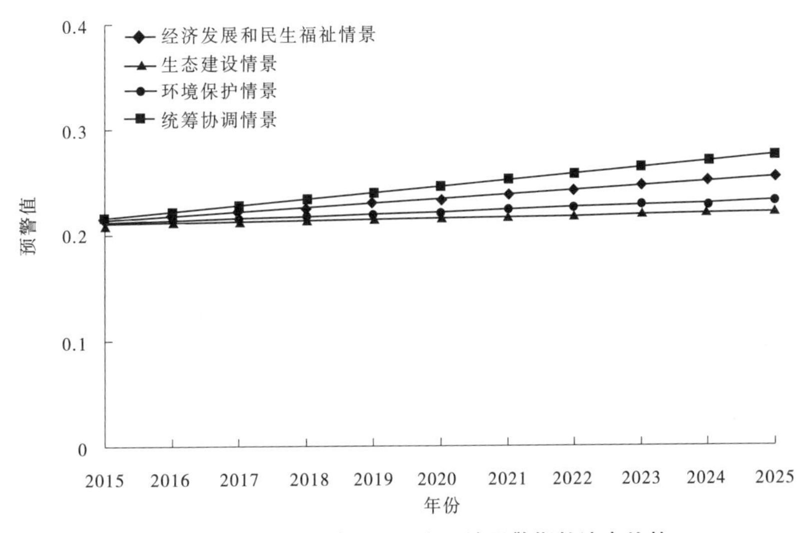

图 6-1 不同调控情景下压力系统预警指数演变趋势

6.2.2.2 状态系统生态安全警情演变趋势分析

分析图 6-2 可知,在四种情景下,压力系统预警指数均有上升,且上升的幅度从大到小排序为统筹协调情景、经济发展和民生福祉情景、环境保护情景、生态建设情景。在统筹协调情景、经济发展和民生福祉情景下,状态系统预警指数预警值向 0.2 逼近,均能在一定程度上达到调控状态系统警情的目的,但统筹协调情景由于统筹考虑各方面要素的调控,其调控效果要明显好于其他三种情景,为生态安全状态系统调控的有效举措。

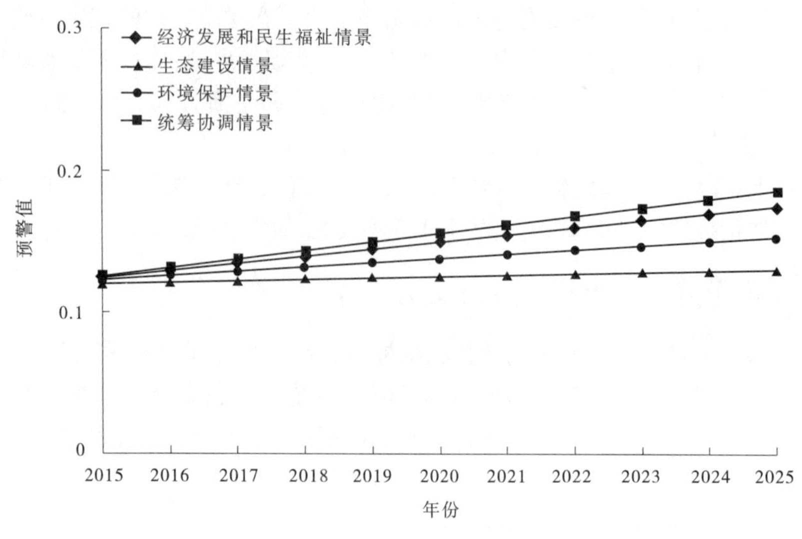

图6-2 不同情景下状态系统预警指数演变趋势

6.2.2.3 响应系统生态安全警情演变趋势分析

分析图6-3可知,在四种调控情景下,生态安全响应系统的预警指数均呈上升趋势,其中生态建设情景和环境保护情景由于社会经济发展速度相对较慢,预警指数上升速度相对较慢;社会经济发展和民生福祉情景下社会经济发展相对较快,经济响应机制相对健全,但土地生态环境保护力度不够,预警指数上升幅度也较有限;统筹协调情景综合考虑经济发展、生态建设、环境保护等因素,预警指数上升明显,到2025年其预警指数可望达到2.0,起到了较好的排警调控效果。

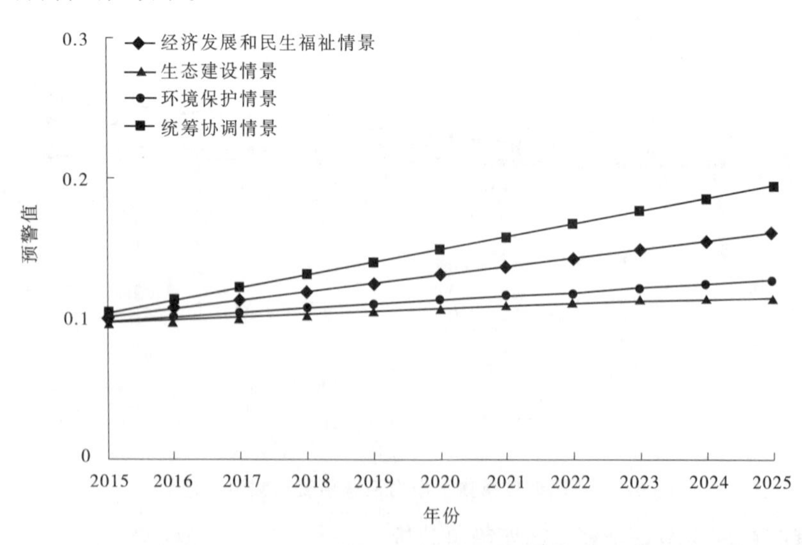

图6-3 不同调控情景下响应系统预警指数演变趋势

6.2.2.4 生态安全总体警情演变趋势分析

分析图6-4可知,在四种情景下,生态安全预警指数均呈一定的上升趋势,但环境保护情景、生态建设情景的调控力度均不够,预警指数上升幅度十分有限,生态系统仍将处于

"轻警",无法达到降低警度的目的。经济发展和民生福祉情景整体调控效果要明显好于上述情景,但随着人口的增长、城市化的扩张,土地生态系统面临的压力仍然较大,警情无法得到根本性转变,仍处于"轻警"状态。在统筹协调情景下,社会经济保持较快速度发展,经济结构进一步优化,城市化发展速度更加理性,土地生态环境建设力度得到明显加强,带动生态安全预警指数呈较快速度上升,到2023年可望大于0.6,土地生态安全警情得到根本转变,处于"无警"状态,说明缓解忻州市生态安全警情态势,离不开压力、状态、响应系统的统筹管理和人口、资源、环境、生态、经济、社会的统筹调控,只有统筹协调人、资源、环境与发展问题,才能从根本上缓和忻州市生态安全形势,达到排除警情的目的。

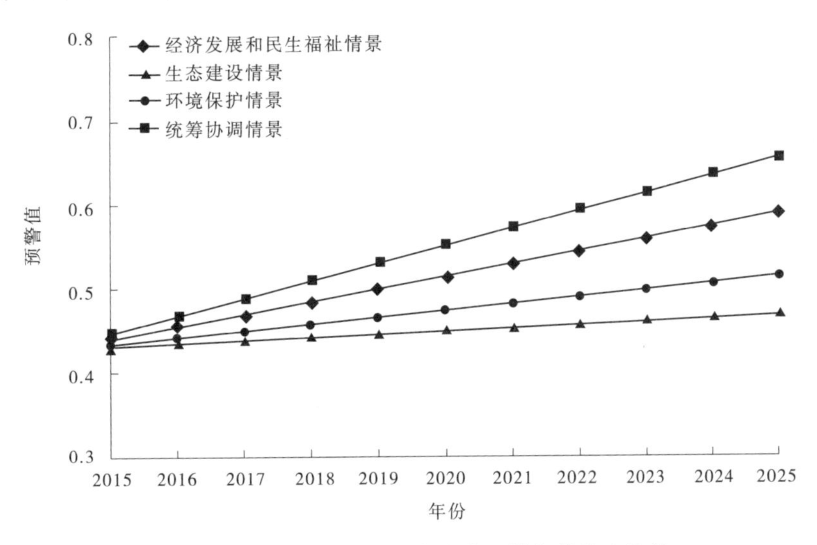

图6-4　不同调控情景下生态安全预警指数演变趋势

6.3　调控模式

始终坚持环境保护的基本国策,自觉推动绿色发展、循环发展和低碳发展,着力改善生态环境,加快形成节约资源和保护环境的空间格局、产业结构、生产方式和生活方式,全面增强可持续发展能力,促进人与自然和谐共生,努力建设宜居宜游宜业的美丽忻州。

坚持主体功能区定位,按照不同主体功能区的功能定位和发展方向作为经济发展、产业发展、人口布局和项目建设的依据。重点开发区要坚持统筹布局、集约开发、优化结构、提高效益的原则,在降低能源消耗、保护环境基础上,科学规划,优化发展环境,提高产业和人口集聚度,推进节约集约用地,实现有质量、有效益、可持续发展。农产品主产区要坚持在发展中保护的原则,控制开发强度,加强农业基础设施建设,强化农业防灾减灾体系建设,保障生态、农产品和粮食供给安全。要大力探索生态经济发展模式,因地制宜发展特色产业、现代农业和绿色经济。神池县、五寨县、岢岚县、河曲县、保德县、偏关县是国家级限制开发的重点生态功能区,要坚持生态优先、适度发展原则,实行产业准入负面清单,落实生态红线,增强生态服务功能,加强保护,合理开发,建设生态畜牧经济区,继续实施退耕还林,加大生态建设转移支付力度。加强区域内以县城和中心城镇为依托的生态型社区建设,发展不与生态保育主体功能相冲突的生态型产业发展,适度集聚人口。继续加强生态建设,最大限度地维护生态系统的稳定性和完整性，保障忻州市、山西省乃至全国的生态安全。禁止开发区要牢固确立“保护第一”的理念，在合理规划、科学开发利用的同时加强监管，依法保护自然、生态、历史文化资源的完整性。

为此，其调控模式可概括为生态产业体系、生态环境体系、生态资源体系、生态文化体系、生态保障体系“五轮驱动”模式。

6.3.1 生态产业体系建设

在生态安全调控中，应以生态学规律为准则，积极培育发展生态型工业、农业和服务业，推动产业经济发展方式的生态化转型，建立起以高效、低耗、低排放、低污染为特征的产业体系，减轻产业发展对土地生态系统的影响和破坏。

6.3.1.1 积极发展生态工业

围绕传统产业新型化、新兴产业规模化、支柱产业多元化目标，统筹推进六大基地建设，实施工业强基工程。全力推进国家和省“十三五”在忻州布局的产业大基地建设，推动支柱产业转型升级，做大做强，带动相关产业发展，强基固本，提升经济总量。

(1)建设晋北煤电基地。实施省“十三五”规划提出的“推进晋北煤炭基地提质”和“建设晋北大型煤电基地”战略部署，严控增量，主动减量，优化存量，全力推动煤炭产业“六型”转变，不断巩固和拓展煤炭市场份额，稳定煤炭物流产业，提高洗配煤占商品煤的比重，力争到2020年原煤入洗率达到70%以上，切实做大做强煤炭产业。积极实施煤电一体化战略，加快煤转电、煤转化，提高煤炭就地转化率。

(2)建设山西省重要的新能源基地。发挥资源优势，强化“清洁发展、循环发展、绿色发展”理念，大力发展风力发电、光伏发电、燃气发电、生物质能发电，扎实推进清洁能源产业发展，稳步推进晋北千万千瓦级大型风电基地建设，打造山西省重要的新能源基地。

(3)建设山西省铝工业基地。发挥忻州市铝资源丰富、电力充足、氧化铝产量大的综合优势，坚持“煤－电－铝”一体化、铝工业生态化发展方向，扶持中电投晋北铝业做大做强，推进同德氧化铝项目建设，稳定氧化铝产能，补齐电解铝短板，延伸铝型材加工，做大做强做深铝工业，努力形成“煤－电－铝”一体化产业链，推进铝工业基地建设，打造铝工业第五支柱产业。

(4)建设晋北现代煤化工基地。充分利用忻州市相对丰富的煤炭资源、土地资源、水资源优势，积极用好山西省大型煤炭企业在忻州市投资现代煤化产业的契机，规划建设潞安集团五寨煤制油气一体化项目。

(5)建设山西省铁矿采选冶炼铸造基地。发挥繁峙县、代县铁矿资源丰富、产业基础较好的优势，积极推进铁矿采选延伸开发。鼓励铁矿企业联合重组，提高产业集中度，提升铁精粉等产品竞争力。

(6)建设全国有机绿色杂粮加工基地。做大“中国小杂粮之都”品牌，发展一批规模杂粮专业村，培育一批杂粮专业合作社及购销组织，壮大一批杂粮加工龙头企业，创建一个杂粮科技研究中心，兴建一个集杂粮仓储物流、批发交易、产品展示、餐饮美食为一体的杂粮产业综合园区。

6.3.1.2 发展特色现代农业

把发展现代农业作为农业大市脱贫的重要途径。坚持一抓小杂粮，二抓牛猪羊，三抓农业现代化，发挥第一、第二、第三产业融合发展的乘数效应，全面落实强农惠农政策，加快转变农业发展方式，建设现代农业产业体系，提高农民收入和素质，优化农村环境，建设新型农村，走出高效安全、资源节约、环境友好的农业现代化路子。

(1)坚持区域化布局。建设滹沱河流域忻定盆地粮菜供给功能区、东部山地丘陵农林复合生态调节功能区，建设黄河沿线特色农业与文化传承休闲功能区、西部山区农牧复合生态调节功能区，建设汾河流域特色农业带。要充分发挥好不同功能区自然优势和发展优势，推动优势、特色农产品基地化、标准化、绿色化、品牌化建设，发展以小杂粮、马铃薯为主的种植业，发展以羊、牛为主的养殖业，发展以胡麻、核桃、红枣、梨为主的油料和林果产业，发展以大棚蔬菜为主的设施农业，发展富硒功能农业等新型高技术有机农业。

农业区域功能发展定位

忻定盆地粮菜供给功能区：由忻府区、定襄县、原平市组成，紧紧围绕建设京津冀重要农副产品生产供应基地，以确保粮食安全、减轻农业就业与生活保障压力、改善农业生态环境为目标，以科技进步为动力，大力实施农业功能拓展战略，打造优质产粮区，延伸产业链，夯实农业基础，建设生态农业，促进区域农业协调快速可持续发展。

东部山地丘陵农林复合生态调节功能区：由代县、繁峙县、五台县组成，要依托该区丰富的农业资源和区位优势，以确保食物安全、生态安全为目标，调整优化产业布局，大力发展生态农业，构筑特色农产品产业带，打造农副产品加工基地，促进区域农业协调快速发展。

西部山区农牧复合生态调节功能区：由宁武县、静乐县、神池县、五寨县、岢岚县组成，要依托区域丰富的农业资源和区位优势，以粮保畜，以畜促粮，构筑优质小杂粮和以羊牛为主的食草畜等高效农产品种养产业带，延长产业链条，培植农产品加工与流通业，实现粮食在产业循环链条中互补增值。

黄河沿线特色农业与文化传承休闲功能区：由河曲、保德、偏关三县组成，要以确保区域生态安全、提升特色农产品供给能力、降低农业就业与生活保障压力为目标，以科技进步为动力，大力发展生态农业，提高资源利用率，改善生态环境，发展凸显传统农业文化特色的休闲观光农业和文化传承旅游产业。

(2)坚持品牌化战略。抓住国家马铃薯主食化、粮改饲、米改豆等农业供给侧结构性改革重大机遇，积极推进农产品原产地认证，做大做强做优忻州“中国杂粮之都”、岢岚“中华红芸豆之乡”和“中国绒山羊之乡”、静乐“中国藜麦之乡”、神池“中国亚麻油籽之乡”、五寨“中国甜糯玉米之乡”等国字号特色品牌，建成全国杂粮展销中心。推进建设省会太原、京津冀、环渤海地区的有机“米袋子”、绿色“菜篮子”。

(3)坚持产业化实施。树立“第六产业”理念，以市场为导向，以效益为中心，抓好杂粮、马铃薯、蔬菜、中药材、干鲜果、畜牧等六大产业提升工程，延伸农业产业链条，积极拓展优势农产品向“精、深、特”的食品加工业转变，提高农业产业价值链和农产品附加值，加大市场开发力度，推进由单纯种养向种养加销多种经营转变，实现农业内部生产、加工、销售三次产业分工，提高农业产业化水平。积极发展休闲农业和观光农业，加大对百姓“农家乐”支持力度，打造休闲观光农业精品线路，做大做强休闲观光农业产业，推动农村一、二、三产业深度融合。加强科技服务体系、质量检测体系、标准化体系等农业生产社会化服务体系建设，提高农业综合生产能力。

(4)坚持集聚式发展。建设现代农业示范区，推动形成种、养、育、加、销的完整产业链条，重点抓好雁门关生态畜牧经济区建设，科学布局和实施高标准农田建设工程、现代农业示范区建设工程、粮果"双百万"建设工程、杂粮振兴工程、畜牧健康养殖工程、现代农业公共服务能力建设工程、生态农业建设工程、加工物流提质工程、休闲农业拓展工程。实现特色产业规模化发展、标准化生产、网络化营销，积极推进农业大市向农业强市迈进。继续大力实施"一村一品""一县一业"，在发展特色种养业基础上，以县域为单元，突出规模化、标准化建设，扶持五台肉牛、岢岚绒山羊、偏关肉羊、神池肉羊、代县肉羊和忻府区蔬菜、五寨马铃薯、静乐马铃薯"一县一业"基地县，推进农业产业化、特色化、品牌化发展，形成一批具有鲜明特色的"专业村""专业乡（镇）"和"基地县"。

6.3.1.3 积极培育生态服务业

忻州外揽山水之秀，内得人文之胜，要瞄准国际旅游目的地和京津冀、太原都市圈后花园目标，以战略产业、国际视野、全域理念推动文化旅游产业化发展，把文化旅游产业打造成为忻州转型升级、富民强市的战略性新兴支柱产业。叫响世界品牌。要进一步叫响五台山世界文化景观遗产品牌，叫亮由中华第一关雁门关为代表的长城"外三关"和著名的平型关构成的长城（忻州段）这一世界文化遗产品牌，积极申报芦芽山和万年冰洞世界自然遗产。构建龙型格局。逐步构建以世界文化景观遗产五台山为龙头，以文化遗产长城（忻州段）为龙身，以自然遗产芦芽山为龙胸，以3处3类世界遗产和黄河构建忻州龙型旅游格局。

把发展壮大现代服务业作为产业结构调整的重要方向，努力拓展生产性、生活性服务业发展空间，加强生产性服务业与生产制造业的深度融合，推动生活性服务业向专业化和价值链高端延伸。拓展互联网与服务业融合的广度和深度，推动现代物流业、金融业等现代服务业大力发展。

加快现代物流业发展。充分发挥资源、交通、区位和产业优势，布局"一核五带十节点"的物流框架体系，实施六大物流重点工程，构建铁路、公路、航空联动的现代立体综合物流体系，形成服务山西、对接京津冀、联动晋陕蒙的物流产业圈。加快发展信息技术产业。将信息技术产业作为忻州市转型发展的重要手段和途径，抓住智慧城市建设的机遇，加强信息、网络基础设施建设。规划实施政府治理领域、工业领域、农业领域大数据工程，推动信息技术产业成为忻州市战略性新兴产业。

优化提升生活性服务业。以市场需求为导向，发展教育培训、健康养老、文化娱乐、体育健身等领域，推动生活性服务业向精细化和高品质转变。着力推动批发零售业、住宿餐饮、家庭服务、市政服务、农村服务等传统服务业改造升级，扩大信息消费、网络购物等重点领域服务业规模，发展以互联网为载体、线上线下互动的服务业新业态。

6.3.2 生态环境体系建设

以提高人居环境质量为核心，实行最严格的环境保护制度，推进多污染物综合防治和环境治理，形成政府、企业、公众共治的环境污染治理体系。

（1）加强大气污染治理。实施大气污染防治行动计划，加大"控煤、治污、管车、降尘"等重点工作力度，推动火电企业超低排放改造和重点行业污染物减排，加快落后产能淘汰、重污染企业退城入园和"城中村"低空排放污染治理。调整能源结构，推进清洁能源替代。严控机动车尾气污染，强化扬尘污染治理，推进秸秆禁烧和综合利用，实施细颗粒物监测和区域联防联控，加强空气质量预报和重污染天气预警，完善重污染天气应急预案。促进环境空气质量进一步改善。

(2)加强水污染治理。实施水污染防治行动计划,全面推进“控制污染物排放、节约保护水资源、保障水环境安全、推进流域生态保护”四大任务,加强重点流域和区域水污染综合防治,严格保护良好水体和饮用水水源,推进工业企业污水深度处理,加快城镇生活污水处理厂扩容提质和中水回用。推进水功能区分区管理。开展地下水污染调查和综合防治。预计到2020年,全市水环境质量得到阶段性改善,污染严重水体较大幅度减少,饮用水安全保障水平持续提升。

环境污染治理重点工程

大气污染防治工程。全面开展燃煤锅炉污染整治,加强重点行业提标改造,实施机动车污染防治和扬尘污染防治。

水污染防治工程。实施重点行业废水深度处理和工业集聚区污水集中处理,推进工业水循环利用。加快城镇污水处理设施建设与升级改造,加大城镇生活污水处理及中水回用力度,减少城市黑臭水体。加强农村污水收集管网建设,规划建设农村污水处理系统。加强饮用水源地和岩溶大泉泉域保护。实施地下水污染防治与修复工程。

环境风险防范工程。加强重金属污染综合防治,开展危险化学品环境管理登记,提高危险废物处置能力。

环境监管能力建设工程。加强环境监测、环境预警与应急、环境监察、环境信息、环境科技能力建设。

社会行动体系建设工程。开展全民环境教育、环境科普、环境规划、环境建设、环境文化、环境公园展示与体验基地建设。

(3)全面启动土壤污染治理。落实土壤污染防治行动计划,推进工矿废弃地综合整治和复垦利用,协同推进污染预防、风险管控、治理修复三大举措,着力解决土壤污染威胁农产品安全和人居环境两大突出问题。加大污染场地环境风险防控和管理力度,建立污染场地土壤档案和信息管理系统,加强影响土壤环境的重点污染源监管,对涉及土壤污染的生产企业实施清洁生产审核,限期治理重点工业污染源。到2020年,全市土壤环境质量总体稳定,农用地土壤环境得到有效保护,建设用地土壤环境安全得到基本保障。

(4)有序推进环境治理。实施工业污染源全面达标排放计划,建立覆盖所有固定污染源的企业排放许可制。推进矿山地质环境恢复治理和矿区土地复垦,完善矿山环境恢复治理保证金制度和矿区生态补偿机制,加强矿产资源和地质环境保护执法监察,坚决制止乱挖滥采。全面推进采煤沉陷区、采空区、水土流失区、尾矿库闭库区、煤矸石山的生态环境治理修复重点工程。开展以垃圾无害化处理和污水处理为重点的农村环境综合整治,强化农业面源污染治理和畜禽养殖污染治理,保障农村饮用水安全。

6.3.3 生态资源体系

坚持保护优先、自然恢复为主,统筹山水林田湖综合治理。

(1)重点抓好黄河、汾河、滹沱河水土流失综合治理和生态环境修复工程。在山区、流域源头加强水土保持生态建设,改善流域生态环境。加快山区河流水能利用的梯级开发步伐。突出整治河流湖库,源头上游涵养水源,中游过境治理修复,下游出境恢复湿地。开展退耕还湿、退养还滩和水土流失综合治理。巩固退耕还林成果,构建生态廊道和生物多样性保护网络,全面提升森林、河库、湿地、草甸等自然生态系统稳定性和生态服务功能。

(2)开展国土绿化行动。加大京津风沙源治理力度,围绕太行、吕梁两山,大运、五保、灵河三条高速,黄河、汾河、滹沱河三条主要河流,构建吕梁山防风固沙生态圈、太行山水源涵养生态圈、南北两川生态经济圈,精心打造"2333"造林工程(东西两山林业工程建设,三条主要河流林业工程建设,三条主要公路两侧林业工程建设,三大生态区域林业工程建设)。继续实施林业"六大"重点工程,加快五台山"五个一百"生态工程建设;加快忻州城区园林绿化、环城绿化及五台山机场大道绿化。完善造林投入机制,增加单位面积投资。改进造林方式,实施委托或购买造林,提高造林绿化效益。全面提升森林公园、城郊公园、湿地公园等自然生态服务功能。在重要生态功能区、生态环境敏感区和脆弱区等区域划定生态红线,确保生态功能不降低、面积不减少、性质不改变。

(3)强化森林资源保护。高度重视森林防火工作,建立健全森林防火预测预报、组织领导、基础设施、应急扑救等体制机制,严防森林火灾发生。严禁非法侵占、破坏林地资源,依法合规合理使用林业用地。坚决打击乱砍滥伐森林和林木行为,严禁从森林中移植大树进城。有效进行林业有害生物防治。积极稳妥地推进国有营场改革。到2020年,重点区域生态治理取得显著成效。

林业重点建设工程

造林绿化工程。重点推进国家天然林保护二期工程、退耕还林工程、三北防护林工程、太行山绿化工程、京津风沙源治理工程、低质低效林改造工程、退化防护林修复工程、重点水源地水源涵养林建设工程、干果经济林工程、外资造林工程、通道绿化及沿线荒山绿化工程、城郊区绿化工程、村庄绿化工程、社会造林工程等14项工程。

抚育管护工程。中幼林抚育工程、未成林造林地抚育管护工程。

森林资源保护工程。森林防火工程、野生动植物保护及自然保护区建设、五台山景区自然生态保护"五个100"工程、湿地修复与森林公园工程、林业有害生物防治工程、古树名木抢救保护工程。

科技支撑工程。林业科技创新驱动工程、林业科技推广项目。

种苗繁育工程。保障性苗圃建设工程、良种繁育建设工程和母树林建设工程、采穗圃建设工程。

林业产业培育工程。以市场需求为导向,继续大力发展林木种苗花卉、森林旅游、林下经济开发、生物质能源、林产品加工等五大林业特色产业;重点培育红枣产业、核桃产业和仁用杏产业三大主导产业。

基层基础设施建设工程。森林公安队伍建设工程。

6.3.4 生态文明建设机制

探索多元生态补偿模式。探索建立区域、县域间横向生态补偿机制,引导生态受益地区与保护地区、流域上下游之间实施多元化补偿。探索建立主要污染物排放权交易、生态产品标志等市场化生态补偿模式。探索将重点生态功能区的林业碳汇、可再生能源开发利用纳入全国或区域性碳排放权交易市场。在重要的生态功能区、生态敏感区、脆弱区等区域要科学划定生态红线,确保生态功能不退化、资源环境不超载、排放总量不突破和准入条件不降低,切实从源头上防范布局性环境风险。探索建立资源环境承载能力监测预警机制,科学配置资源和环境容量，统筹区域平衡协调发展。

继续规范污染物排放许可证管理，落实省以下环保机构监测监察执法垂直管理制度，提升和优化环境管理体系。健全环境信息公开制度，完善实时在线环境监控系统建设，严格环保执法。建立健全生态文明发展目标体系、考核办法、奖惩机制，把资源消耗、环境损害、生态效益等指标纳入经济社会发展综合评价体系，提高考核权重，强化指标约束。注重系统联动，制定各有侧重、各具特色的考核评价指标，实行多方面协同评价。建立健全政府主导、公众考核、专家评议、过程透明的考评机制，自上而下与自下而上考核相结合。健全激励约束机制，建立领导干部任期生态文明建设责任制，实行生态环境损害责任终身追究制度。把考评指标完成与干部任用结合起来，与财政转移支付、生态补偿资金安排结合起来，实行一票否决。落实国家自然资源及其产品价格改革政策。创新生态环境治理市场化体制，探索实施环境公用设施 PPP 模式和企业环境污染第三方治理模式，吸引社会资本投入生态环境保护。

6.3.5 生态文化体系

生态文化是一种以崇尚自然、亲近自然、回归自然、人与自然和谐共融为主题的文化，反映了生态文明的基本要求，对维护土地生态安全具有重要意义。结合忻州市实际，其生态文化体系的建设应重点推进生态道德文化、制度文化和行为文化的建设。

一是积极推进生态道德文化建设。把保护生态环境作为环境教育的重要方面，广泛开展生态保护的生态伦理道德教育，让广大人民群众真正认识到生态保护的特殊重要性，树立可持续发展的环境理念和爱护、保护资源的价值观。充分利用多种方式开展多层次的舆论宣传，大力倡导保护生态、爱护环境、节约资源，使生态安全保护意识渗透到公众的日常生活，提高公众土地生态安全维护的参与意识和责任意识。

二是积极推进生态制度文化建设。完善法律制度，建立健全土地生态管理、土地生态环境保护、土地资源节约等方面的地方性法律法规、实施办法和规章制度。建立合适的生态管理制度，探索建立土地生态安全评估考核制度和土地生态优先的决策机制。加强生态政策制度建设，结合发展需要积极完善土地生态保护的相关政策和措施，保持其连续性和稳定性；探索建立绿色核算体系和体现生态经济管理理念的价格制度，引导社会生产力向有利于土地生态环境保护的方向流动。

三是积极推进生态行为文化建设。积极推行形式多样的土地生态环境保护活动，如植树造林、保护湿地、清扫垃圾等，引导公众广泛参与其中。积极推行绿色社区、绿色城市、绿色企业、绿色校园、绿色村庄等生态创建活动，形成保护土地生态的良好氛围。倡导节约、环保的生活方式和消费方式，推进社区文化、企业文化、校园文化乃至城乡文化的生态化转型，保护土地生态环境，减少土地生态破坏。

6.4 区域调控

立足地域相连、人文相通、资源相似、产业相近的原则，构建特色经济区或经济带，是推进区域协调发展的重要途径。将忻州市划分为滹沱河流域文化旅游经济区、汾河流域自然生态经济区、黄河流域综合能源经济区“三大经济区”，不仅考虑区域经济协同发展的需要，还充分考虑了“生态 +”“文化 +”理念的植入，考虑了主体功能区的定位，考虑了国家京津风沙源治理、汾河治理修复、黄河几字形区域发展等“十三五”期间重大工程实施的整体性。

在“三大经济区”格局内，依据资源条件和产业基础，细分了“ 六大板块”，体现了与“十二五”期间板块经济发展思路的衔接，目的就是要以县域经济为基本单元，以板块经济为纽带，实现“三区联动”，推动市域经济一体化发展。

(1)滹沱河流域文化旅游经济区。包括繁峙、代县、原平、忻府、定襄、五台6个县(市、区)，面积1.23万km^2，占全市的49.2%；总人口207.48万人，占全市的66.3%；2014年GDP完成403.6亿元，占全市的59.3%，集中了全市67.3%的旅游景区(点)、54.6%的A级景区和75%的国家级非物质文化遗产，其中世界级和国家级的文化旅游资源数量占到全市的84.3%。因此，将其定位为滹沱河流域文化旅游经济区。

严格保护耕地。落实最严格的耕地保护制度，坚守耕地红线，严控新增建设用地占用耕地。完善耕地占补平衡制度，加强对全市基本农田的集中管理，建立县、乡、村、户多级基本农田保护监管和责任体系，全面推进建设占用耕地耕作层土壤剥离再利用。大力实施农村土地整治，推进耕地数量、质量、生态“三位一体”保护。

忻州市、原平市两个省级经济开发区要积极发展“飞地经济”，开拓发展新空间，在新技术引进、新产业开发上当好排头兵。五台山景区要彰显文化和自然两大优势，发挥国际化平台作用，扩大忻州市国际知名度。

推动忻定原(忻原区、定襄县、原平市)城镇组群协调发展。充分发挥中心城市的辐射带动作用，加快云中新城和经济开发区建设，积极推动忻府区、原平市、定襄县组群发展。推进空间布局一体化，以骨干交通网为框架，以忻定、忻原两轴连三城为骨骼，优化“一体两轴三城多组团”空间布局，划定基础建设控制线、永久基本农田保护线、历史文化保护线、绿地系统线、生态保护线。推进生态建设一体化，划定水体保护线、水源保护区，实施河渠水网水源骨干工程，实现滹沱河、阳武河、云中河多河渠联网，建设水生态保护项目及水利景观项目。加强交通通道生态走廊建设、城区园林绿化建设、城市主题生态公园建设、湿地公园建设等重点工程。加强区域环境综合治理，努力扩大环境容量和生态空间，打造生态人居环境建设试验区。推进产业布局一体化，以“同城异质，错位发展”为思路，打造特色产业园区，强化产业布局与区域规划组团协作，形成组团产业布局。推进城乡建设一体化，强化区域性公共设施建设，加快交通、通信、产业、科技、金融以及基本公共服务一体化。促进农业现代化与新型城镇化相衔接，促进农业与旅游、健康养老等深度融合。进一步推进与太原都市圈的协作，立足优势资源，实现规划同筹、交通同网、信息同享、市场同体、产业同步、科教同兴、旅游同治，力争早日建设成为太原都市圈北部装备制造、能源和旅游服务基地。

(2)汾河流域自然生态经济区。包括宁武、静乐两县，总面积4 045.7 km^2，占全市的16.2%；总人口32.3万，占全市的10.3%。该区域是汾河、桑干河(恢河)两河之源，汾河是三晋母亲河，在两县境内流长95.2 km。以宁武县为中心的管涔山林区的天然次生林为华北之最，是山西省著名的水源涵养用材林基地，全县共有82万亩原始次生林，素有华北落叶松故乡之称，森林覆盖率达到38%以上。该区域拥有忻州市唯一的国家级自然保护区，国家森林公园、湿地公园和湿地自然保护区、国家水利风景区数量均占据全市半壁江山。因此，将其定位为汾河流域自然生态经济区。

以绿色可持续发展为目标，以构建山地生态循环农业发展模式为重点，以生态恢复和农林牧草融合发展为主要内容，打造生态农业示范区、优质畜产品主产区和农牧结合样板区，努力开创“粮丰林茂，农畜双丰”的新局面。

(3)黄河流域综合能源经济区。包括河曲、保德、偏关、神池、五寨、岢岚六县，总面积

8 841.4 km^2，占全市的35.4%；总人口73.05万，占全市的23.4%。该区域综合能源优势突出，煤炭产量占到全市一半以上；煤层气晋北独有，已探明储量593.41亿m^3，今年累计产气量4.51亿m^3；目前建成、在建和取得“路条”的火电、水电、风电、光伏发电装机规模分别占到全市的60.9%、40.2%、60.9%和42.6%，还有五寨县的生物质发电、保德县的瓦斯发电，是山西省能源品种最齐全的区域。因此，将其定位为黄河流域综合能源经济区。

加大水土流失治理力度。以小流域为单元，山、水、田、林、路统一规划，综合治理，因地制宜，因害设防布置水土保持生态工程措施。从梁峁到沟谷采取生物措施、工程措施、耕作措施、集雨措施、节水措施等五大措施相结合的方法，通过“五道防线”展开综合治理，形成完整的水土流失防治体系。

保德、河曲2个经济总量相对大的县，要整体谋划，增量提质，跨区域协作，在构建新型产业体系上实现突破。神池、五寨、岢岚、偏关等4个经济总量比较弱小的县，要做出特色，加速发展，积极培育新的增长极。要调整完善县域经济考核办法，根据县域经济发展特点，动态调整考核指标，不求面面俱到。约束性指标必须考核，不折不扣完成。

6.5 本章小节

基于忻州市生态系统面临的主要问题及其警情状况和变化趋势，定性与定量相结合，对忻州市生态安全的调控问题进行探讨与研究，结果表明：

（1）基于情景分析法的结果可知，在经济发展和民生福祉情景、环境保护情景、生态建设情景下，全市生态状况均能有所好转，但幅度均十分有限，生态安全警情无法得到根本性转变；在统筹协调情景下，由于人口、资源、环境等各方面要素的统筹协管，2025年生态安全警情可望由“轻警”下降到“无警”，说明忻州市生态安全的调控需要统筹协调人口、资源、环境与发展的关系，推进其协调。

（2）在调控模式上，生态安全的总体调控可采取生态产业体系、生态环境体系、生态资源体系、生态文化体系、生态保障体系“五轮驱动”的模式。忻州市不同区域面临的土地生态安全问题不同，要针对不同地区的实际采取不同的调控措施。滹沱河流域文化旅游经济区，严格保护耕地，落实最严格的耕地保护制度，坚守耕地红线，严控新增建设用地占用耕地。推动忻定原城镇组群协调发展；汾河流域自然生态经济区，以绿色可持续发展为目标，以构建山地生态循环农业发展模式为重点，以生态恢复和农林牧草融合发展为主要内容；黄河流域综合能源经济区，加大水土流失治理力度，增量提质，跨区域协作，在构建新型产业体系上实现突破，要做出特色，加速发展，积极培育新的增长极。

参考文献

[1] 徐美.湖南省土地生态安全预警及调控研究[D].长沙：湖南师范大学，2013.
[2] 赵莉，葛京凤，梁彦庆，等.河北省山区生态安全预警及调控对策——以燕山东段为例[J].资源与产业，2012，14(3)：128-133.
[3] 陈江波，汤杰.我国资源型城市生态安全的防范与调控研究[J].经济研究导刊，2014(8)：62-63.

附　图

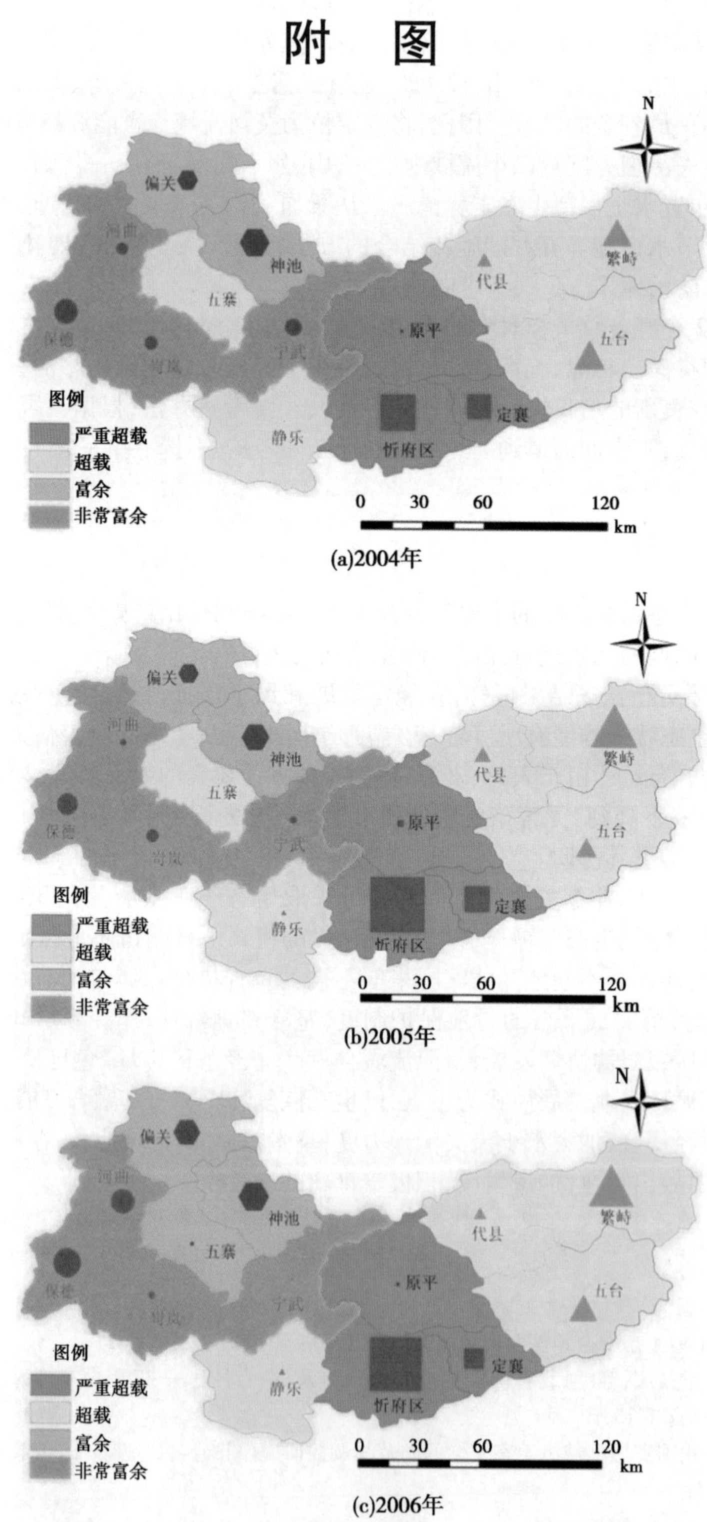

附图 1　2004～2012 年忻州市相对资源人口承载力动态演变

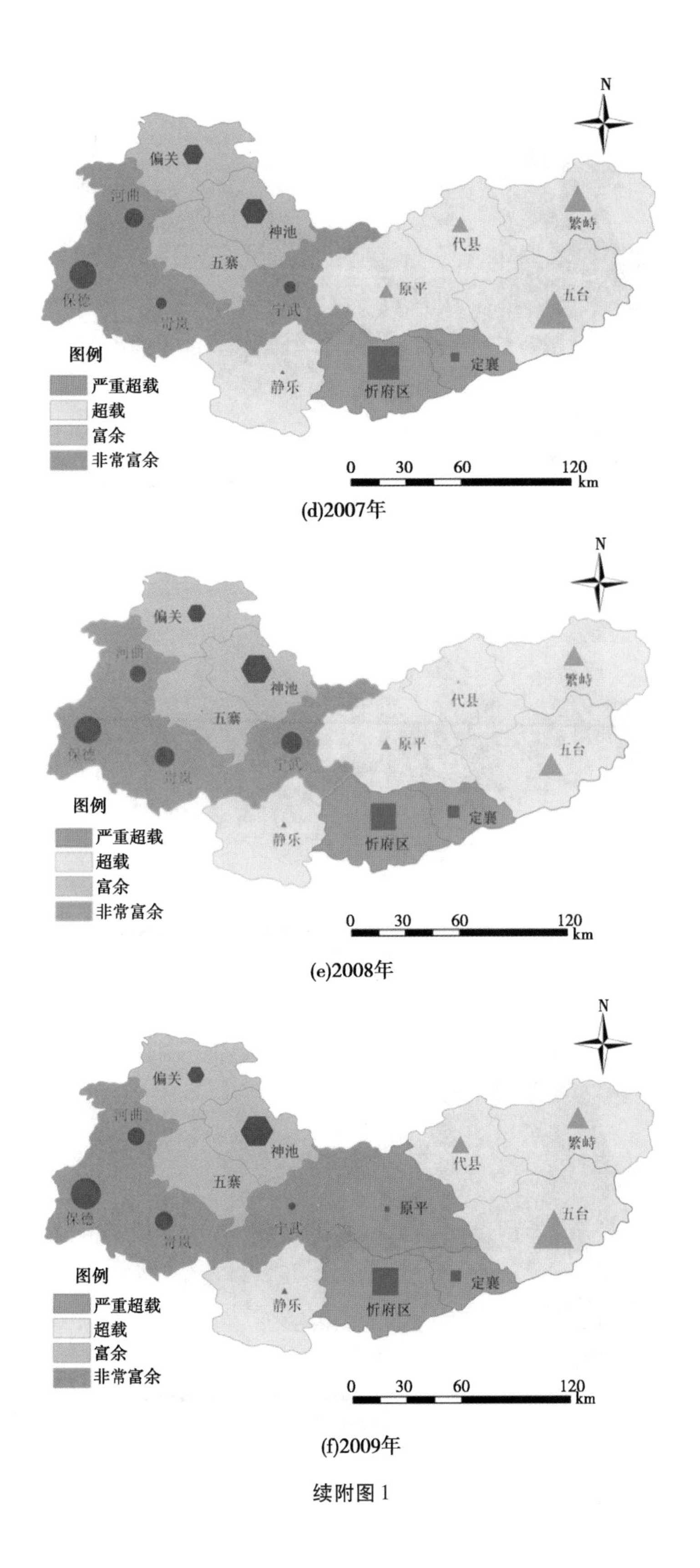

(d)2007年

(e)2008年

(f)2009年

续附图 1

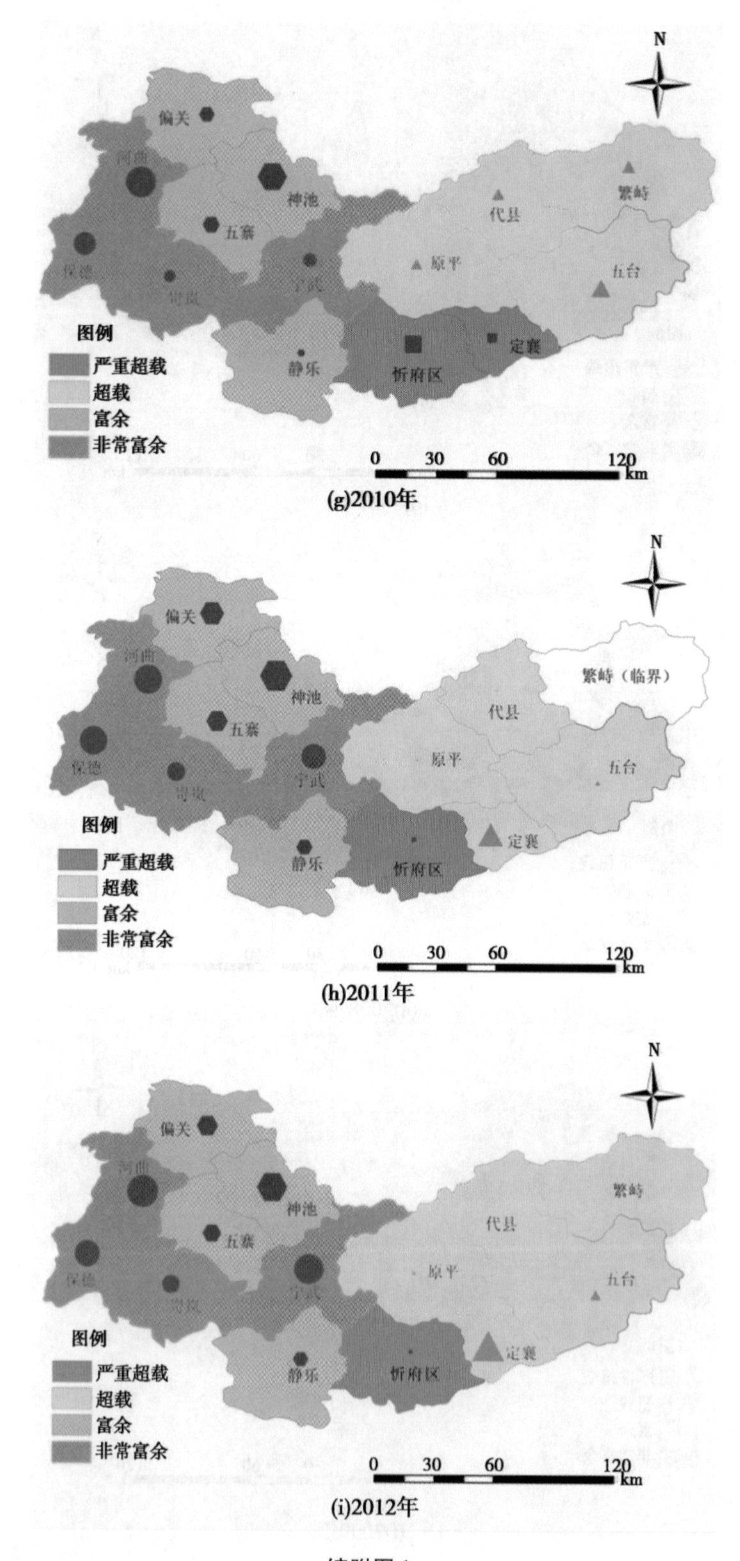
N
偏关
河曲
神池
五寨
保德
岢岚
宁武
代县
繁峙
原平
五台
静乐
忻府区
定襄
图例
严重超载
超载
富余
非常富余
0 30 60 120 km
(g)2010年
繁峙（临界）
(h)2011年
(i)2012年

续附图 1

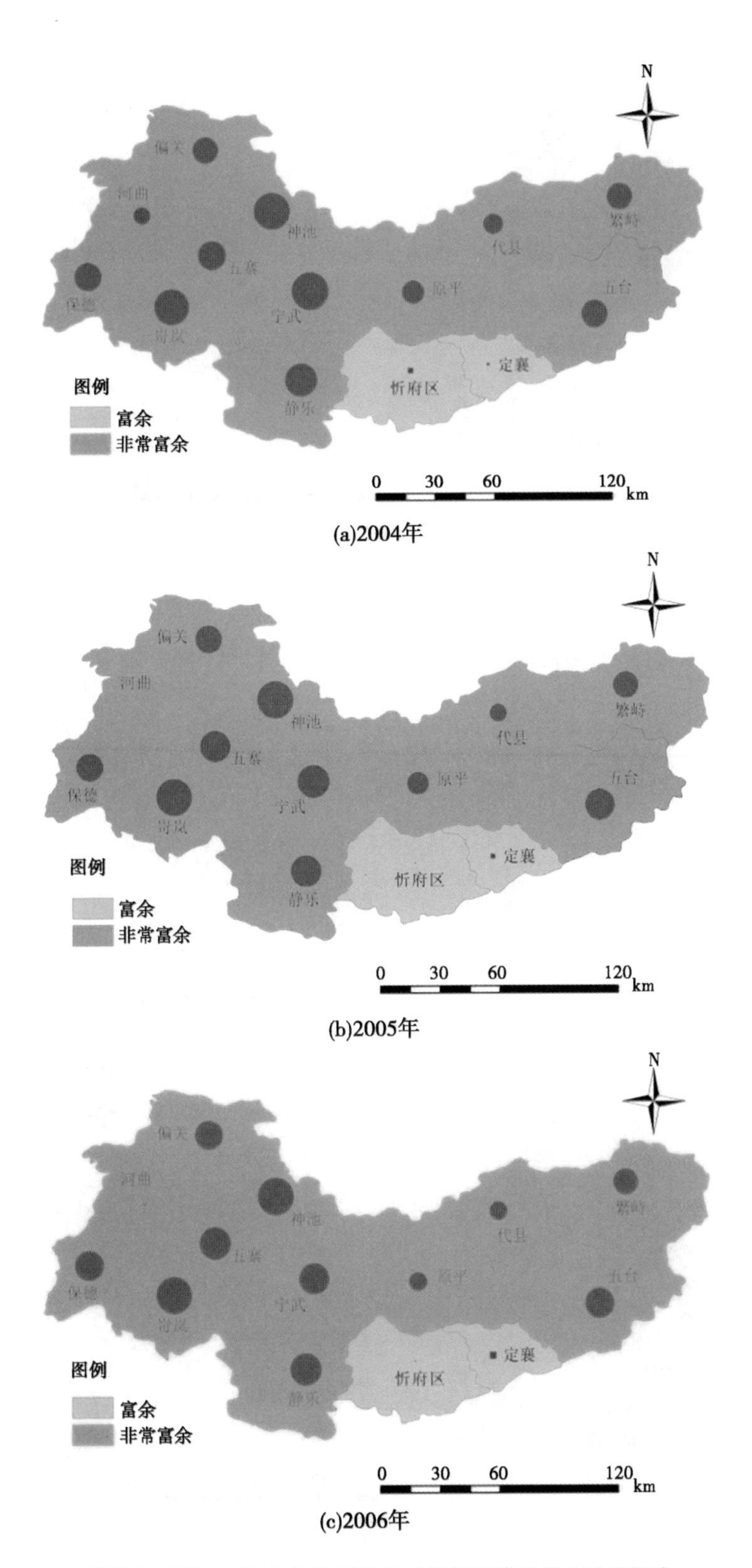

(a)2004年

(b)2005年

(c)2006年

附图2　2004～2012年忻州市相对资源经济承载力动态演变

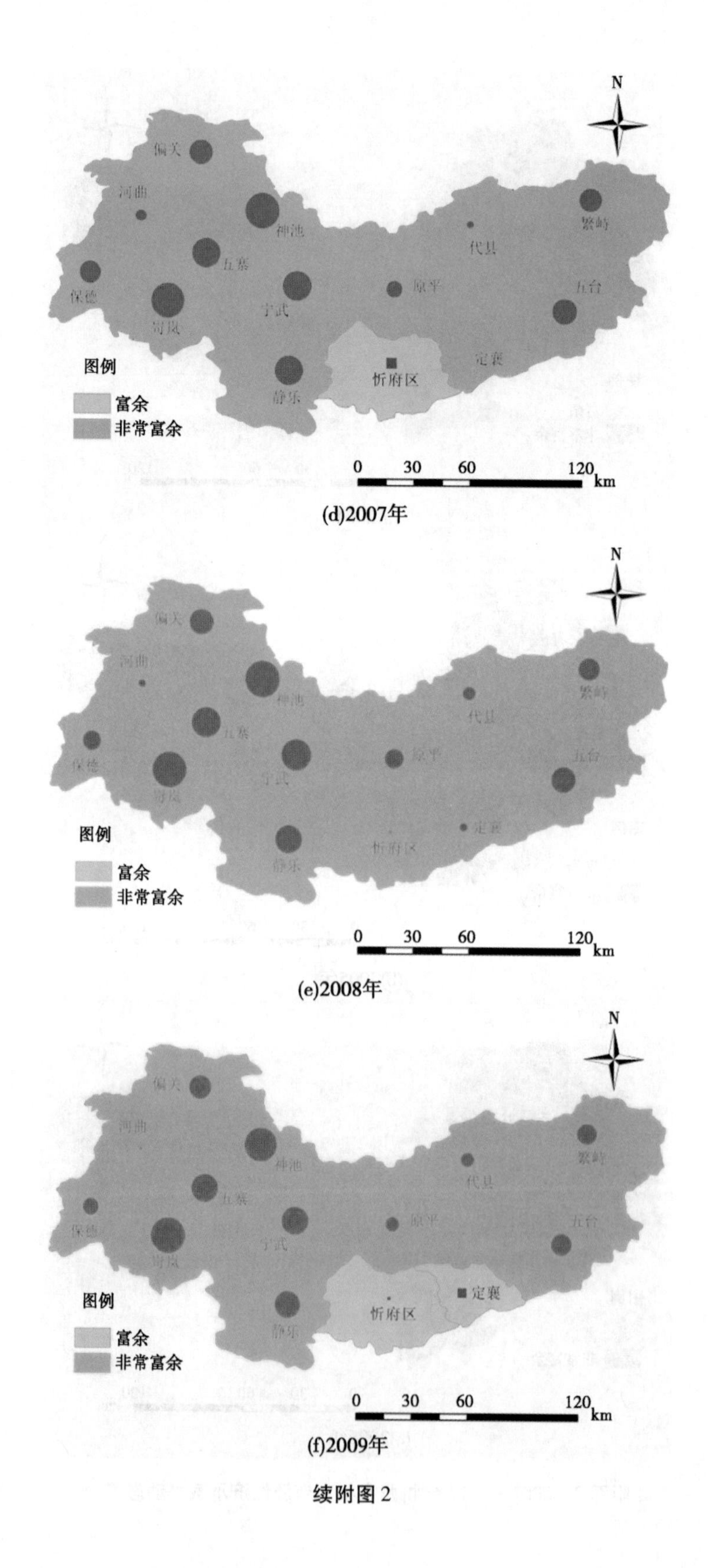

(d)2007年

(e)2008年

(f)2009年

续附图 2

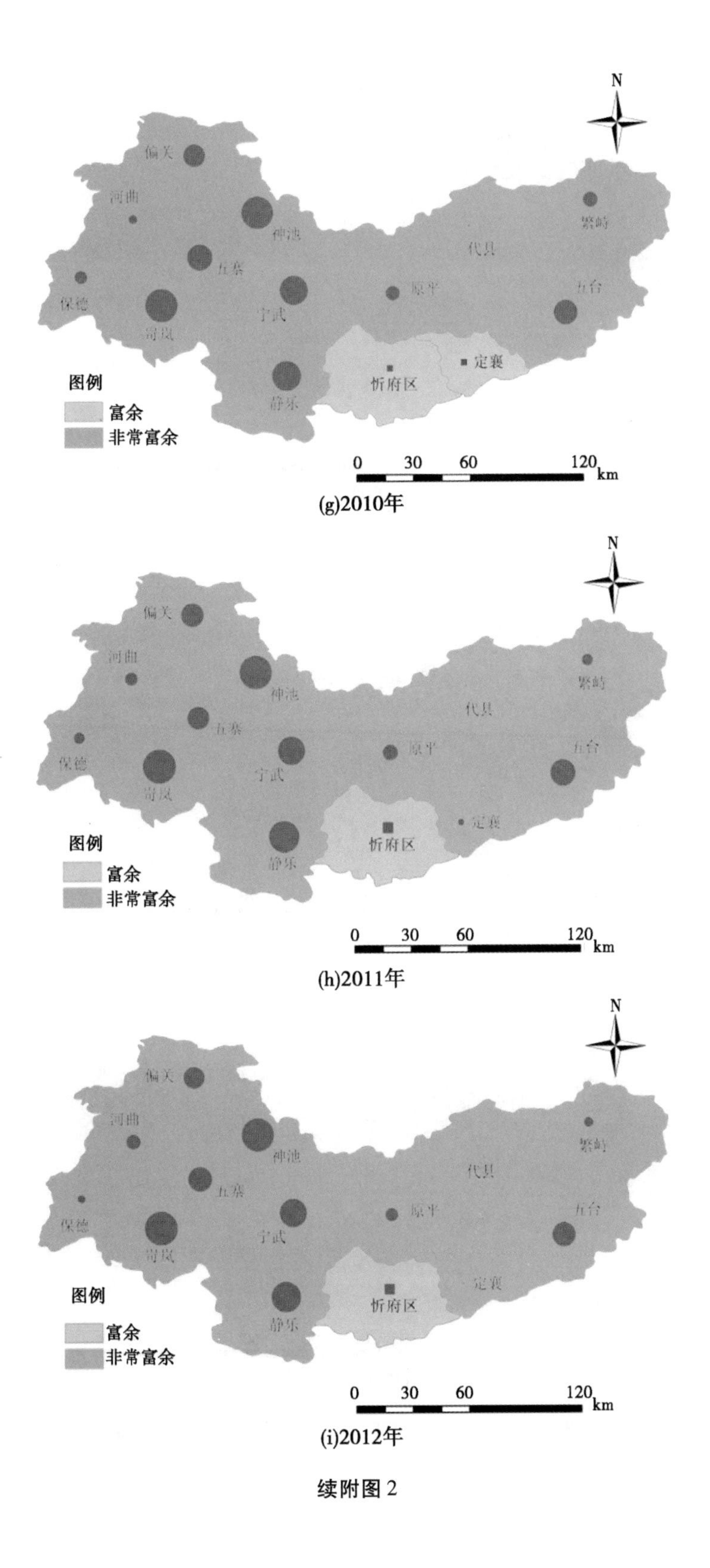
N
偏关
河曲
神池
繁峙
五寨
代县
保德
原平
五台
宁武
岢岚
定襄
图例
忻府区
富余
静乐
非常富余
0 30 60 120 km
(g)2010年
N
偏关
河曲
神池
繁峙
五寨
代县
保德
原平
五台
岢岚
宁武
定襄
图例
忻府区
富余
静乐
非常富余
0 30 60 120 km
(h)2011年
N
偏关
河曲
神池
繁峙
五寨
代县
原平
保德
五台
宁武
岢岚
定襄
图例
忻府区
富余
静乐
非常富余
0 30 60 120 km
(i)2012年

续附图 2

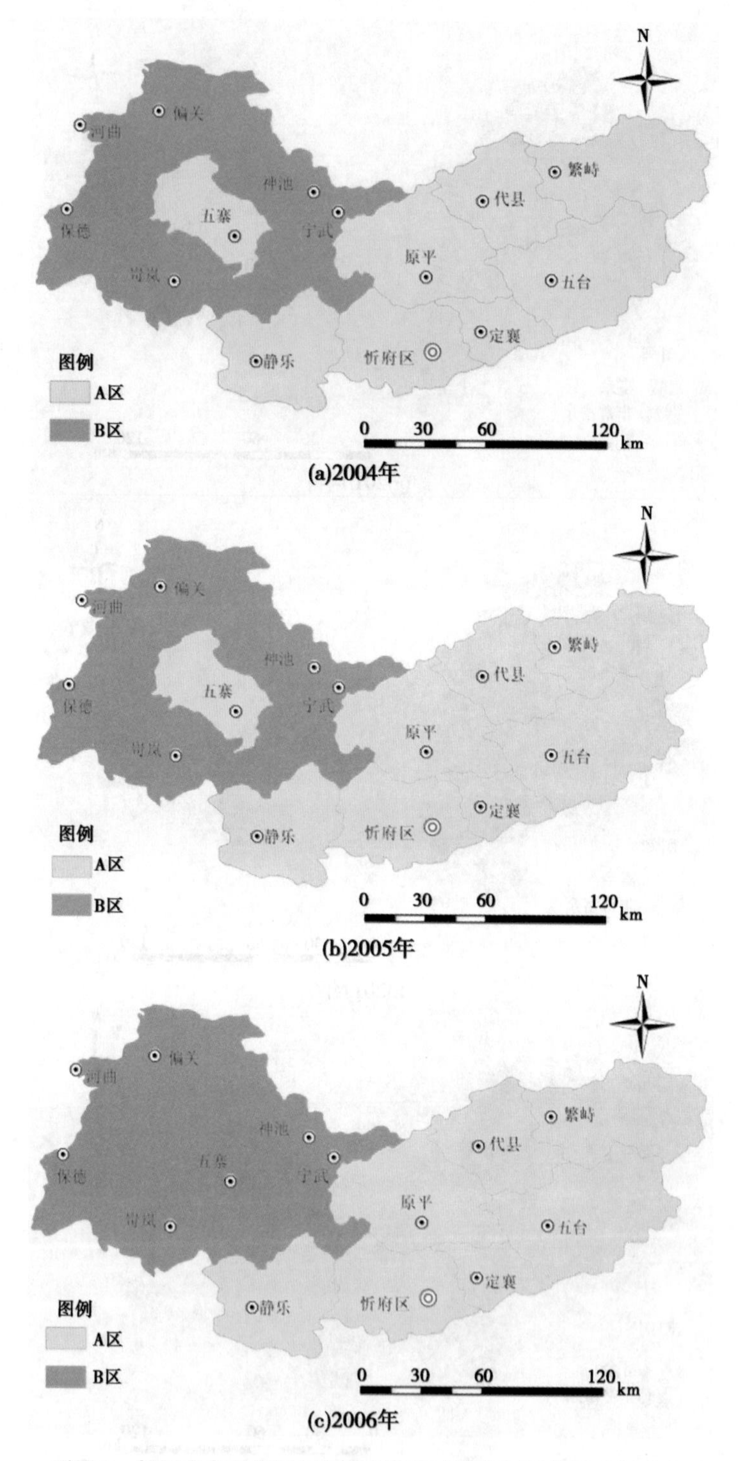

附图3　忻州市各县(市、区)相对资源承载力匹配类型空间分布

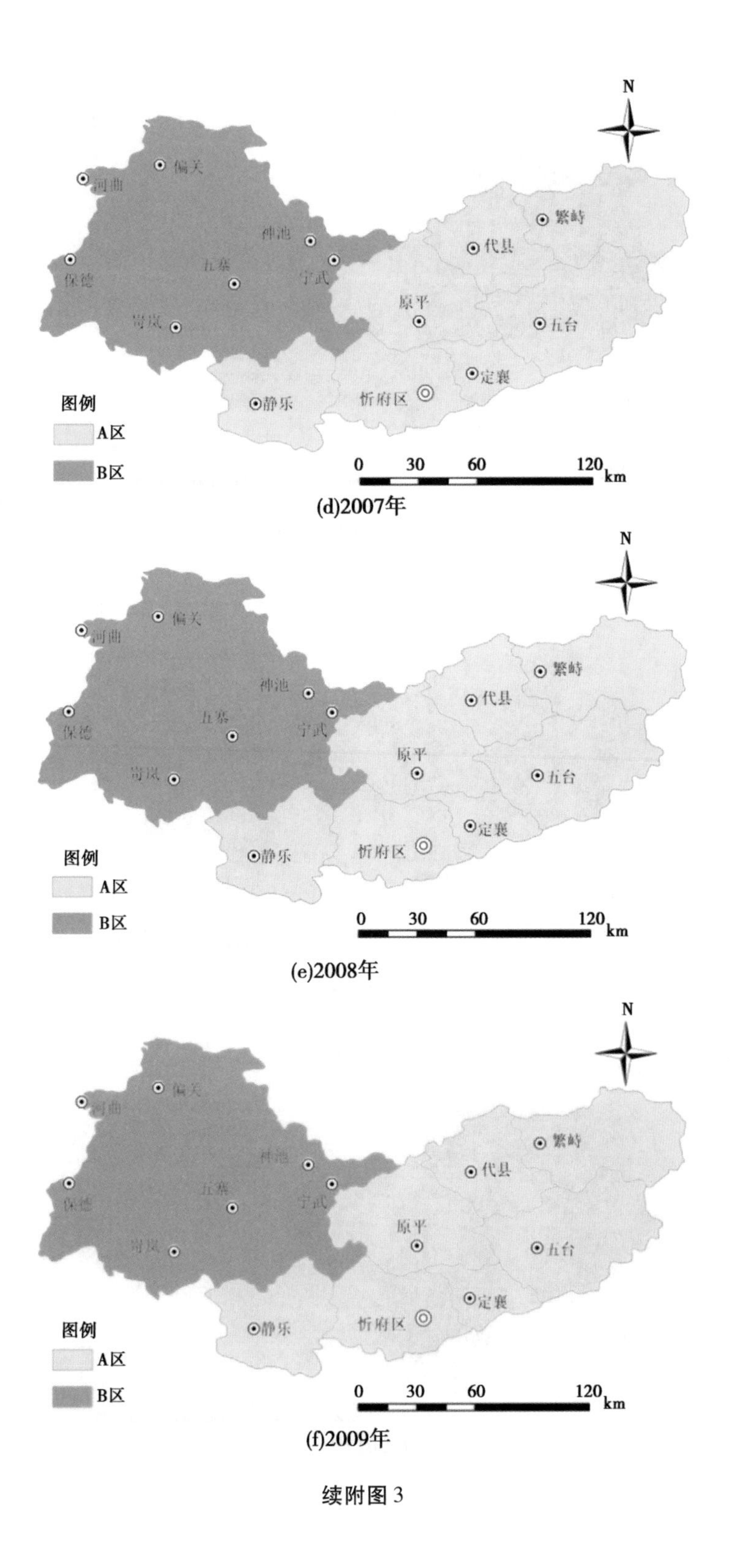

(d)2007年

(e)2008年

(f)2009年

续附图 3

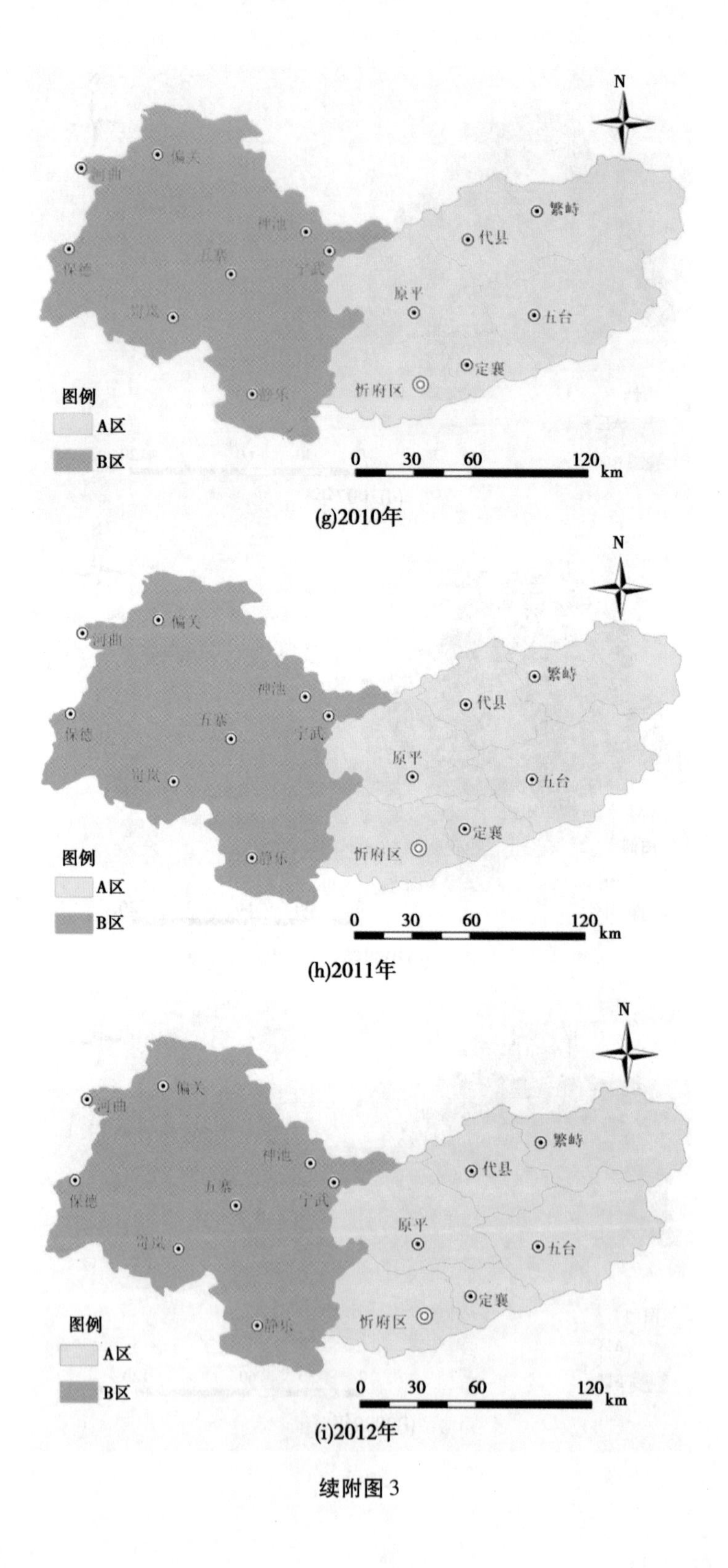

(g)2010年

(h)2011年

(i)2012年

续附图 3

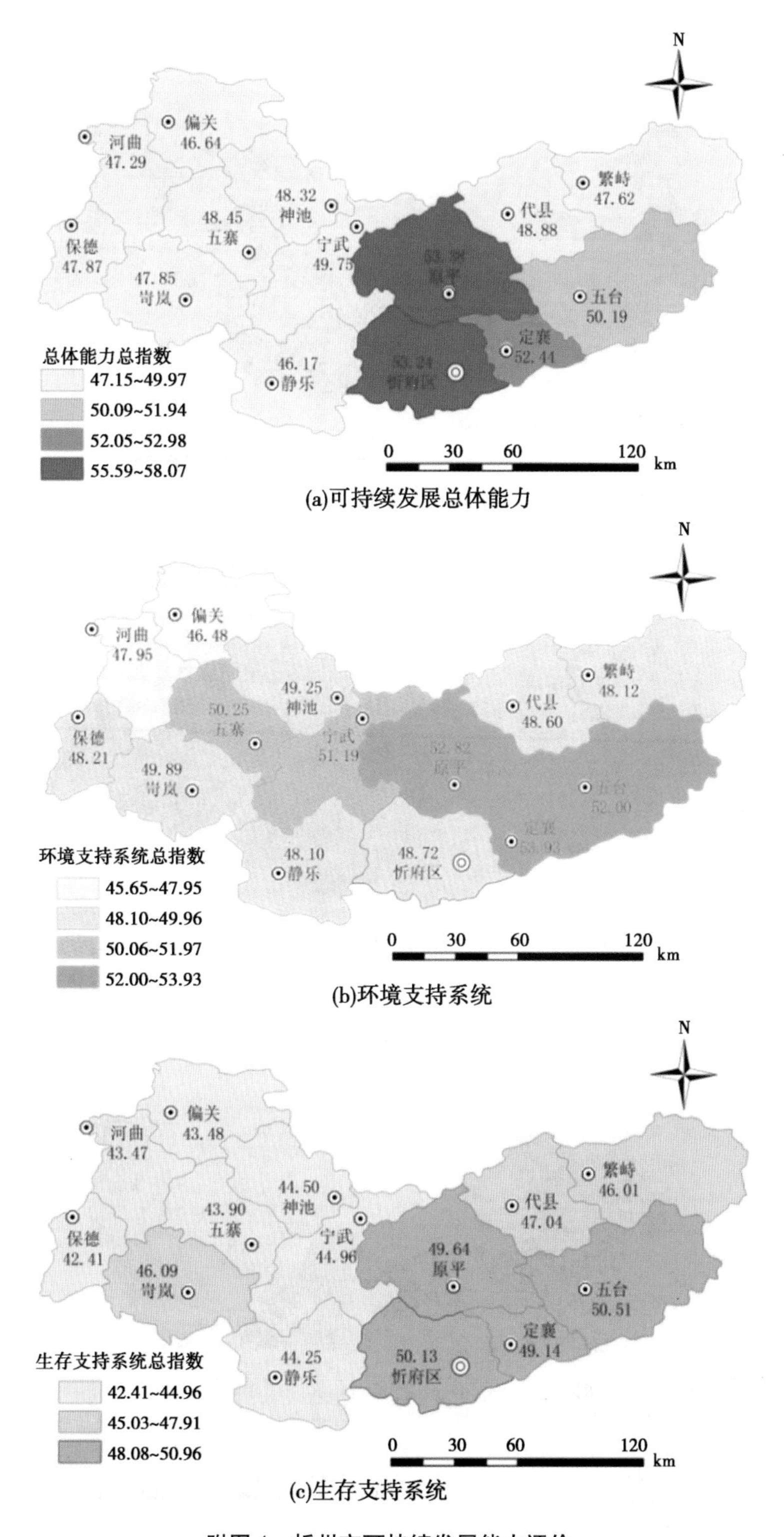

附图4　忻州市可持续发展能力评价

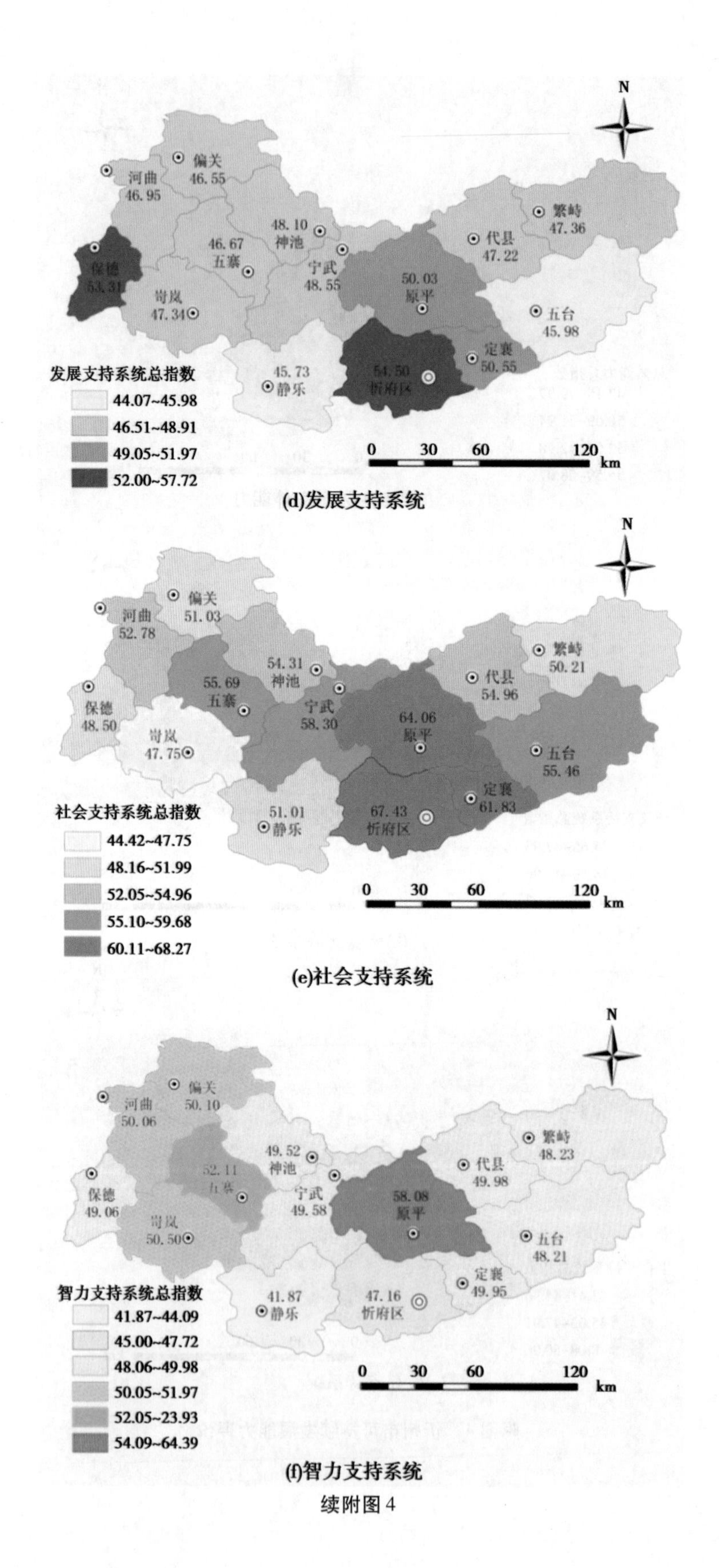

(d)发展支持系统

(e)社会支持系统

(f)智力支持系统

续附图4